高职高专教育"十一五"规划教材

果蔬贮藏与加工

王丽琼　主编

中国农业大学出版社

编 写 人 员

主　编　王丽琼（北京农业职业学院）

副主编　于海杰（黑龙江农业职业技术学院）
李传仁（黑龙江生物科技职业学院）
徐　凌（辽宁农业职业技术学院）
易　诚（湖南环境生物职业技术学院）

参　编　刘新社（商丘职业技术学院）
张怀珠（甘肃农业职业技术学院）
杨　芳（湖北大学知行学院）

主　审　李里特（中国农业大学）
赵晨霞（北京农业职业学院）

参加植物生产类教材编写单位
（按拼音排序）

北京农业职业学院
北京园林学校
滨州职业学院
沧州职业技术学院
巢湖职业技术学院
重庆三峡职业学院
福建农业职业技术学院
甘肃农业职业技术学院
广东轻工职业技术学院
广西农业职业技术学院
广西生态工程职业技术学院
广西职业技术学院
杭州职业技术学院
河北科技师范学院
河北农业大学
河北政法职业学院
河南农业职业学院
黑龙江林业职业技术学院
黑龙江农垦林业职业技术学院
黑龙江农垦农业职业技术学院
黑龙江农业工程职业学院
黑龙江农业经济职业学院
黑龙江农业职业技术学院
黑龙江生态工程职业学院
黑龙江生物科技职业学院
湖北生态工程职业技术学院
湖南环境生物职业技术学院
湖北大学知行学院
华南热带农业大学
吉林农业大学高职高专学院
佳木斯大学
嘉兴职业技术学院
江苏农林职业技术学院
江西农业工程职业学院
康定民族师范高等专科学校
廊坊职业技术学院
丽水职业技术学院
辽东学院
辽宁农业职业技术学院
辽宁商贸职业学院
辽宁职业学院
辽阳职业技术学院
临沂师范学院
南昌工程学院
南通农业职业技术学院
宁夏职业技术学院
青海畜牧兽医职业技术学院
山东滨州职业学院
商丘职业技术学院
山西林业职业技术学院
山西临汾职业技术学院
沈阳农业大学高职高专学院

苏州农业职业学院
台州科技职业学院
唐山职业技术学院
天津农学院职业技术学院
潍坊市园林管理局
潍坊职业学院
新疆农业职业技术学院
信阳农业高等专科学校
杨凌职业技术学院
宜宾职业技术学院
永州职业技术学院
云南林业职业技术学院
云南农业职业技术学院
郑州牧业工程高等专科学校

出版说明

高等职业教育作为高等教育中的一个类型，肩负着培养面向生产、建设、服务和管理第一线需要的高技能人才的使命。大力提高人才培养的质量，增强人才对于就业岗位的适应性已成为高等职业教育自身发展的迫切需要。教材作为教学和课程建设的重要支撑，对于人才培养质量的影响极为深远。随着高等农业职业教育发展和改革的不断深入，各职业院校对于教材适用性的要求也越来越高。中国农业大学出版社长期致力于高等农业教育本科教材的出版，在高等农业教育领域发挥着重要的作用，积累了丰富的经验，希望充分利用自身的资源和优势，为我国高等职业教育的改革与发展做出自己的贡献。

经过深入调研和分析以往教材的优点与不足，在教育部高教司高职高专处和全国高职高专农林牧渔类专业教学指导委员会的关心和指导下，在各高职高专院校的大力支持下，中国农业大学出版社先后与100余所院校开展了合作，共同组织编写了一系列以“十一五”国家级规划教材为主体的、符合新时代高职高专教育人才培养要求的教材。这些教材从2007年3月开始陆续出版，涉及畜牧兽医类、食品类、农业技术类、生物技术类、制药技术类、财经大类和公共基础课等的100多个品种，其中普通高等教育“十一五”国家级规划教材22种。

这些教材的组织和编写具有以下特点：

精心组织参编院校和作者。每批教材的组织都经过以下步骤：首先，征集相关院校教师的申报材料。全国100余所高职高专院校的千余名教师给予了我们积极的反馈。然后，经由高职高专院校和出版社的专家组成的选题委员会的慎重审议，充分考虑不同院校的办学特色、专业优势、地域特点及教学改革进程，确定参加编写的主要院校。最后，根据申报教师提交的编写大纲、编写思路和样章，结合教师的学习培训背景、教学与科研经验和生产实践经历，遴选优秀骨干教师组建编写团队。其中，教授和副教授及有硕士以上学历的占70%。特别值得一提的是，有5%的作者是来自企业生产第一线的技术人员。

贴近国家高职教育改革的要求。我国的高等职业教育发展历史不长，很多院校的办学模式和教学理念还在探索之中。为了更好地促进教师了解和领会教育部的教学改革精神，体现基于职业岗位分析和具体工作过程的课程设计理念，以真实工作任务或社会产品为载体组织教材内容，推进适应“工学结合”人才培养模式的课程教材的编写出版，在每次编写研讨会上都邀请了教育部高教司高职高专处、全国高职高专农林牧渔类专业教学指导委员会的领导作教学改革的报告；多次邀请教育部职业教育研究所的知名专家到会，专门就课程设置和教材的体系建构作专题报告，使教材的编写视角高、理念新、有前瞻性。

注重反映教学改革的成果。教材应该不断创新，与时俱进。好的教材应该及时体现教学改革的成果，同时也是教育教学改革的重要推进器。这些教材在组织过程中特别注重发掘各校在产学结合、工学交替实践中具有创新性的教材素材，在围绕就业岗位需要进行知识的整合、与实际生产过程的接轨上具有创新性和非常鲜明的特色，相信对于其他院校的教学改革会有启发和借鉴意义。

瞄准就业岗位群需要，突出职业能力的培养。这些教材的编写指导思想是紧扣培养“高技能人才”的目标，以职业能力培养为本位，以实践技能培养为中心，体现就业和发展需求相结合的理念。

教材体系的构建依照职业教育的“工作过程导向”原则，打破学科的“系统性”和“完整性”。内容根据职业岗位（群）的任职要求，参照相关的职业资格标准，采用倒推法确定，即剖析职业岗位群对专业能力和技能的需求⟶关键能力⟶关键技能⟶围绕技能的关键基本理论。删除假设推论，减少原理论证，尽可能多地采用生产实际中的案例剖析问题，加强与实际工作的接轨。教材反映行业中正在应用的新技术、新方法，体现实用性与先进性的结合。

创新体例，增强启发性。为了强化学习效果，在每章前面提出本章的知识目标和技能目标。有的每章设有小结和复习思考题。小结采用树状结构，将主要的知识点及其之间的关联直观表达出来，有利于提高学生的学习效果和效率，也方便教师课堂总结。部分内容增编阅读材料。

加强审稿，企业与行业专家相结合，严把质量关。从选题策划阶段就邀请行内专家把关，由来自于企业、高职院校或中国农业大学有丰富生产实践经验的教授审核编写大纲，并对后期书稿进行严格审定。每一种教材都经过作者与审稿人的多次的交流和修改，从而保证内容的科学性、先进性和对于岗位的适应性。

这些教材的顺利出版，是全国100余所高职高专院校共同努力的结果。编写出版过程中所做的很多探索，为进一步进行教材研发提供了宝贵的经验。我们希望以此为基点，进一步加强与各校的交流合作，配合各校教学改革，在教材的推广使用、修订完善、补充扩展进程中，在提高质量和增加品种的过程中，不断拓展教材合作研发的思路，创新教材开发的模式和服务方式。让我们共同努力，携手并进，为深化高职高专教育教学改革和提高人才培养质量，培养国家需要的各行各业高素质技能型专门人才，发挥积极的推动作用。

中国农业大学出版社

2008年6月

前　言

我们根据教育部高职高专规划教材建设的具体要求和高等职业教育的特点，结合教育部2006年11月颁布的《关于全面提高高等职业教育教学质量的若干意见》等精神编写了这本教材。

本教材特色之处在于贮藏方面，密切结合当前动态，注重突出微型冷库、简易气调贮藏、保鲜剂贮藏等几种贮藏方式相结合的当前实际生产中采用的技术。注重突出果蔬贮藏过程中主要问题的控制。加工方面，注重以全面的素质教育为基础，以能力培养为本位，以果蔬实际生产过程为主线，体现对学生职业综合能力、专业技术能力的培养。注重对果蔬贮藏加工中出现的问题的原因分析。注重对果蔬的原料褐变、干制品霉变、糖制品返砂流糖、罐制品胀罐、腌制品酸败、汁制品混浊等主要问题的控制。同时，注重突出教材内容的新知识、新内容，如补充了目前发展较快的果蔬脆片加工、鲜切果蔬加工的内容。

本教材每章都明确了学习目标(知识目标、技能目标)，每章后都有小结和思考题，方便学生学习。注重突出职业性、实用性、实践性。本教材安排了22个实验实训项目以方便各高等职业院校根据本校的实践教学条件选用。

全书共分为9章，王丽琼编写第一章、第四章第一节、第二节，实验实训4-1；于海杰编写第八章的四、五、六节，实验实训8-4、8-5、8-9；徐凌编写第二章、第七章，实验实训2-1、2-2、6-1；李传仁编写第三章、第九章，实验实训3-1、3-2、9-1、9-2；易诚编写第八章的第七、八、九、十节，实验实训8-6、8-7、8-8、8-10、8-11；刘新社编写第五章、第六章，实验实训5-1，杨芳编写第八章的第一、二、三节，实验实训7-1、8-1、8-2、8-3；张怀珠编写第四章第三节、第四节，实验实训4-2。王丽琼负责全书的统编定稿。

书稿完成后承蒙从事果蔬贮藏加工多年的资深教授中国农业大学食品科学与营养工程学院李里特教授和北京农业职业学院赵晨霞教授审阅，在此深表感谢！

由于作者水平有限，加之时间仓促，收集和组织材料有限，错误和不足之处在所难免。敬请同行专家和广大读者批评指正。

编　者

2008年3月

目　录

第一章 概 述

知识目标

- 了解果蔬贮藏与加工的意义。
- 了解目前国内外果蔬贮藏与加工的现状和发展前景，重点掌握我国果蔬贮藏与加工存在的问题及发展方向。

第一节 果蔬贮藏与加工的意义

一、果蔬贮藏与加工研究的内容

《果蔬贮藏与加工》是一门应用性强的学科，以果品、蔬菜产品的采后处理、贮藏加工为研究对象，涉及学科广泛，以生物学和食品工程学科为基础。在生物学方面，涉及蔬菜栽培学、果树栽培学、花卉栽培学、育种学、酶学、植物生理学、分子生物学、食品化学等学科；在食品工程方面，与食品保藏工艺学、食品工程原理、食品工程设计、食品营养卫生学等相关学科关联。

近年来，随着科学技术的发展，各学科相互渗透，新技术、新方法的不断出现和应用，加工设备的不断改进、加工工艺的不断创新，推动了果蔬贮藏与加工学向前发展。

二、果蔬贮藏与加工的意义

（一）果蔬产品具有极高的营养价值

果蔬是食品的重要组成部分，特别是蔬菜在每日膳食中所占的比例很大。蔬菜和水果主要提供维生素 C、胡萝卜素、矿物质及膳食纤维，还提供有机酸、芳香物质及色素；蔬菜和水果基本上不含脂肪，糖类及蛋白质含量也较少，提供具有食疗和保健作用的生理活性物质。除少数含淀粉及糖分较多的果蔬外，一般果蔬都供能较少，属碱性食物。

果蔬中所含纤维素、半纤维素和果胶是人们膳食纤维的主要来源，它们在体内虽不参与代谢作用，但可促进肠道蠕动，有利于通便，还可阻止或减少胆固醇等有害因子的吸收。

果蔬是维生素 C、胡萝卜素和核黄素的重要来源。人体所需的维生素 C 主要由蔬菜和水果来提供，常见的蔬菜中含维生素 C 较多的有青椒（柿子椒）、菜花、苦瓜、雪里蕻和芥菜等；常见水果中维生素 C 含量最多的是新鲜猕猴桃、红枣、山楂、柑橘类、草莓等。果蔬中含有丰富的钙、磷、铁、钾、钠、镁、铜和锰等矿物质，是人体矿物质的重要来源。

蔬菜和水果中含有多种抗变异性、抗氧化性、促进抗体生成及正常细胞增殖、活化巨噬细胞、致死癌细胞、抗紫外线等生理活性成分。

（二）是实现果蔬产品从生产到产品的转变

果蔬产品采后处理、贮藏加工是果蔬产业链的中间环节，是维持源头产品良好品质和数量的重要保证；运输、销售位于产业链的末端，是将果蔬产品从产品转化为商品的必然途径。是实现果蔬产品商品性生产必不可少的过程。

果蔬产品采收后，仍然是具有生命活动的有机体，呼吸作用将消耗田间生长阶段积累的营养物质，同时出现各种生理衰老反应。如不及时进行保藏处理，品质败坏就不可避免，从而导致产品数量下降，经济损失严重。因此，保藏处理是产品数量和品质的保证。

目前，世界罐头的 75% 为蔬果罐头；日本、韩国及西欧国家中速冻、腌制和脱水蔬菜占蔬菜产量的 20%。

因此，开展果蔬贮藏与加工采后处理、贮藏加工等保藏理论和技术研究意义重大，是实现和提高产品附加值的根本保障。

（三）调节市场、均衡地区和季节供应

生物性、强烈的地区性、明显的季节性是农业生产的 3 大特点，造就了各地区具有独特的品质资源和产品，尤其是珍稀资源的产品，其季节差异和差价比更大，如我国北方寒冷地区的蔬菜，冬夏季差价比很大，南方特种水果荔枝、桂圆、红毛果、杨梅等存在明显季节性和地域差价比，有时高达 10 倍以上；大部分水果的采收时间主要在 8～10 月份。此外，现代化的生产已走向专业化、规模化阶段，造成产品呈基地化分布。因此，一个地区的市场、季节供应要均衡发展，就必须通过保藏

处理来实现。

(四)提高产品附加值

一般果蔬产品,鲜销价格往往低于经过保藏处理的、非旺季销售的同类产品。据内蒙古自治区包头市农业新技术研究所资料,番茄盛产季节,即采即销价格只有0.28元/kg,减压贮藏3.5个月后,损失率为1%,销售价格为3元/kg,投入产投比为1∶10,取得了良好经济效益;新鲜食用菌3～4元/kg,菌干50～60元/kg;鲜榨果汁比新鲜水果价格高。此外,有些产品新鲜状态食用价值低下,加工后利用价值大为提高,如橘皮、芥菜类蔬菜等。因此,采用适当的保藏加工处理,可以显著提高产品附加值,从而实现果蔬产业良好的经济效益。

第二节 目前果蔬贮藏与加工发展状况

一、国外果蔬贮藏与加工的特点

(一)生产专业化、区域化

每一种类或品种果蔬安排在最适宜地区集中栽种,为生产优质的果蔬商品奠定了良好的基础。如美国佛罗里达州是以种植加工果汁用的柑橘、芒果、荔枝、草莓等鲜食水果为主,主要的蔬菜种植基地有加州、佛罗里达州等地。

(二)产业化经营与设施配套

贮藏加工产业与农产品生产(农场)有着紧密有机的联系,实现产、贮、加、销一条龙。真空预冷,压差式预冷、冷水预冷和冷藏车运输、气调贮藏、冷藏、分级包装等现代设备确保了果蔬质量。

美国等发达国家果蔬采后商品化处理率达80%以上,预切菜和净菜量占70%以上,水果总贮量占总产量的50%左右,苹果、甜橙、香蕉等水果已实现周年贮运销世界各地。并建立了完善的产业技术管理体系,果蔬经产后商品化处理和深加工可增值2～3倍。

发达国家把产后贮藏和加工保鲜放在农业的首要位置,如美国农业总投入的30%用于采前,70%用于采后加工、保鲜升值。意大利、荷兰农产品保鲜产业化率为60%。一些经济发达的国家,果蔬保鲜业已相当普及。

(三)技术与设备越来越高新化

近年来,生物技术、膜分离技术、高温瞬时杀菌技术、真空浓缩技术、微胶囊技术、微波技术、真空冷冻干燥技术、无菌贮存与包装技术、超高压技术、超微粉碎技术、超临界流体萃取技术、膨化与挤压技术、基因工程技术及相关设备等已在果蔬加工领域得到普遍应用。基因工程技术应用于采后贮藏保鲜的成功典型例子是将反义 ACC 合成醇基因导入番茄，抑制了 99.5%的乙烯合成，抑制果实正常成熟，避免出现呼吸高峰，在室温下放置 90～120 d 不变红、不变软，耐贮运。

(四)深加工产品越来越多样化

发达国家各种果蔬深加工产品日益繁荣，产品质量稳定，产量不断增加，产品市场覆盖面不断地扩大。在质量、档次、品种、功能以及包装等各方面已能满足各种消费群体和不同消费层次的需求。多样化的果蔬深加工产品不但丰富了人们的日常生活，也拓展了果蔬深加工空间。

(五)产品标准体系和质量控制体系越来越完善

重视生产过程中食品安全体系的建立，普遍通过了 ISO 9000 质量管理体系认证，实施科学的质量管理，采用 GMP(良好生产操作规程)进行厂房、车间设计，同时在加工过程中实施了 HACCP 规范(危害分析和关键控制点)，使产品的安全、卫生与质量得到了严格地控制与保证。

二、我国果蔬贮藏与加工的现状及存在问题

(一)现状

改革开放 20 年，我国农业和农村经济发生了巨大变化，主要农产品总产量已位居世界第一位，进入了农产品供需基本平衡、丰年有余的新阶段，已成为世界上名副其实的农业大国，成为我国国民经济的支柱产业。目前，我国水果、蔬菜资源丰富，其中水果年产量近 7 000 万 t，蔬菜产量约 5 亿 t，均居世界第一位。预计到 2010 年，我国水果和蔬菜总产量将分别达到 1 亿 t 和 6 亿 t。丰富的果蔬资源为果蔬贮藏加工业的发展提供了充足的原料。

1. 贮藏

果蔬贮藏加工技术及其产业飞速发展不仅促进了贮藏保鲜加工理论和技术的发展，而且推动了相关产业的飞速发展。

目前，我国果品总贮量占总产量的 25%以上，商品化处理量约为 10%，果蔬采后损耗率降至 25%～30%，基本实现大宗果蔬商品南北调运与长期供应。

自“六五”开始，国家设立了重点科技攻关项目“水果蔬菜贮藏保鲜技术研究”，通过立项研究在采后生理、贮藏技术、设备、产品标准以及化学保鲜等研究领域取得了很大成就，解决了长期困扰的果蔬采后腐烂的难题。普及和推广了果蔬冷藏/产地贮藏技术、塑料薄膜气调技术、硅橡胶薄膜气调技术、果蔬南北调运技术、保鲜

防腐等技术;制定了果蔬采购、销售质量和贮藏技术标准;修建了一批简易冷库、机械冷库、气调冷库和减压冷库。1968年,北京建成了我国第一座水果专用机械冷库,1979年建成了第一座气调冷库,到1985年我国果品贮藏总量近300万t,占当时水果总量的26.7%。1997年内蒙古自治区包头市正道集团建成了世界第一座千吨级减压保藏贮藏库。

到目前为止,北京、山东、陕西、河北、新疆、河南、广州、沈阳等地相继建成大型商业性气调冷库100余座,并取得了良好的商业效益;研制和生产了各种化学防腐剂、生物活性调节剂及保鲜剂,并在果蔬采后保鲜中得到了广泛应用,显著降低了损失率,如柑橘采后利用多菌灵、托布津、百菌清以及保鲜纸处理,贮运损失率从20%~40%下降到8%。

2.加工

我国果蔬加工行业已由销地向产地转移;不断引进和研制先进的生产线,20世纪90年代在淘汰了一部分传统的罐头工业、果脯蜜饯加工业生产线基础上,通过引进设备的消化和吸收,研制了适合我国的果汁、果酱、果酒生产线,以及出口前景广阔的速冻蔬菜、脱水蔬菜、保鲜蔬菜、野菜罐头生产线,并对现有生产工艺进行了创新改造;先进技术不断渗透融合,如计算机、生物技术、新包装材料、纳米技术等在贮藏加工业中得到了有效利用;建立了一批加工用果蔬生产基地;培育了专门适合加工的果蔬品种,如专用番茄、桃、柑橘等。果蔬汁、果蔬罐头等深精加工业也得到了长足的发展,步入了新的历史阶段。

目前,我国果品加工转化能力约为6%,蔬菜加工转化能力约为10%。我国是世界脱水蔬菜生产和出口的主要国家之一,主要的品种有洋葱、大蒜、胡萝卜、食用菌、姜、花椰菜等20多个,年出口量约3万t,创汇额2亿美元以上,主要销往西欧、日本、美国、澳大利亚、韩国、新加坡和中国香港等国家和地区。我国蘑菇罐头出口占世界蘑菇罐头出口量的1/4,达25万t/年。

(二)存在问题

1.贮藏保鲜技术水平低、流通链条低温化程度低

国外鲜食水果已基本实现了冷链流通,从采后到消费者实行预冷→气调贮藏→分级包装→保温车运输→冷柜销售→家庭冷柜的冷链,全过程的损失率不到5%,发达的冷链是先进国家没有反季节栽培的主要原因。

我国果蔬产品的整个流通基本还处在常温状态下进行,全过程的冷链更少,预冷几乎是空白,采后病害控制水平低,因此,果蔬产品商品率、采后产值/采前产值低。据资料,山东苹果即采即售率高达80%,仅在生产环节"变、烂、弃"率就达

30%,保质销售率不到20%;蔬菜即采即售率更高达90%,采后损失率达20%~25%,高者达50%,采后产值/采前产值只有0.4,而美国、日本分别为3.7和2.2。

因此,应尽快建立适合我国国情的流通体系,实行某些关键环节的低温质量控制,提高、推广和普及采后贮藏保鲜水平,降低采后损失率。

2. 我国缺乏优质原料和生产基地,品种结构不合理,尤其缺乏加工用品种

从世界果蔬的消费和发展总体趋势上看,应该鲜食与加工适宜配比,两个市场互补发展。例如,世界果蔬鲜食与加工比例为70∶30,而我国目前鲜食与加工比例仅为95∶5。另外,鲜食品种自身结构也不合理,早、中、晚熟比例搭配不当,品种单一、老化,过于重视晚熟品种,造成采收期过于集中,鲜食品种因贮运能力不足,造成积压腐损。用于加工则因品种不对路,很难加工出高档产品。

总体上,我国缺乏优质原料和生产基地,果蔬加工原料的品种选育、引种和生产基地的建设进展不大,许多加工企业没有专门的原料生产基地,大多采用到处收购的策略,致使加工原料参差不齐,制成品质量不高;发达国家优质高档果蔬比例高达85%以上,70%以上为加工用品种,而我国优质高档果蔬比例不到30%。

我国果蔬加工业中普遍存在着粗加工产品多而高附加值产品少、中低档产品多而高档产品少、劣质产品多而优质产品少、老产品多而新产品少等弊端,尤其是特色资源的加工程度很低,远不能满足市场需求。

3.果蔬加工机械化、现代化速度较慢,加工转化能力低

我国果蔬深加工设施与技术水平较低,难以满足行业发展需要,大型、高速的成套设备长期大量依赖进口。果品与蔬菜的加工转化能力分别仅为6%和10%左右。

据2000年的数字显示,进口设备占国内在用设备的40%以上。90%以上的中小企业装备水平低,技术落后,很多果蔬产品的加工只有简单的分拣、包装,而且几十年如一日,如水果玻璃瓶罐头。近几年来,国内引进了许多国际一流的果蔬加工生产线,但这些生产线中的关键易耗零部件仍需依赖进口,虽然针对这些加工生产线上的关键易损零部件进行研发,取得了一定的进展,但技术性能指标与国外同类产品相比仍有较大差距。

此外,我国农产品加工科技进步率只有35%,我国很多腌制、糖制生产企业还多为手工作坊方式,生产力水平低下,卫生状况差;缺少或没有质量控制系统,无标生产的现象仍然存在,制成品的安全卫生质量不容乐观。蔬菜加工业中一些具有悠久历史的传统产品如腌制菜、干制(脱水)蔬菜的工厂化设备起步不久,一些显著提高产品质量的高新技术如生物技术、膜分离技术、超临界流体技术、微胶囊技术、

超高压技术等仍未得到广泛推广和应用。

4.加工企业管理、技术创新能力低影响其经济效益

如苹果加工行业，浓缩苹果汁企业国际先进水平为5万t/年以上，而我国浓缩苹果汁生产厂平均不到1万t/年。自1996年以来，我国先后出现近10家每小时加工苹果超过60 t的企业，这些企业没有在国家协调发展、统一规划下壮大自身的产业，在生产经营过程中缺乏自律，行业规范力度不够，在出口时相互压价，无序竞争现象严重，难以形成我国行业的整体优势，无法与国外相关企业抗衡。

5.果蔬加工综合利用低

我国果蔬加工业每年要产生数亿吨的下脚料，基本上没有开发利用，不仅浪费资源，而且污染环境。然而，皮渣等下脚料中仍然含有丰富的蛋白质、氨基酸、酚类物质、果胶、膳食纤维等营养成分。因此，如何使果蔬加工副产品变废为宝，综合利用增加附加值，是我国果蔬加工业降低成本和提高经济收益面临需要解决的主要问题。

6.果蔬加工缺乏有效的行业管理与技术监督

尽管我国果蔬加工业已采用国家或行业标准，但普遍存在标准陈旧，与国际标准相比，在有害微生物及代谢产物、农药残留量等食品安全与卫生标准方面差距很大，不能与国际市场接轨。

第三节 我国果蔬贮藏与加工今后面临的任务

一、我国果蔬产品贮藏今后面临的任务

(一)建立果蔬产品产、贮、运、销配套服务流通体系

果蔬产品流通全过程的冷链是依靠消费市场的高价位支撑的，因此，冷链附加值高。我国照搬国外的冷链流通和设施保鲜的技术路线在相当长的时间内是有困难的。适合中国国情的流通体系，应是以利益机制建立起来的一种组织，如专业合作组织、专业协会等。该组织承担对果蔬产品从种到销的全程技术服务、配套生产资料的供应、产品的市场化运作。实现产品的种植与采后的经营独立运行，以及管理的高度专业化和规模化，从而产生良好的经济效益。例如，辽宁省北宁市的葡萄产业，部分采取“公司＋农户”、“公司＋协会”的形式，统一建冷库或租赁冷库，统一贮藏技术和统一销售，建立了产、贮、运、销流通服务体系；国家农产品保鲜工程技术研究中心，在全国葡萄分会的支持下，正在建立全国性的鲜食葡萄联合体，从产

前品种、优质栽培技术指导，采后贮运、销售实行统一管理，较大程度上减轻了农民面临的市场风险，这也是果蔬产业应对 WTO 的一种积极措施。

(二)贮藏保鲜以小型节能贮运设施为基础，以材料保鲜为主体

我国农户多为小规模分散生产，户均产品数量有限，产品集中贮藏于大型冷库，会出现生产者与贮藏者断裂现象，产品质量无法保证。建立小型冷库是设施贮藏的发展趋势，实现分散生产、分散贮藏和集中销售的协调统一。国家农产品保鲜工程技术研究中心设计的一座节能冷库占地只有 40 m^2，库容量 100 m^3，贮藏能力 2 万 kg，设备投资成本 2 万元。高气密性、高投入和高能耗的大型冷库是由贮藏后果蔬的高价位支撑的，可用于名、优、特产品的贮藏保鲜。受农村体制、经济水平、城乡消费差别、流通规模等的限制，在相当长的时间内，大规模的设施贮藏均不可能成为果蔬产品贮藏的主体，材料气调才是未来果蔬产品贮藏的一种简便、经济、实用的方式。目前，科研单位研制的专用苹果、蒜薹、辣椒等气调保鲜膜的保鲜效果已达到气调冷库的贮藏效果。

(三)贮藏保鲜技术区域化、多元化发展

我国地域辽阔，区域生产力水平发展不平衡，打破地域格局的、规模化的保藏产业组织还未形成，必然使得果蔬产品的贮藏保鲜技术向多元化发展，出现从简单到复杂，多种形式共存的局面。在生产力水平较低、经济欠发达地区，以传统的简易设施和化学贮藏保鲜方式为主，而在经济发达、生产力水平高、组织化程度高的地区，则以大型设施和新材料保鲜技术为主，如气调冷库、可食涂膜果蔬保鲜、纳米硅基氧化物果蜡保鲜、微波保鲜、冷湿保鲜、电子负压保鲜、空气放电保鲜、超强紫外线光照射保鲜等。

二、我国果蔬产品加工今后面临的任务

(一)果蔬产品加工制品多样化

随着人们生活水平的提高，生活需求的多样化以及国内外市场的瞬息万变，必然对食品工业提出多元化要求，要求不断创新现有生产工艺，研制新的生产线，形成适合国内不同消费层次和口味以及不同消费市场的多元产品生产体系。北方人喜欢咸味和辣味食品，而甜味和清淡食品在南方备受欢迎；日本、韩国、新加坡等东南亚国家的人们，多喜食腌制、速冻蔬菜；欧洲等国家的人们青睐甜中带酸的果品。满足国内外如此多样的食品消费习惯，将是果蔬产品加工业必须关注的一个问题。

(二)无废弃物加工、多级开发利用

无废弃物加工、充分利用原料中的一切可利用成分将成为未来果蔬产品加工

业新的热点。果蔬产品在加工过程中，经去皮、核、心、种子、根、茎、叶后，利用率显著降低，当作废弃物抛弃的物质中蕴藏着许多有用的成分，如核果类种仁中含有苦杏仁，可生产杏仁香精；胡萝卜残渣加工后可形成橙红色的蔬菜纸，用于食品包装；猕猴桃皮可提取蛋白分解酶，用于啤酒澄清和肉质嫩化剂，在医药上可作为消化剂和酶解剂；坚果中含有类黄酮，能抑制血小板的凝聚、抑菌、抗肿瘤。因此，充分利用加工中产生的副产品和废弃物，进行深层次和多级开发利用，不仅显著减少加工垃圾，同时变废为宝，进一步提高产品附加值。

（三）实行产品绿色保鲜加工的发展战略，实现产品安全质量的全程控制

人们生活水平的提高，对生命和健康的关注，以及 WTO 的加入，农产品及其加工制品的安全卫生质量将越来越受到人们的关注，成为选购食品的重要因素，也是农产品出口贸易技术的壁垒。控制产品安全质量，实现标准化生产将是食品生产企业必须重视的问题，否则产品将在任何一级的市场上失去竞争力。因此，对食品加工企业而言，应积极参与源头污染（原料生产中产生的污染）的控制，建立本企业的原料生产基地；加工过程按照先进的质量控制体系如 HACCP 控制，将污染控制在生产过程中，而不是最终产品；严格按照标准使用化学保鲜剂，严禁“致畸、致癌、致突变”三致化学保鲜剂的使用。无公害、绿色、有机生产加工将成为食品行业一个全新的发展策略和行动指南。

本章小结

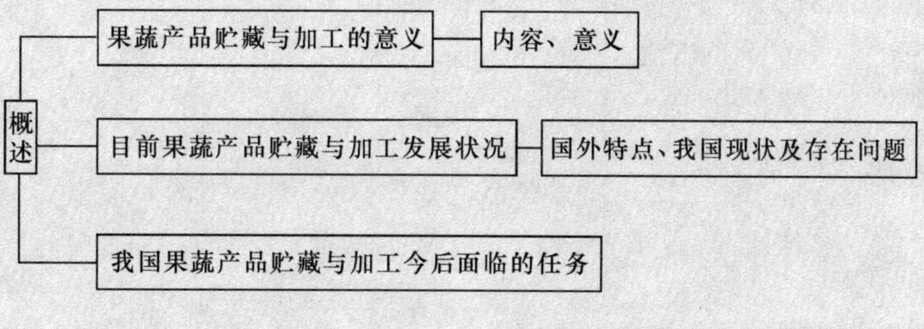

复习思考题

1. 果蔬贮藏与加工的意义何在?
2. 我国果蔬贮藏与加工的存在问题是什么?

第二章 果蔬贮藏基础

知识目标

- 了解果蔬产品品质的特性及在贮藏中的变化。
- 理解果蔬呼吸作用、采前因素、萎蔫、结露对果蔬贮藏的影响。
- 掌握果蔬贮藏的基本原理和实质。

技能目标

- 掌握果蔬贮藏对主要环境条件的定性要求。
- 会进行果蔬呼吸强度的测定和果蔬主要品质的鉴定。
- 熟练掌握预防果蔬萎蔫、结露的措施。

第一节 果蔬产品品质

果蔬的品质主要决定于遗传因素，但又受不同发育时期、栽培环境、管理水平和贮藏加工条件的影响而变化很大。对果蔬品质的评价，包括色泽、大小、形状等外观特性，味道和香气等风味特性以及维生素、矿物质、碳水化合物、脂肪、蛋白质等营养物质的含量。

果蔬品质的构成主要有：

外观：形状、大小、色泽等。

风味：糖、酸、单宁、糖苷类、氨基酸等。

质地：组织的老嫩程度、硬度的大小、汁液的多少、纤维的多少等。

营养:糖类、脂类、蛋白质和氨基酸、矿物质、水分、维生素等。

安全:有害物质的残留等。

果蔬的化学组成非常复杂,一般分为水和固形物。固形物又分为无机物(各种矿物质)和有机物(碳水化合物、有机酸、脂肪、蛋白质、各种维生素、色素和芳香物质等)。

一、呈色物质

色泽是人们感官评价果蔬品质的重要因素之一。不同种类和品种的果蔬颜色各不相同,其原因是所含色素在质和量上的差别。果蔬中的呈色物质主要有叶绿素(呈绿色)、类胡萝卜素(呈黄到红色)、花青素(呈红、紫、蓝)、黄酮类色素(呈无色到黄色)。果蔬的颜色在一定程度上反映了果蔬的新鲜度、成熟度和品质变化等情况。大多数果实随着果实的成熟,叶绿素含量逐渐减少,其他色素含量逐渐增多,而使果实绿色减退,呈现其他颜色。

二、呈香物质

果蔬香气来源于各种微量的挥发性物质,由于这些挥发物质的种类和数量不同,便形成了各种果蔬特定的香气。据报道,苹果含有 100 多种挥发性物质,香蕉含有 200 种以上挥发性物质,草莓中含有 150 多种,葡萄中含有 78 种等。构成果品香气的主要成分是醇、酯、醛、酮以及挥发性酸等为多。构成蔬菜香气的主要成分是一些含硫化合物(葱、蒜、韭菜等辛辣气味的来源)和一些高级醇、醛、萜等。就多数果蔬而言,进入成熟时才有足够数量的香气释放出来,所以芳香程度也是判断果蔬成熟的一种标志。香气物质具有催熟作用,果蔬贮藏中应及时通风排除。

三、呈味物质

各种果蔬具有不同的特色的味道,其差异决定于呈味物质的种类和数量。这些物质不仅关系到果蔬的味道,也是评价其品质的重要指标。味的分类在世界各国并不一致,我国习惯上分为甜、酸、苦、咸、辣、涩、鲜 7 种,除咸味外,其余 6 种均与果蔬有关。

(一)果蔬的甜味

果蔬中的甜味物质主要是糖及其衍生物糖醇,主要是葡萄糖、果糖、蔗糖、木糖醇、山梨醇等,不同的糖甜度不同。

果蔬的甜味除取决于糖的种类和含量外，还与糖酸比有关。糖酸比越高，甜味越浓；比值适合，则甜酸适度。一般在充分成熟时达到其高峰值，所以生产上常根据含糖量的变化来确定果实的成熟度和采收期。

不同果蔬种类含有糖的种类和比例亦不同，甜味也不同。一般说来，仁果类以果糖为主，其次是葡萄糖、蔗糖和山梨醇；核果类以蔗糖为主，其次是葡萄糖、果糖；浆果类主要含葡萄糖、果糖；柑橘类以蔗糖为主；樱桃、葡萄、番茄则不含蔗糖；叶菜类、茎菜类含糖量较低，加工中也不显重要。

(二)果蔬的酸味

酸味是因舌黏膜受氢离子刺激而引起的，凡是在溶液中能解离出氢离子的化合物都有酸味，包括所有无机酸和有机酸。果蔬中的酸主要来自一些有机酸，如柠檬酸、苹果酸、酒石酸、草酸、琥珀酸、α-戊酮二酸和延胡索酸等，这些有机酸大多具有爽口的酸味，对果实的风味影响很大。多数果实随着成熟，酸含量减少（柠檬除外）。相比之下，蔬菜的含酸量很少，往往感觉不到酸味的存在。

不同的果蔬所含有机酸种类、数量及其存在形式不同。柑橘类、番茄类含柠檬酸较多，苹果、梨、桃、莴苣等含苹果酸较多，葡萄含酒石酸较多，蔬菜主要是草酸。

(三)果蔬的涩味

涩味是由于使舌黏膜蛋白质凝固，引起收敛作用而产生的一种味感。果蔬的涩味主要来源于单宁物质（多酚类化合物），未成熟的果实中含量较多，蔬菜较少，随着果蔬的成熟含量逐渐减少。

当果蔬中含有1%～2%的可溶性单宁时就会产生强烈的涩味。当水溶性单宁变为不溶性的则无涩味，柿子可以通过成熟、CO_2、温水、乙醇等处理即可除涩。

(四)果蔬的苦味

苦味是4种基本味感（酸、甜、苦、咸）中味感阈值最小的一种，是最敏感的一种味觉。单纯的苦味会给人带来不愉快的味感，但当它与甜、酸或其他味感恰当的组合，就形成了食品特殊风味，如茶、咖啡、苦瓜、莲子等。但果蔬中苦味过浓，会给果蔬的风味带来不良的影响。

果蔬中的苦味物质主要是糖苷类，如苦杏仁苷（主要存在于核果类和仁果类的果核、种仁中，尤以苦扁桃含量最多）、黑芥子苷（十字花科蔬菜的苦味来源，含于根、茎、叶和种子中）、茄碱苷（又叫龙葵苷，存在于马铃薯块茎、番茄、茄子中，含量超过0.01%就会感觉到明显的苦味，0.02%中毒）、柚皮苷、新橙皮苷和柠碱（主要存在于柑橘类果实中，影响加工品的品质）。

(五)果蔬的鲜味

食品中的鲜味物质包括氨基酸、核苷酸、肽和有机酸等。果蔬鲜味主要来自一些具有鲜味的氨基酸和酰胺,如 *L*-谷氨酸、*L*-天门冬氨酸、*L*-谷氨酰胺、*L*-天门冬酰胺等。

(六)蔬菜的辣味

辣味可刺激舌和口腔的触觉及鼻腔的嗅觉,而产生综合性的刺激快感。适度的辣味可以增进食欲,促进胃肠消化,蔬菜中的辣味物质有 3 种类型。

1. 芳香型辣味物质

其辣味有快感,如生姜中的姜酮、姜酚、姜醇等。

2. 无臭性辣味物质

如辣椒中的辣椒素,胡椒中的异胡椒碱以及花椒中的花椒素。

3. 刺激性辣味物质

如蒜、葱的辛辣味,葱蒜中的二硫化物可被还原成有甜味的硫醇化合物,故葱蒜在煮熟后失去辛辣味而有甜味。

四、质地

一些蔬菜和肉质型果实如苹果、梨、桃等品质评价,还包括质地,常用脆、绵、硬、软、细嫩、粗糙、致密、疏松等术语来形容质地。影响果蔬质地的物质主要是果胶物质,不同时期果胶物质存在方式不同,从而影响果蔬的质地。

果胶物质沉积在细胞初生壁和中胶层中,起着黏结细胞的作用。根据性质与化学结构的差异可将果胶物质分为 3 种。

(一)原果胶

原果胶是一种非水溶性的物质,存在于植物和未成熟的果实中,常与纤维素结合,所以称为果胶纤维素,它使果实坚实脆硬。随着果实成熟,在原果胶酶作用下分解为果胶。

(二)果胶

果胶易溶于水,存在于细胞液中。成熟的果实变软,是因为原果胶与纤维素分离变成了果胶,使细胞间失去黏结作用,因而形成松弛组织。果胶的降解受成熟度和贮藏条件双重影响。

(三)果胶酸

果胶酸是一种多聚半乳糖醛酸,少量的也聚合了一些糖分。果胶酸可与钙、镁等结合成盐,不溶于水。当果实进一步成熟衰老时,果胶继续被果胶酸酶作用,分解为果胶酸和甲醇。果胶酸没有黏结能力，果实变成水烂状态，有的变“绵”。果胶酸进一步分解成为半乳糖醛酸，整个果实解体。

3 种果胶物质的变化，可简单表示如下：

原果胶 —成熟阶段（原果胶酶）→ {纤维素, 果胶} —过熟阶段（果胶酶）→ {甲醇, 果胶酸} —（果胶酸酶）→ {还原糖, 半乳糖醛酸}

大多数蔬菜和一些果品中的果胶即使含量很高，但因甲氧基含量低而缺乏凝胶能力。果实硬度的变化，与果胶物质的变化密切相关。用果实硬度计来测定苹果、梨等的果肉硬度，借以判断成熟度，也可作为果实贮藏效果的指标。

五、营养物质

营养物质含量的多少是果蔬品质评价的重要指标之一。果蔬中含有丰富的营养物质，是人类摄取维生素和矿物质的重要来源。果蔬中还含有大量的水分和一定的糖类、脂肪和蛋白质。

(一)糖类

糖类也叫碳水化合物，分为单糖、低聚糖、多糖。果蔬中常见的单糖有葡萄糖、果糖、甘露糖、半乳糖、木糖等，低聚糖主要是蔗糖，多糖包括淀粉、纤维素、半纤维素、果胶物质等。

果蔬中一些重要的单糖、低聚糖，既是营养物质，又是重要的呈味成分，已在“呈味物质”部分作过介绍，果胶物质已在“质地”部分作过介绍，这里只对淀粉、纤维素和半纤维素作必要的介绍。

淀粉为多糖，主要存在于未成熟的果实中。一般富含淀粉的水果，如香蕉、苹果、梨等随着果实的成熟淀粉水解成可溶性糖，可用淀粉含量多少判断果实成熟度。大多数水果的淀粉含量都较低，有的在成熟后甚至完全消失。蔬菜中以块根、块茎和豆类含淀粉较多，如藕、菱、芋头、山药等，其含量与老熟程度成正比。对于青豌豆、甜玉米等以幼嫩籽粒供食的蔬菜，其淀粉含量的增加会导致其品质的劣变。

纤维素和半纤维素是植物的骨架物质，细胞壁的主要成分，对组织起着支撑作用。纤维素在果蔬皮层中含量较高，在幼嫩时期是一种含水纤维素，随着果蔬的成熟逐渐木质化和角质化，变得坚硬、粗糙，不堪食用。半纤维素在植物体内有支持和贮存的双重功能。纤维素和半纤维素含量越少果蔬品质越好，但纤维素、半纤维素和果胶物质形成复合纤维素对果蔬有保护作用，增强耐贮性。

(二)脂类

脂类包括脂肪和类脂。大多数果蔬中脂肪含量很低，但鳄梨、核桃中含量很高，核桃的脂肪含量达53%以上。果蔬中还含有类脂物质，如卵磷脂、脑磷脂、菠菜固醇，营养学上最重要的是卵磷脂和脑磷脂。

(三)蛋白质和氨基酸

果蔬中蛋白质、氨基酸含量远不如谷类、豆类作物高，一般为0.2%～1.0%，但也有含量多的，如核桃、扁桃、巴西栗、鳄梨、榛子、冬菇、紫菜等，含量为11%～23%。果蔬中一些氨基酸(如谷氨酸、天门冬氨酸)，是果蔬鲜味的重要来源。

(四)矿物质

果蔬是人体所需要的矿物质的主要来源，果蔬的矿物质中K、Na、Ca等金属离子占80%，P、S等非金属占20%。果蔬中虽含有机酸，味觉上具有酸味，但它进入人体后，或参与生物氧化反应，或形成弱碱性的有机酸盐，而矿物质中的K、Na则与HCO_3^-结合，使血浆的碱性增强，因而果蔬被称为“碱性食品”。为了保持人体健康，在食物构成上，要有足量的碱性食品——水果蔬菜，否则体液偏酸性，造成酸碱失调，甚至引起酸性中毒。

(五)水分

果蔬是人体摄取水分的主要来源之一，大多数果蔬的水分含量达80%以上。水分对果蔬本身的耐贮性影响很大，同时对果蔬的鲜嫩度、风味及脆性也有至关重要的影响。

(六)维生素

维生素是一类维持人体健康不可缺少的低分子化合物，果蔬中含量丰富，胡萝卜素(维生素A原)、维生素E、维生素K为脂溶性，存在于黄色、绿色等深色果蔬中。B族维生素、维生素C为水溶性，维生素C与其他维生素相比，代谢快，需要量大，果蔬中富含维生素C，是人体摄取维生素C最重要的来源。

第二节 采前因素对果蔬贮藏的影响

合理的贮藏工艺，对于充分发挥果蔬本身的耐贮性，最大限度地保持其品质具有重要意义。但是果蔬本身的品质和耐贮性是贮藏的物质基础，并受许多采前因素的影响和制约，如果蔬的生物因素、生态因素和农业技术等。

一、生物因素

(一)种类和品种

1. 种类

一般来说，产于热带地区或高温季节成熟并且生长期短的果蔬，采收后呼吸旺盛，失水快，营养物质消耗多，易被病菌侵染而腐烂变质，表现为不耐贮藏；生长于温带地区、生长期比较长，并且在低温冷凉季节收获的果蔬，营养物质积累多，新陈代谢水平低，一般具有较好的贮藏性。水果中，仁果类较核果类、浆果类耐贮藏。但是，也不尽然，如柑橘类果实虽原产于亚热带，却可长期贮藏，而一些温带水果如桃、杏则不宜久藏。

蔬菜中，叶菜类富含多种维生素，但表面积大，代谢旺盛，一般不耐贮藏；花菜类、果菜类较耐贮藏；块茎、球茎、鳞茎和根茎类蔬菜，多有休眠现象，最耐贮藏。

2. 品种

同一种类不同品种的果蔬，由于组织结构、理化特性、成熟收获时期不同，品种间的贮藏性也有很大差异。一般规律是，晚熟品种耐贮藏，中熟品种次之，早熟品种不耐贮藏。例如苹果中的黄魁、红魁、旭光、祝光等早熟品种，不耐贮藏；元帅系、金冠、乔纳金、津轻、嘎拉等中熟品种比早熟品种耐贮藏，在常温库可贮藏 1～2 个月，在冷藏条件下的贮藏期为 3～4 个月；富士系、王林、秦冠、胜利、小国光、青香蕉等晚熟品种，不但品质优良，而且普遍具有耐贮藏的特性，在冷藏条件下可贮藏 6 个月以上。柑橘类果实中，以富含酸分的柠檬类最为耐贮，而组织宽松的宽皮橘类贮藏寿命十分有限。蔬菜中如大白菜，直筒形比圆球形耐贮藏，青帮系统的比白帮系统的耐贮藏。

总之，果蔬的品质和耐贮性在不同种类和品种间差异很大，而且很难作出规律性的概括。一般认为：不耐贮的果蔬，表现为组织疏松，呼吸旺盛，失水快，所含的物质成分变化消耗快，因而品质下降也快。

（二）植株长势

一般，盛果期树结的果实的耐贮藏比幼龄树和老龄树强。幼龄树由于积累的营养物质不足，结果大小不一，果实含水量高，固形物低，品质差，不耐贮藏。老龄树地上、地下部分的生长发育均表现出衰老退化的趋势，所结的果实干物质含量少，着色差，抗病力下降，不耐贮藏。树势中庸的果树结的果实品质好，耐贮藏。以营养器官为食用部分的蔬菜，植株长势旺盛是获得高产优质的前提。而以果实和根茎为食用部分的果蔬，植株长势过旺会影响其他部分的生长和产品质量，所以需要从栽培技术上加以调节，以获得高产优质的产品。

（三）砧木

果树的砧木对嫁接后果树生长发育，对环境的适应性，以及对果实产量、品质、化学成分和耐贮性都有一定的影响。研究表明，红星苹果嫁接在保德海棠上，果实色泽鲜红，最耐贮藏。武乡海棠、沁源山定子和林檎嫁接的红星苹果，耐贮性也较好。

砧木对接穗的影响是多方面的。例如树体的生长、对病害的抗性、开花和结果早晚等，在一定程度上都受砧木的影响，因而造成果实的化学成分、物理性状和生理反应上的差异，以致影响到果实的耐贮藏性。因此，在规划果园和选择苗木的时候，应该考虑果实将来的耐贮藏性。

(四)结果部位与果实大小

由于自身和外界因素的影响，同一植株上着生在不同部位的果实其形状、大小、颜色和化学成分以致耐贮藏性都有差异，而且个体差异往往很大。一般向阳面的果实色泽鲜艳，积累养分多，贮藏中不易失水萎蔫，耐贮性好。树冠外围和顶部的果实，比内膛果实受光量大，干物质、总糖、总酸都高，品质和耐贮性较好。

在同一种类和品种的果实中，以中等大小的果实最耐贮藏；特大果组织疏松，呼吸旺盛，营养消耗快，不耐贮藏；而特小果生长发育不良，品质低劣，固形物含量低，亦不耐贮藏。

二、生态因素

(一)温度

温度比其他环境因素对果蔬产量和品质的影响更大更直接。原产热带、亚热带的果蔬，要求温暖、潮湿的环境，原产温带的果蔬则适于冷凉干燥的气候条件。

温度高，作物生长快，产品组织幼嫩，可溶性固形物含量低。昼夜温差大，作物生长发育良好，可溶性固形物含量高。同一种类或品种的蔬菜，秋季收获的比夏季收获的耐贮藏，如秋末收获的番茄、甜椒比夏季收获的容易贮藏。北方栽培的大葱可以露地冻藏，而南方生长的大葱却不能在北方露地冻藏。

(二)降雨量和空气湿度

降雨量的多少影响着土壤水分、土壤的 pH 值及土壤可溶性盐类的含量。降雨会增加土壤湿度、空气的相对湿度和减少光照时间，从而影响果蔬的营养物质的含量、组织结构和耐藏性。生长在潮湿地区的苹果容易裂果，柑橘生长期多雨高湿，果实糖、酸含量降低，高湿有利于真菌的生长，容易引起果实腐烂。阳光充足、降雨量适当的年份，果蔬耐藏性好。

降雨量对土壤 pH 值影响很大，雨水会冲洗土壤中的可溶性盐类如钙盐等，降低土壤 pH 值，所以一般南方多雨地区土壤多呈酸性，北方多呈盐碱。在潮湿多雨的地区，果树缺钙是常见的现象。

(三)光照

光照的时间、强度与质量，直接影响植株的光合作用及形态结构，影响果蔬的品质和耐藏性。光照充足，果蔬的干物质明显增加；光照不足，果实含糖量低。但光照过强也有危害，如果实易发生日灼现象。适宜的光照时间，作物生长发育良好，耐藏性强。光照与花青色素的形成密切相关，光照好，红色品种的苹果果实颜色鲜艳，耐贮藏。苹果生长季节如果连续阴天会影响果实中糖和酸的生成，果实容易发生生理病害。光质(红光、紫外光、蓝光和白光)影响果蔬的生长发育和品质，紫外线对维生素C的合成、果实着色和耐藏性有利。

(四)地理条件

纬度和海拔高度与温度、降雨量、空气的相对湿度和光照强度是相互关联的，同一种类果蔬，生长在不同的纬度和海拔高度，其品质和耐藏性不同。对于一些果蔬，海拔高，日照强，昼夜温差大，有利于花青色素的形成和糖的积累耐藏性好。一般河南、山东生长的苹果果实耐藏性远不如辽宁、山西、甘肃、陕西等高纬度地区。高纬度生长的蔬菜，保护组织比较发达，适宜低温贮藏。而有些果蔬的生长则适应温暖多湿的环境，如原产亚热带的柑橘，适宜在温暖多湿的条件下栽培。

(五)土壤

不同种类品种的果蔬，对土壤有不同的要求，土壤质量会影响果蔬的成分和结构。轻沙土可增加西瓜果皮的坚固性，提高其耐藏性。苹果适合在质地疏松、通气良好、富含有机质的中性到酸性土壤上生长。壤土上生长的柑橘比沙土上生长的颜色好，可溶性固形物含量高，总酸量低。

以叶片和根茎为食用部分的叶菜类和根茎菜类，在深厚肥沃的土壤中栽培其营养生长旺盛，产量高；质地细嫩的薯类则适宜在沙质土壤中栽培，其淀粉和含糖量高，味甜。

土壤pH值是非常重要的，直接影响土壤中矿物质的有效利用。因此，在栽培管理中，针对不同的果蔬种类，控制一定的土壤pH值，也是保证果蔬品质的重要措施。

三、农业技术因素

(一)整形修剪和疏花疏果

适宜的果树修剪，可以通风透光，使叶片同化作用加强，果实着色好，糖分高，耐贮藏。疏花疏果可以保证叶、果的适当比例，增加含糖量，使耐藏性增强。

(二)肥水管理

1. 施肥

施肥的方法和时期，是影响果蔬化学成分和耐藏性的重要因素。果蔬采后的生理失调、后熟、衰老等都与钙的吸收、分配及功能有关。氮肥可增加果树的产量。但过量施用氮肥或氮肥迟施，就会引起钙缺乏，导致生理失调，果实的着色差，呼吸强度增高，营养物质消耗加快，产品的耐藏性和抗病性明显降低。果树缺钾，果实颜色差，品质下降。但过多施用钾肥，会对钙、镁的吸收产生拮抗作用，使果实含钙量降低。土壤中缺磷，果肉带绿色，含糖量降低，贮藏中容易发生果肉褐变和烂心。

此外，土壤中缺乏某些微量元素（如锌、铜、锰、硼、钼等）或含量过多，都会影响果蔬的生长发育，影响其品质和贮藏性能。

2.灌溉

土壤的水分供应条件，是影响果蔬生长发育、产量、品质及耐贮性的另一个重要方面。土壤中水分供应不足，会影响果实的生长发育，甚至引起一些生理病害，如苹果的软木斑病、苦痘病和红玉斑点病等都与土壤中水分状况有关。土壤中水分过多，果实虽大但不充实，固形物含量低，味淡、着色差，不耐贮藏。

总之，施肥和灌溉是相互影响、相互作用的，为了维护果蔬良好的生长发育状态，必须提高栽培中肥水管理水平，才能最终获得高产优质的果蔬产品。

（三）采前化学药物处理

采前喷洒一些植物生长调节剂、杀菌剂或其他矿物营养元素，是栽培上改善果蔬品质、增强耐贮性、防止某些生理病害和真菌病害的辅助措施之一，生产上常采用以下化学药剂处理。

1.植物生长调节剂

（1）生长素类　如萘乙酸和2,4-D，在高浓度时对植物生长起抑制作用，低浓度时则有促进作用。栽培上常于采前用低浓度的萘乙酸（10～20 mg/L）或2,4-D（5～20 mg/L）进行处理，对防止苹果、葡萄和柑橘采前落果效果明显，还可延迟花椰菜和其他绿叶菜的黄化，40 mg/L萘乙酸处理洋葱叶可延长葱头的贮藏寿命。

（2）赤霉素（GA_3）　赤霉素能促进植物细胞分裂和伸长，在无核葡萄坐果期喷40 mg/L赤霉素，能显著增大果粒。柑橘类果实用赤霉素处理，有推迟果实成熟，延长贮藏寿命的效果。赤霉素还可使香蕉果实的呼吸高峰推迟，延缓后熟过程，延长贮藏寿命。

（3）生长抑制剂　如矮壮素（CCC），增加坐果率的效果最显著，有增产作用。巴梨在采前3周用0.5%～1%的矮壮素喷布，可增加果实硬度，防止采收时果实变软，有利于贮藏。

（4）青鲜素（MH）　目前国内外广泛使用MH处理采前的洋葱、马铃薯、胡萝卜等蔬菜，采后有明显抑制发芽的效应。用于洋葱浓度为1 500～4 000 mg/L，马铃薯为2 500～5 000 mg/L，采前1～3周进行处理。

(5)乙烯和乙烯利　有促进果实成熟的作用。苹果、梨在采前喷布乙烯利,可使果实的呼吸高峰提前出现,促进成熟和着色。此外,乙烯利用于柑橘退绿、香蕉催熟和柿子脱涩等,都获得显著的效果。但须注意,经乙烯利处理的果实不能进行长期贮藏。

2.化学杀菌剂

(1)无机杀菌剂　如波尔多液,是生产上广泛应用的保护性杀菌剂。用200倍液可防治苹果、梨的锈斑病、黑星病、轮纹病和腐烂病等。

(2)有机硫杀菌剂　如代森锌、代森铵等,具有广谱杀菌作用。用65%代森锌可湿性粉剂300～500倍液采前喷雾,可防治苹果褐斑病、葡萄炭疽病、杏、李菌核病、桃穿孔病、柿黑星病。用50%代森铵可湿性粉剂1 000倍液也可防治多种病害。

(3)有机砷杀菌剂　如退菌特,具有抑菌,杀菌作用,渗透作用强,对植物、人畜毒性低。用50%退菌灵可湿性粉剂800～1 000倍液喷雾,可防治葡萄炭疽病、白粉病,苹果轮纹病、褐斑病等。

(4)内吸杀菌剂　如托布津、多菌灵等,为高效低毒、广谱性内吸杀菌剂,残效期长,可以防治多种真菌病害。常用50%可湿性粉剂500～1 000倍液喷雾或拌种(使用量为0.1%～1%),防病效果显著。

综上所述,各种采前因素从不同的方面影响果蔬的品质和耐贮性,是贮藏工作中必须注意的问题。

第三节　果蔬产品采后生理

新鲜果蔬在贮藏中仍然是有生命的有机体,但是果蔬产品采后的一些生理变化会直接影响果蔬耐贮性和抗病性的变化。耐贮性是指果蔬在一定的贮藏期限内能保持其原有品质而不发生明显不良变化的特性。抗病性是指果蔬抵抗致病微生物侵害的特性。

果蔬产品采后生理主要包括呼吸生理、蒸散生理、休眠生理和成熟衰老生理等。本节着重论述这些生理变化对果蔬贮藏的影响及相应的控制方法。

一、呼吸生理

果蔬采收后,光合作用基本停止,呼吸作用成为新陈代谢的主导过程,也是果蔬贮藏中最重要的生理活动,它制约和影响其他生理过程。

(一)呼吸作用与呼吸强度

1.呼吸作用

呼吸作用是在许多复杂的酶作用下,经由许多中间反应环节进行的生物氧化还原过程,把复杂的有机物分解成较为简单的物质,同时释放能量的过程。

(1)呼吸作用的类型　植物呼吸作用包括有氧呼吸和无氧呼吸,有氧呼吸是主要的呼吸方式。

有氧呼吸:指生活细胞在 O_2 的参与下,把某些有机物彻底氧化分解成 CO_2 和 H_2O,同时释放出大量的能量。以己糖为呼吸底物的反应式为:

$$C_6H_{12}O_6 + 6O_2 \rightarrow 6CO_2\uparrow + 6H_2O + 2\,817.7\ \text{kJ}(674\ \text{kcal})$$

无氧呼吸:不从空气中吸收 O_2,呼吸底物不能被彻底氧化,结果形成乙醛、乙醇、乳酸等,并释放少量能量。以己糖为呼吸底物的反应式为:

$$C_6H_{12}O_6 \rightarrow 2C_2H_5OH + 2CO_2\uparrow + 87.9\ \text{kJ}(24\ \text{kcal})$$

(2)无氧呼吸的危害

①释放的能量比有氧呼吸少,为了获得同样多的能量则要消耗更多的呼吸底物。

②无氧呼吸的产物乙醛、乙醇等有害物质在细胞内积累,使细胞中毒,甚至死亡。

无氧呼吸对贮藏是不利的,但有些植物由于其本身的生理特性,有的组织存在一定比例的无氧呼吸,如地下根茎器官,这是正常的,但不论何种原因引起无氧呼吸的加强,都会干扰和破坏果蔬正常的生理代谢,都是有害的。

2.呼吸强度

呼吸强度(RI)是衡量呼吸作用强弱的一个指标。在一定的温度下,单位时间内单位重量的果蔬产品吸收 O_2 或放出 CO_2 的量[O_2 或 CO_2 mg/(kg·h)]。

呼吸强度表明了组织内营养物质消耗的快慢,反映了物质量的变化,在采后生理研究和贮藏实践中,是最重要的生理指标之一。

3.呼吸热

呼吸消耗底物同时释放出能量。有氧呼吸每消耗 1 mol 己糖,释能 2 817.7 kJ,其中有 1 544 kJ(304 kcal)以化学能贮存在 38 mol ATP 中,大部分以热的形式释放出来,这就是呼吸热。无氧呼吸每消耗 1 mol 己糖,产生 87.9 kJ 的能,转为化学能为 2 mol ATP,其余的以热的形式释出,也是呼吸热。

在果蔬贮藏中，呼吸作用始终在进行，呼吸热不断地被释放出来，为了保持恒定的库温，就必须随时排除果蔬所释放出来的呼吸热及其他热源。

(二)影响呼吸作用的因素

1.内在因素(产品本身因素)

(1)果蔬的不同种类和品种　遗传特性决定不同种类和品种的果蔬呼吸强度不同。果品中呼吸强度依次为浆果类(葡萄除外)最大，核果类次之，仁果类较低。蔬菜中呼吸强度叶菜类最大，果菜类次之，直根、块茎较低。同一种类的果蔬的呼吸强度，一般南方生长的比北方生长的大、早熟品种比晚熟品种大、夏季成熟的比秋季成熟的大、贮藏器官比营养器官大。

(2)发育年龄和成熟度　在果蔬的个体发育和器官发育过程中，幼龄时期呼吸强度最大，随着生长发育的变化，呼吸强度逐渐下降。这是因为幼龄时期，各种代谢过程都很活跃，而且表层保护组织尚未发育完善，组织内的细胞间隙也较大，便于气体交换，内层组织能获得较充足的 O_2，因此呼吸强度大，这也是幼嫩瓜果贮藏困难的原因。老熟的瓜果和其他蔬菜，新陈代谢缓慢、表皮组织、蜡质和角质保护层加厚，呼吸强度降低，耐贮藏。

(3)同一器官的不同部位　一般水果的皮层组织呼吸强度大，果皮、果肉、种子的呼吸强度均不同，柑橘果皮呼吸强度约是果肉组织的 10 倍，柿的蒂端比果顶呼吸强度大 5 倍，这是由于不同部位的物质基础不同，氧化还原系统的活性及组织的供氧情况不同而造成的。

2.外在因素(环境因素)

(1)温度　温度是影响呼吸作用最重要的因素，它也是影响果蔬采后贮藏的最重要的因素。在一定温度范围内，温度升高，酶活性增强，呼吸强度增大，呼吸与温度的关系可用呼吸的温度系数(Q_{10})来表示。

呼吸的温度系数(Q_{10})：在一定温度范围内(5～35℃)，温度每升高 10℃，呼吸强度增加到的倍数。$Q_{10}=(t+10)RI/tRI$。

在多数情况下，$Q_{10}=2\sim2.5$。适宜的低温可降低呼吸强度，并使呼吸高峰延迟出现，峰值降低，甚至不出现高峰。如西洋梨在 21℃时高峰出现最早，0.7℃时出现最晚。不同的果蔬 Q_{10} 有较大差别，同一果蔬在不同的温度范围内 Q_{10} 也有变化，常常是低温范围内 Q_{10} 大于高温范围 Q_{10}(表 2-1)。

这一特性在贮藏上有很大意义，果蔬冷藏时，应维持稳定的低温，如温度波动，会使呼吸强度很快增大(表 2-2)。

表 2-1 几种果蔬呼吸的 Q_{10} 同温度范围的关系

种 类		0～10℃	11～21℃	种 类	0.5～10℃	10～24℃
草莓(哈瓦多 17)		3.45	2.10	石刁柏	3.5	2.5
桃	加尔曼	3.05	2.95	豌豆	3.9	2.0
	阿尔巴特	4.10	3.15	菜豆	5.1	2.5
柠檬(加利福尼亚尤力克)		3.95	1.70	菠菜	3.2	2.6
葡萄柚(佛罗里达实生苗)		3.35	2.00	黄瓜	4.2	1.9

引自 Haller,1931;Platenius,1943。

表 2-2 在恒温和变温下蔬菜的呼吸强度 CO_2 mg/(kg·h)

温 度	洋葱	胡萝卜	甜菜
恒温 5℃	9.9	7.7	12.2
2℃和 8℃隔日互变,平均 5℃	11.4	11.0	15.9

引自周山涛.果蔬贮运学.化学工业出版社,1998。

另外,并非为了降低呼吸强度,温度越低越好,应据不同果蔬对低温忍耐程度不同,尽量降低贮藏温度,又不致产生冷害。

(2)湿度 湿度与温度相比,对呼吸强度的影响是次要因素,但仍会带来很大影响。湿度对不同果蔬呼吸强度的影响不尽相同。如大白菜、菠菜、温州蜜柑、红橘等采后稍经晾晒,蒸发掉一小部分水分,有利于降低呼吸强度,增强耐贮性(图 2-1)。

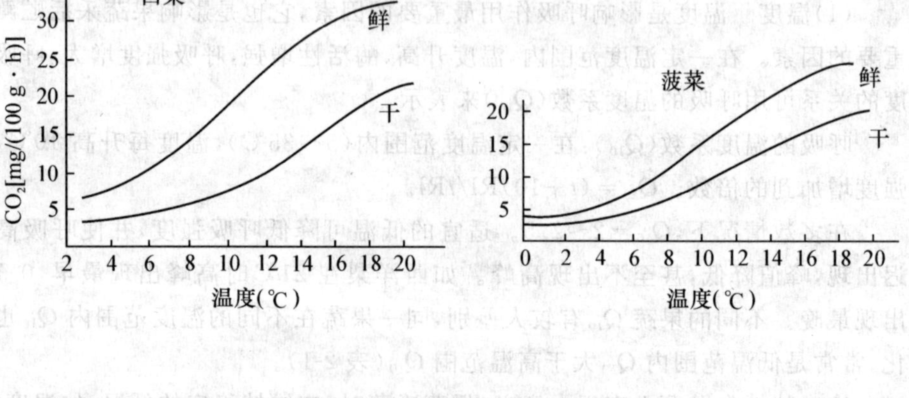

图 2-1 新鲜和干燥后的蔬菜呼吸强度的变化

(引自增田,1942)

洋葱、大蒜贮藏时要求低湿，低湿可抑制呼吸强度，保持休眠状态。但薯芋类蔬菜贮藏时要求高湿，干燥反而促进呼吸产生生理病害。香蕉在相对湿度<80%时，不能正常成熟，也无呼吸跃变，但在相对湿度>90%时呼吸表现出正常的跃变模式(图 2-2)。

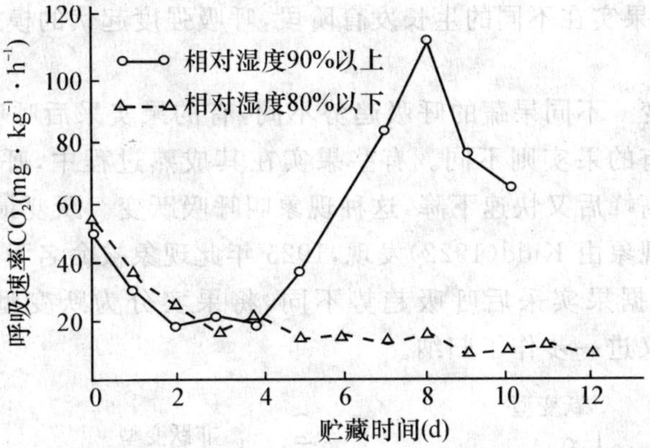

图 2-2　相对湿度对香蕉果实后熟进程中呼吸作用的影响(24℃)

(引自 Haard 等，1969)

(3)气体成分　正常空气中，O_2 浓度为 21%，CO_2<0.03%。适当地降低 O_2 浓度，提高 CO_2 浓度，可以抑制呼吸，又不会干扰正常代谢，是气调贮藏的理论依据。

①调节 O_2 浓　度原则是不可引致缺氧呼吸(低氧伤害)。一般果蔬 O_2 浓度不低于 3%～5%，有的热带、亚热带产品 O_2 浓度为 5%～9%，但也有例外，20℃时，菠菜、菜豆 O_2 浓度为 1%，石刁柏为 2.5%，豌豆、胡萝卜为 4%。

②提高 CO_2 浓度　一般认为不超过 2%～4%。过高会造成 CO_2 中毒，但各种果蔬对 CO_2 敏感性差异很大。

③排除乙烯　乙烯是一种植物激素，有提高呼吸强度、促进果蔬成熟的作用。贮藏环境中的乙烯虽然含量少，但对呼吸作用的刺激却是巨大的，贮藏中应尽量排除乙烯。

(4)机械损伤和病虫害　机械损伤，即使是轻微的挤压和擦伤也会引起呼吸加强，加速果蔬成熟衰老，大大缩短贮藏时间。生产中震动对果蔬的危害常常被忽视，震动往往会造成内伤，与外伤造成的危害是一样的。虫蚀的影响与机械损伤相同。

(5)涂料、植物生长调节剂处理　在果蔬表面人为地涂被一层薄层，可抑制呼吸、减少水分等营养物质的损耗，利于贮藏。植物生长调节剂有促进或抑制呼吸作用。乙烯、乙烯利、萘乙酸甲酯等均能提高果蔬的呼吸强度，促进果蔬成熟。青鲜素(MH)、矮壮素(CCC)、6-苄基腺嘌呤(6-BA)、赤霉素(GA)、2,4-D等均能抑制呼吸作用。

(三)跃变现象

1.呼吸趋势

呼吸趋势是果实在不同的生长发育阶段,呼吸强度起伏的模式。

2.呼吸跃变

(1)呼吸跃变　不同果蔬的呼吸趋势不同,有的果实采后呼吸强度一路下降,不再出现上升,有的果实则不同。有些果实在其成熟过程中,呼吸强度会骤然升高,当达到一个高峰后又快速下降,这种现象叫呼吸跃变。跃变最高点叫呼吸高峰(跃变高峰),此现象由Kidd(1922)发现,1925年此现象被命名为呼吸跃变。

Bide(1960)据果实采后呼吸趋势不同,将果实分为跃变型和非跃变型(图2-3),1981年他又进一步作了归纳。

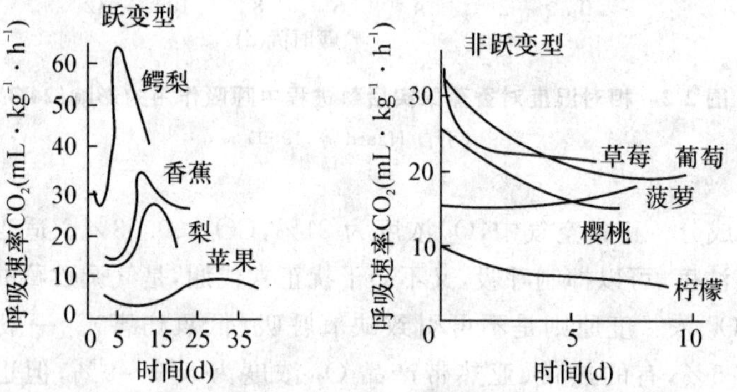

图2-3　呼吸跃变型果实和非呼吸跃变型果实呼吸曲线

跃变型:苹果、梨、油梨、香蕉、杏、桃、李、蓝莓、番茄、猕猴桃、柿子、无花果、番石榴、芒果、面包果、番木瓜、蜜露香瓜、网纹甜瓜、西香莲、甜瓜、西瓜等。

非跃变型:柑橘类、石榴、黑莓、红莓、莱姆、柠檬、葡萄、葡萄柚、草莓、荔枝、凤梨、山苹果、可可、杨桃、枇杷、枣、橄榄、黄瓜、茄子、豌豆、葫芦、龙眼等。

(2)了解果蔬呼吸跃变的意义　主要体现在以下两方面。

①保鲜技术处理　对跃变型果蔬要适时早采,即在呼吸跃变出现之前完成;对非跃变型果蔬可适时晚采,以便充分成熟。

②催熟处理　对跃变型果蔬,只有在呼吸跃变出现之前进行外源乙烯的诱导,能促使果蔬出现呼吸跃变,但只有这一次;对非跃变型果蔬可随时进行外源乙烯的诱导,果蔬能出现呼吸跃变,可在采前、采中、采后多次出现。

二、蒸散生理

新鲜果蔬含水量高(85%～95%),无论是采前采后总是不断蒸失水分,采前蒸发的水分可以由根部吸水补偿,根同蒸发表面之间形成一条不断的蒸腾流。采后果蔬离开母体,失去了水分的补给,但失水仍在继续,使果蔬鲜度下降,并带来一系列的不良影响。

(一)萎蔫对果蔬产品贮藏的影响

1. 失重、失鲜

在贮藏中,果蔬不断蒸散失水所引起的最直观的现象是失重和失鲜。失重即"自然损耗",生产上叫"干耗"。失重伴随而来的是失鲜,失鲜是质量方面的损失,不同果蔬的具体表现不同。总的来说,失鲜表现为形态、结构、色泽、质地、风味等多方面变化,降低产品的食用品质和商品品质。一般失水5%以上为失鲜,失水10%不能食用。

2. 破坏正常的代谢过程

蒸散失水直接影响到细胞脱水。如果仅轻度脱水,可使冰点降低,提高抗寒能力,并且细胞脱水使细胞膨压下降,组织较为柔软,韧性增加,有利于减少贮运中的机械损伤。但若失水严重,造成原生质脱水,促使水解酶活性加强,加速大分子水解成水分子,如风干的甘薯变甜。严重脱水,细胞液浓度增高,有些离子如NH^+、H^+浓度过高,导致细胞中毒,甚至破坏原生质的胶体结构,呼吸强度增加、乙烯、脱落酸含量增多,加速产品衰老、脱落。

3. 降低耐贮性和抗病性

失水萎蔫破坏了正常的新陈代谢,水解过程加强,细胞膨压下降造成机械结构改变,直接影响果蔬的耐贮性和抗病性。将灰霉菌接种在萎蔫程度不同的甜菜根上,其结果说明组织脱水萎蔫程度越大,腐烂率越高,抗病性下降得越快,耐贮性下降得也快,贮藏期限缩短,见表2-3。

表2-3　萎蔫对甜菜染病的影响

处理	腐烂率(%)
新鲜材料	—
萎蔫7%	37.2
萎蔫13%	55.2
萎蔫17%	65.8
萎蔫28%	96.0

引自 А. И. Опарин 的资料。

(二)影响蒸散作用的因素

果蔬失水的快慢主要受产品自身和环境因素的影响。

1.果蔬的自身因素

(1)表面积比　果蔬器官的表面积与其重量或体积之比(cm^2/g、cm^2/cm^3)称为表面积比。果蔬失水从其表面进行,表面积比越大,蒸散失水越多。叶子的表面积比最大,失水要比果实大,而个头小的果蔬要比那些个大的果蔬表面积比大,因此失水较快,在贮藏中更易萎蔫。

(2)表面组织结构　表面组织结构对果蔬组织的水分蒸腾有很大影响。果蔬水分蒸腾主要通过自然孔道和角质层进行。

气孔、皮孔是植物失水和气体交换的主要通道。水果的角质层 3~8 μm,果菜类 1~3 μm。幼嫩器官表皮角质层未充分发育,透水性强,极易失水,随着成熟,表皮角质发育完整健全,也阻塞了一部分气孔和皮孔,有的还覆盖着致密的蜡质果粉,利于保水。

(3)细胞的持水力　细胞保持水分的能力与细胞中可溶性物质的含量、亲水胶体的含量和性质有关。原生质中有较多亲水性强的胶体,可溶性固形物含量高,使细胞渗透压高,保水力强。如洋葱的含水量比马铃薯高,但在相同贮藏条件下失水反而比马铃薯少。

(4)机械损伤　机械损伤能加速产品失水,虽然组织在生长和发育早期,伤口处可形成木栓化细胞,使伤口愈合,但部分产品的这种愈伤能力随着植物器官的成熟而降低,所以采后操作应尽量避免机械损伤。表面组织遭到虫害、病害时也会造成伤口,从而增加水分的损失。

2.环境因素

(1)空气湿度　直接影响果蔬蒸散强度的环境条件是空气的湿度饱和差。空气从含水物中吸取水分的能力,决定于空气的湿度饱和差,饱和差值越大,吸水力越强。

(2)温度　温度越高,蒸散作用越强。这是因为温度高,水分子移动速度快,同时由于温度高,细胞液黏度下降,使水分子容易自由移动,利于水分的蒸发。另外,温度升高湿度饱和差值增大,也利于水分的蒸发。湿度大小与蒸散量成反比,而蒸散量的大小与湿度饱和差成正比。当绝对湿度不变时,温度越低,相对湿度越大、湿度饱和差越小,蒸散作用越慢。

(3)空气流速　空气流动速度快,将潮湿的空气带走,降低空气的绝对湿度。在一定的时间内,空气流速越快,果蔬水分损失越大。

(4)其他因素

①气压影响蒸散作用　气压越低,液体沸点越低、越易蒸发。

②光照也影响蒸散作用　原因是光照可使气孔开放，促进蒸散；果蔬体温增高，提高组织内蒸汽压而加快蒸散，所以贮藏场所无窗户。

3. 控制果蔬采后失水的措施

(1)包装、涂膜　对果蔬产品进行适当的包装，有利于减缓库房温湿度变化带给产品的不利影响，减少失水；在产品表面人为地涂一层薄膜，堵塞产品表面部分的皮孔、气孔，可以有效地阻止产品失水。

(2)适当的低温高湿　适当的低温高湿可以最大限度地减少产品失水，有利于贮藏。

(3)适当通风　适当的通风是必要的，它可以将库内的热负荷带走，并且防止库内温度不均，但要尽量减少风速，0.3～3 m/s 的风速对产品水分蒸发的影响不大。

(4)保持库温的恒定　库温波动，库房内的湿度饱和差和相对湿度都会发生变化，促使产品失水加快，不利于贮藏。

(三)结露对果蔬产品贮藏的影响

1. 结露现象

结露(又叫出汗)，是露点温度下过多的水蒸气从空气中析出而造成的。在贮藏中，果蔬表面有时会出现水珠凝结的现象，特别是用塑料薄膜帐或袋贮存时，帐或袋内壁上结露现象更严重。堆贮的果蔬，由于呼吸的进行，在通风不好时，堆内温湿度均高于堆外，部分水汽在冷面上凝成水珠。贮藏库内温度波动也会造成结露现象。在果蔬表面凝结的水本身是微酸性的，利于微生物的生长繁殖，造成果蔬腐烂。

2. 防止结露的措施

(1)维持稳定的低温　贮藏场所要求有良好的隔热条件，避免外界气温剧烈变化时，库内温度随气温变化而上下波动。

(2)适宜通风　通风时库内外温差不宜过大，一般温差超过 5℃就会出现结露。当库内外温差较大又必须通风时，一定要缓慢通风。

(3)设发汗层　在产品周围填充一些吸水性的包装材料，如包装纸、干净的纸削，瓦楞纸板等，既保护产品又能及时吸收产品所蒸散出来的水分，保持产品表面干燥。

(4)堆积大小适当　果蔬堆积过厚、过大，堆内通风不良，果蔬品温与库温的差值过大，易出现结露。

三、休眠生理

(一)休眠与贮藏

植物在生长发育过程中,遇到与自身不适宜的环境条件,为了适应环境,保持自己的生命能力,有的器官产生暂时停止生长的现象叫休眠。

有休眠特性的果蔬在采收后,就会逐渐进入休眠状态,各种代谢活动都降到最低水平,即使有适宜生长的环境条件也不发芽生长,因此得以渡过严寒、酷暑、干旱缺水等恶劣环境,保持其生命力和繁殖力。这一特性对贮藏保鲜十分有利,它起到保存产品质量,延长贮藏寿命的作用。

1. 休眠的种类

休眠的种类可分为生理休眠和被迫休眠两种:

(1)生理休眠　由植物内在因素引起的休眠,即使给予适宜的条件仍要休眠一段时间,暂不发芽,这种休眠称为生理休眠。如洋葱、大蒜、马铃薯等,它们在休眠期内,即使有适宜的生长条件,也不能脱离休眠状态,暂时不会发芽。

(2)被迫休眠　由不适合环境条件造成的暂停生长的现象叫被迫休眠。当不适因素得到改善后生长便可恢复,结球白菜和萝卜的产品器官形成以后,冬天来临,外界环境不适宜它们的生长而进入休眠。

2. 生理休眠的特点

(1)休眠前期(休眠诱导期)　植物采收后,生命活动还很旺盛,为了适应新的环境,往往加厚自己的表皮和角质层,或形成膜质鳞片,或形成木栓组织和周皮层,以增强对自身的保护,体内的物质小分子向大分子转化,为休眠作准备。若环境条件适宜可迫使其不进入休眠,在这一期间,如给予一定的处理,可以抑制进入下一阶段的生理休眠而开始萌发或缩短生理休眠时期。

(2)生理休眠(真休眠或深休眠)　这一阶段植物真正处于相对静止的状态,一切代谢活动已降至最低限度,产品外层保护组织完全形成,细胞结构出现了深刻的变化,即使提供适宜的条件也不能发芽生长。

(3)休眠后期(强迫休眠)　此时期产品由休眠向生长过渡,体内大分子物质向小分子转化,可利用的营养物质增加,若外界条件适宜生长,可终止休眠,若外界条件不适宜生长,则可延长休眠。

(二)休眠的调控

1. 适时收获

用于二季作的土豆,早收易打破休眠,所以作为贮藏的要晚收;而洋葱晚收,易缩短休眠期,提早发芽,所以要适时采收。

2. 化学药剂处理

赤霉素(GA)处理可打破休眠。目前使用的有抑芽效果的化学药剂主要有青鲜素(MH)、萘乙酸甲酯(NNA)等。土豆采前3～4周,用0.3%～0.5%青鲜素(MH)处理喷洒叶面,洋葱、大蒜采前1～2周用0.25%的MH喷洒植株叶子,可抑制贮藏期的萌芽。采收后的马铃薯用0.003%萘乙酸甲酯粉拌撒,也可抑制萌芽。

3. 控制贮藏条件

适当低温,低O_2、高CO_2及相应的相对湿度可延长休眠,抑制发芽。

4. 辐照处理

采用辐照处理块茎,鳞茎类蔬菜,可防止贮藏中发芽。辐照的时间一般在休眠中期进行,辐照的剂量因产品种类而异。作为种子用的产品不能用辐照处理来抑制其发芽。

四、成熟衰老生理

水果、蔬菜在个体发育过程中,经历生长、发育、完熟、衰老几个阶段。它们是相辅相成,紧密联系的连续过程。

(一)成熟与衰老机制

果实从坐果开始到衰老结束,是果实生命的全过程。这些过程被许多植物激素所控制,特别是乙烯的出现是果实进入成熟的征兆。由于适当浓度乙烯的作用,果实呼吸作用随之提高,某些酶的活性增强,从而促成果实成熟、完熟、衰老等一系列生理生化的变化,果实也同时表现不同成熟阶段的特征。

1. 乙烯对果蔬成熟和衰老的影响

据报道,几乎所有的植物组织都能产生乙烯,而乙烯反过来又促进植物的生长发育,成熟衰老。研究表明,即使在稀薄浓度下(1 mg/L),乙烯也具有催熟效应,所以有人将它称为“成熟激素”。

(1)乙烯的生理作用　乙烯能提高果蔬产品的呼吸强度,促进果蔬产品成熟,乙烯除了能促进果实的成熟,还有许多其他的生理作用。乙烯可以加快叶绿素的分解,促进果蔬的衰老,导致品质下降。例如,25℃下0.5～5.0 μL/L的乙烯处理会使黄瓜退绿变黄,膜透性增加,瓜皮呈水浸状斑点。0.1 μL/L的乙烯可使莴苣叶褐变。乙烯还会促进植物器官的脱落,如0.1～1.0 μL/L的乙烯可以引起大白菜和甘蓝脱帮。

(2)乙烯的生物合成　乙烯的生物合成途径是:MET(蛋氨酸)→SAM(3-腺苷蛋氨酸)→ACC(1-氨基环丙烷羧酸)→C_2H_4(乙烯)。在合成过程中有促进因素，也有抑制因素，合成过程见图 2-4。其中 SAM 和 ACC 是合成中的两个重要中间产物，SAM 起着传递 S—CH_3 基团的作用，ACC 是乙烯的限速步骤，ACC 专一地以 SAM 为底物。

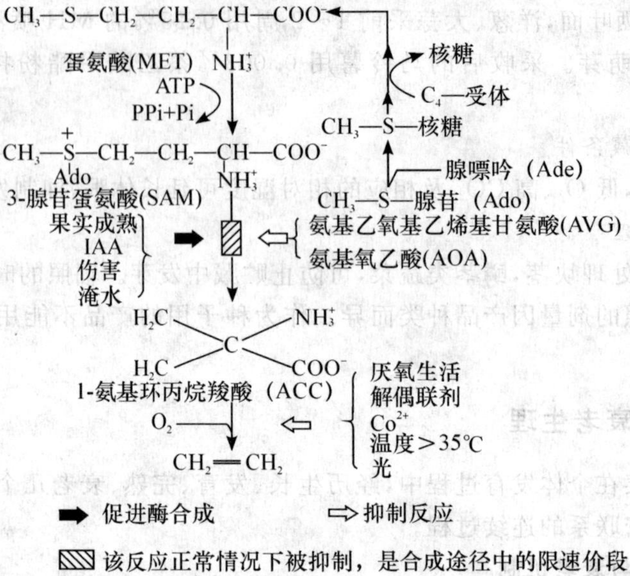

图 2-4　乙烯生物合成的途径及调节

(引自 Jams & Yang，1981)

(3)影响乙烯生成和作用的因素

①果蔬的种类和成熟度　非跃变型果实乙烯生成量极少，不足以诱导自身的完熟，应在充分成熟时采收。跃变型果实在刚进入成熟阶段乙烯生成量也很少，进入完熟阶段后乙烯合成才急剧增加，出现乙烯释放高峰，长期贮藏的果实应在跃变前采收。

②温度　过高过低的温度对乙烯的生成均有影响。在正常的生理温度下，随着温度上升乙烯合成速度加快，对大多数果蔬来说，20～25℃乙烯合成速度最快，0℃左右乙烯生成受到很大抑制。所以低温贮藏是抑制乙烯的非常有效的方式。在贮藏上，对某些果蔬前期用高温处理，能显著地抑制乙烯生成，因高温破坏或抑制了合成乙烯的酶。

③气体成分　低 O_2 能抑制乙烯的合成，因乙烯合成是一个需 O_2 过程。而高 CO_2 对 ACC 合成和 ACC→乙烯同时具有抑制作用。如采后鳄梨在空气中 8 d 之后就达到呼吸高峰，不降低 O_2，只把 CO_2 提高到 5%，达到呼吸最高点需 23 d，最

大呼吸量为原来的40%。

④伤害　很多果蔬受伤后，乙烯加速生成，称为“伤乙烯”。据报道，伤乙烯与正常乙烯是同一途径产生的。在受伤时，也有部分乙烯来自膜破坏的产物经直接氧化生成。

⑤化学药物　某些药物处理可抑制内源乙烯的生成。如塞苯唑浸苹果后在0℃下贮藏11周，乙烯产生很少。Co^{2+}和二硝基苯酚(DNP)能抑制ACC→乙烯，现在已知，还有某些解偶联剂、还原剂、铜螯合剂，自由基清除剂都对乙烯生成表现抑制，另外紫外线可破坏乙烯并消除其影响。

2.其他植物激素对果蔬成熟的影响

果蔬生长发育和成熟并非取决于某一种激素，而是几种激素共同作用的结果。果蔬在生长发育、成熟衰老过程中，生长素(IAA)、赤霉素(GA)、细胞分裂素(CK)、脱落酸(ABA)、乙烯5大植物激素的含量有规律地变化，调节着果蔬生长发育的各个阶段。

生长素(IAA)、赤霉素(GA)、细胞分裂素(CK)促进果蔬生长发育，抑制成熟衰老；脱落酸(ABA)、乙烯促进成熟衰老。跃变型果实的成熟主要受乙烯的调控，而ABA是非跃变型果实成熟促进剂。

(二)成熟与衰老的调控

1.温度的调节与控制

在果蔬贮藏中，要尽量保持库温的稳定，温度波动会使产品新陈代谢速度加快，失水加重，不利于贮藏。同时温度要不致使果蔬发生冷害或冻害。一般来说，果蔬适温范围比较窄，常限于±1℃之间。

2.湿度的调节与控制

果蔬贮藏要求适宜的相对湿度。不同果蔬要求不同，多数果蔬适宜的相对湿度为90%～95%，少数产品如洋葱、大蒜适宜的相对湿度为65%～75%。

3.气体成分的调节

在适宜的温度、湿度基础上结合气体成分的调节，可以更有效地抑制呼吸，延缓后熟衰老的变化。

(1)气调的作用　降低呼吸强度，减少乙烯的生成，抑制叶绿素的降解，减少维生素C的损失，抑制不溶性果胶的降解，减少果蔬失水，抑制微生物活动，减少腐烂。C_2H_4的生理效应(略)前面已叙述过。

(2)温度、氧气、二氧化碳和乙烯之间的相互关系　氧气、二氧化碳、乙烯这3种气体的作用离不开温度这一基本因素，温度除了影响生物化学反应的进行外，温度的变化还影响氧气和二氧化碳在组织中的溶解度和扩散速度，所以适宜的气体组合受制于温度。不同果蔬对低 O_2 高 CO_2 的忍耐程度不同，对适宜气调贮藏的果蔬产品，控制 O_2 2%～5%，CO_2 3%～4%，比较适宜。

4. 化学药剂的处理

(1)抑制成熟和衰老的化学药物　抑制果蔬成熟衰老的植物调节剂在本章第二节中已经论述了，如 2，4-D、2，4，5-T、萘乙酸、吲哚乙酸、6-苄基腺嘌(6-BA)、赤霉素和矮壮素(CCC)等。除了这些物质，还有油脂类(如亚麻油等)、脱氢醋酸钠(Na-DHA)、亚胺环己酮(放线菌酮)、脱氧剂和乙烯吸收剂等均可抑制果蔬后熟。

(2)促进成熟和衰老的化学药物　乙烯及乙烯利、脱落酸(ABA)、乙炔和乙醇等。民间燃烧干草、树枝叶、棒香所产生的烟对香蕉、柿子等果实也有催熟脱涩作用，其原因是烟中所含有的活性成分是乙烯和乙炔，对瓜果有催熟作用。

5. 钙与果实成熟衰老的关系

钙能维持细胞壁和细胞膜结构与功能；抑制呼吸作用，保持果实硬度，延缓后熟衰老；钙抑制某些酶的活性，抑制 CO_2、C_2H_4 的生成；维持正常代谢的进行，防止或减轻一些生理病害，如冷害、苹果苦痘病、褐心病和大白菜的干烧心病等 32 种生理病害与缺钙有关。

处理方法：田间施用钙肥、采前喷洒钙盐，如 0.3%～0.5% $CaCl_2$，或采后用钙盐浸果。喷钙时间很重要，不同时期喷施效果不一样。果实在细胞分裂初期，钙素营养非常重要，这时细胞代谢活性很高，在长成的果实中，90%钙都是这个时期积累的。

实验实训 2-1　呼吸强度测定

一、实训目的

测定呼吸强度可衡量果蔬呼吸作用强弱，了解果蔬产品采收后的生理状态，为果蔬产品贮运以及呼吸热计算提供必要数据。通过实验实训，使学生掌握果蔬产品呼吸强度的测定方法。

二、材料和用具

苹果、梨、柑橘、香蕉、番茄、黄瓜等果蔬；真空干燥器、大气采样器、吸收管、滴定管架、铁夹、50 mL 滴定管、150 mL 三角瓶、500 mL 烧杯、直径 8 cm 培养皿、小漏斗、10 mL 移液管、洗耳球、100 mL 容量瓶等仪器；钠石灰、20%NaOH、NaOH

0.4 mol/L、草酸 0.1 mol/L、饱和 $BaCl_2$ 溶液、酚酞指示剂、正丁醇、凡士林等试剂。

三、方法步骤

(一)静置法测定

(1)放入定量碱液　用移液管吸取 0.4 mol/L NaOH 20 mL 放入培养皿中，将培养皿放入呼吸室(干燥器)底部。

(2)放入定量样品　放置隔板，装入 1 kg 果实、蔬菜，封盖，计时，测定 1 h。

(3)取出碱液　放置 1 h 后取培养皿把碱液移入烧杯中(冲洗 2～3 次)，加饱和 $BaCl_2$ 溶液 5 mL，酚酞指示剂 2 滴。

(4)滴定　用 0.1 mol/L 草酸滴定至红色完全消失，记录 0.1 mol/L 草酸用量(V_2)。并用同样的方法做空白滴定(干燥器中不放果蔬样品)，记录 0.1 mol/L 草酸用量(V_1)。

(二)气流法测定

气流法测定如图 2-5 所示。

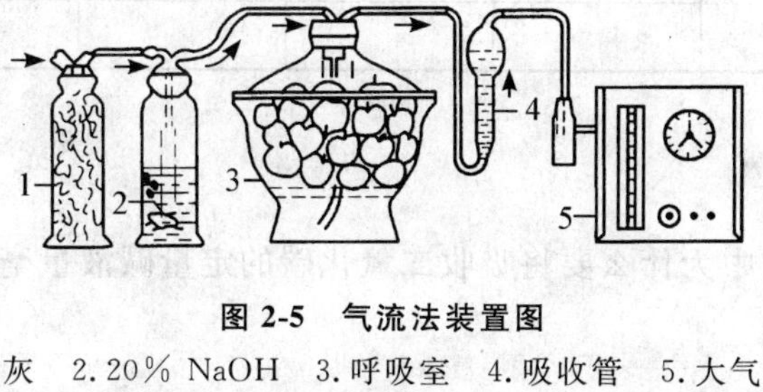

图 2-5　气流法装置图

1. 钠石灰　2. 20% NaOH　3. 呼吸室　4. 吸收管　5. 大气采样器

(引自赵晨霞.果蔬贮运与加工.2002)

(1)安装　按图(暂不串接吸收管)连接好大气采样器，同时检查是否漏气。开启大气及样品中的空气泵，如果净化瓶中有气泡连续不断地产生，说明整个系统气密性良好，否则应检查是哪个接口漏气。

(2)抽空　称取果实 1 kg，放入呼吸室，先将呼吸室与大气采样器的安全瓶连接，拨动开关，将空气流量调在 0.4 L/min；将定时钟旋钮按反时针方向转到 30 min 处，使呼吸室先抽空平衡 30 min。

(3)测定　取一支吸收管装入 0.4 mol/L 的 NaOH 溶液 10 mL 和 l 滴正丁醇，当呼吸室抽空 30 min 后，立即安上吸收管，把定时针重新转到 30 min 处，调整流量保持 0.4 L/min。待样品测定 30 min 后，取下吸收管，将碱液移入三角瓶中，

加饱和 $BaCl_2$ 5 mL 和酚酞指示剂 2 滴，然后用 0.1 mol/L 草酸滴定至粉红色消失即为终点。记录滴定量(V_2)。

(4)空白液滴定　用移液管吸取 0.4 mol/L 的 NaOH 溶液 10 mL，放入一支吸收管中，加 1 滴正丁醇，稍加摇动后再将其中碱液毫无损失地移到三角瓶中，用煮沸过的蒸馏水冲洗 5 次，直至显中性为止。加少量饱和 $BaCl_2$ 溶液和酚酞指示剂 2 滴，然后进行滴定，记录滴定量(V_1)。如果两次滴定相差超过 0.1 mL，必须重滴一次。

(5)计算　呼吸强度[CO_2，mg/(kg·h)]$=(V_1-V_2)\cdot c\cdot 44/(W\cdot H)$

式中：c——草酸浓度(mol/L)；

W——样品重量(kg)；

H——测定时间(h)；

44——CO_2 的相对分子质量。

将测定数据填入下表，列出计算式并计算结果。

样品重(kg)	测定时间(h)	气流量(L/min)	0.4 mol/L NaOH	0.1 mol/L 草酸用量(mL)		测定温度(℃)
				空白(V_1)	测定(V_2)	

四、实训作业

呼吸强度测定中为什么要将吸收二氧化碳的定量碱液量毫无损失地移到三角瓶中？

实验实训 2-2　果蔬主要品质鉴定

一、实训目的

通过实验实训，掌握用手持折光仪来测定果蔬中可溶性固形物含量的方法；掌握用酸碱中和法测定果蔬中总酸的含量；掌握硬度计的使用方法及掌握 2,6-二氯靛酚钠法测定果蔬中维生素 C 的含量。

二、材料和用具

(1)果蔬中可溶性固形物含量测定　该测定所用的材料和用具为苹果、葡萄、

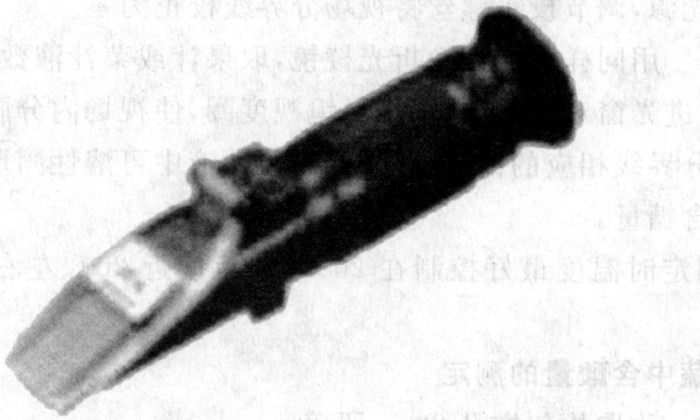

图 2-6　手持折光仪

柑橘、番茄、折光仪(图 2-6)、蒸馏水等。

(2)果蔬中含酸量的测定　该测定所用的材料和用具为苹果、桃、葡萄、柑橘、菠萝、番茄、莴苣等材料;0.1 mol/L 氢氧化钠、1%酚酞指示剂等试剂;分析天平、碱式滴定管、100 mL 三角瓶、250 mL 烧杯、200 mL 容量瓶、移液管、漏斗、滤纸、研钵或组织捣碎器、脱脂棉花,纱布、小刀等仪器。

(3)果实硬度的测定　该测定所用的材料和用具为苹果、桃、梨等材料;HP-30 型硬度计或 GY-1 型硬度计(图 2-7)。

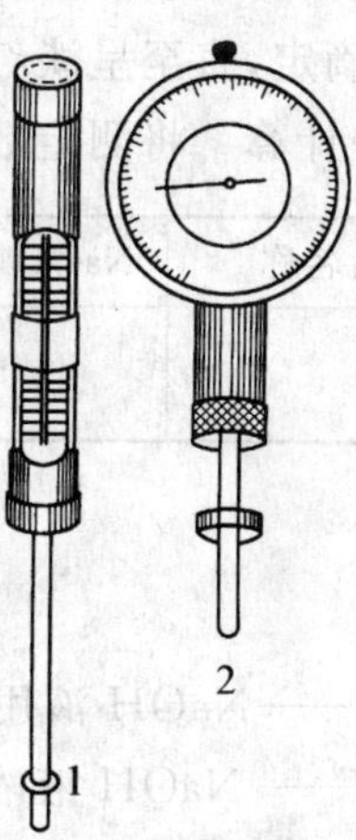

图 2-7　果实硬度计

1. HP-30 型　2. GY-1 型

(引自赵晨霞. 果蔬贮运与加工. 2002)

(4)果蔬中维生素 C 含量的测定　该测定所用的材料和用具为柑橘、鲜枣、山楂、猕猴桃、番茄、辣椒、洋葱等;微量滴定管(或 25 mL 酸式滴定管)、100 mL 容量瓶、10 mL 移液管、100 mL 三角瓶、小刀、研钵或组织捣碎器、漏斗、滤纸、分析天平、离心机、白陶土等;标准维生素 C 溶液、2,6-二氯靛酚钠盐、2%草酸溶液。

三、方法步骤

(一)果蔬中可溶性固形物含量测定

(1)仪器校正　掀开照明棱镜盖板,用柔软的绒布(或镜头纸)仔细将折光仪棱镜擦净,注意不能划伤镜面,取蒸馏水或清水 1~2 滴,于折光棱镜上,合上盖板,使进光窗对准光源，调节校正螺丝将视场分界线校正为零。

(2)测定　用同样方法擦净折光棱镜，取果汁或菜汁液数滴，于折光棱镜面上，合上盖板，让进光窗对准光源，调节目镜视度圈，使视场内分画线清晰可见，于视场中所见明暗分界线相应的读数，即果汁或菜汁液中可溶性固形物含量百分数，用以代表果蔬中含糖量。

注意：测定时温度最好控制在20℃，或者接近20℃左右范围内观测，准确性较好。

(二)果蔬中含酸量的测定

(1)取样　称取均匀样品20 g，研碎。

(2)定容　研碎后注入200 mL容量瓶中，加蒸馏水至刻度，混合均匀。

(3)过滤　用滤纸或脱脂棉将定容的样品过滤，滤液备用。

(4)测定　吸取滤液20 mL放于烧杯中，加酚酞指示剂2滴，用0.1 mol/L氢氧化钠滴定，直至呈淡红色为止。记下氢氧化钠的用量，重复3次，取平均值。

(5)计算　将测定数据填入下表中，根据公式计算。

样品名称	NaOH浓度(mol/L)	NaOH用量(mL)	含酸量(%)	以何种酸计

$$果蔬含酸量=\frac{V\times N\times K}{A}\times 100\%$$

式中：V——NaOH液用量(mL)；

N——NaOH液浓度(mol/L)；

A——滴定样品液中样品克数(g)；

K——折算系数(以果蔬主要含酸种类计算，如苹果或番茄用0.067)。

(6)列出计算式并计算结果

(三)果实硬度的测定

(1)去皮　将果实待测部分的果皮削掉。

(2)对准部位　硬度计压头与削去果皮的果肉相接触，并与果实切面接触，且与果实切面垂直。

(3)加压　左手紧握果实，右手持硬度计，缓缓增加压力，直到果肉切面达压头的刻度线上为止。

(4)读数　这时游标尺(或指针)随压力增加而被移动，它所指的数值即表示每平方厘米(或 0.5 cm^2)上的千克数或磅数。

注意事项:①测定果实硬度,最好是测定果肉的硬度,因为果皮的影响往往掩盖了果肉的真实硬度;②加压时,用力要均匀,不可转动加压,亦不能用猛力压入;③探头必须与果面垂直,不要倾斜压入;④果实的各个部位硬度不同,所以,测定各处理果实硬度时,必须采用同一部位,以减少处理间的误差。

(四)果蔬中维生素 C 含量的测定(2,6-二氯靛酚钠法)

(1)试剂制备

标准抗坏血酸溶液:精确称取抗坏血酸 50 mg(±0.1 mg),用 2%草酸溶解,小心地移入 250 mL 容量瓶中,并加草酸稀释至刻度,算出每毫升溶液中抗坏血酸的毫克数。

2,6-二氯靛酚溶液:称取 2,6-二氯靛酚钠盐 50 mg,溶于 50 mL 热水中,冷后加水稀释至 250 mL,过滤后盛于棕色药瓶内,保存在冰箱中,同时用刚配好的标准抗坏血酸标定。

标定:吸取标准抗坏血酸溶液 2 mL,加 2%草酸 5 mL,以 2,6-二氯靛酚染料溶液滴定,至桃红色 15 s 不退即为终点。根据已知标准抗坏血酸溶液和染料的用量,计算出每 1 mL 染料溶液抗坏血酸毫克数。

(2)样品液的准备　称取切碎的果蔬样品 20 g(或蜜枣 5 g),放在研钵中加 2%草酸溶液少许研碎(或称取 100 g ±0.1 g 样品加 2%草酸 100 g 倒入打碎机中打成浆,然后称取 40 g)。注入 200 mL 容量瓶中,加 2%草酸稀释到刻度,过滤备用。如果滤液有颜色,在滴定时不易辨别终点,可先用白陶土脱色,过滤或离心沉淀备用。

(3)测定　吸取滤液 10 mL 于烧杯中,用已标定过的 2,6-二氯靛酚盐溶液滴定,至桃红色 15 s 不退为止,记下染料的用量。取 3 次平均值。

吸取 2%草酸溶液 10 mL,用染料作空白滴定记下用量。取 3 次平均值。

计算公式:

$$W=\frac{(V-V_1)\times A}{B}\times 100$$

式中:W——100 g 样品含的抗坏血酸毫克数(mg);

V——滴定样品所用的染料毫升数(mL);

V_1——空白滴定所用的染料毫升数(mL);

A——1 mL 染料溶液抗坏血酸毫克数(mg);

B——滴定样品液中样品克数(g)。

附注:经过熏硫或亚硫酸及其盐类处理的样品,在配制样品液时,应加甲醛(纯)5 mL以除去二氧化硫的影响,以后再定容量。

(4)记录与计算

①将测定数据填入下列表中

ⓐ染料的标定

标准抗坏血酸溶液的浓度(mg/mL)	滴定时所消耗的染料溶液(mL)				每1 mL染料溶液所相当抗坏血酸(mg)
	第1次	第2次	第3次	平均	

ⓑ样品中抗坏血酸含量的计算

样品名称	样品数量(g)	样品液总体积(mL)	滴定时所用样品液的量(mL)	滴定样品所用染料量(mL)				空白滴定所用染料量(mL)				每100 g样品中维生素C含量(mg)
				1	2	3	平均	1	2	3	平均	

②列出计算式并计算结果

四、实训作业

1. 折光仪测定果蔬样品前为什么要调节校正螺丝将视场分界线校正为零?
2. 含酸量测定的计算公式为什么要乘上折算系数(K)?
3. 测定维生素C应注意什么问题?

本章小结

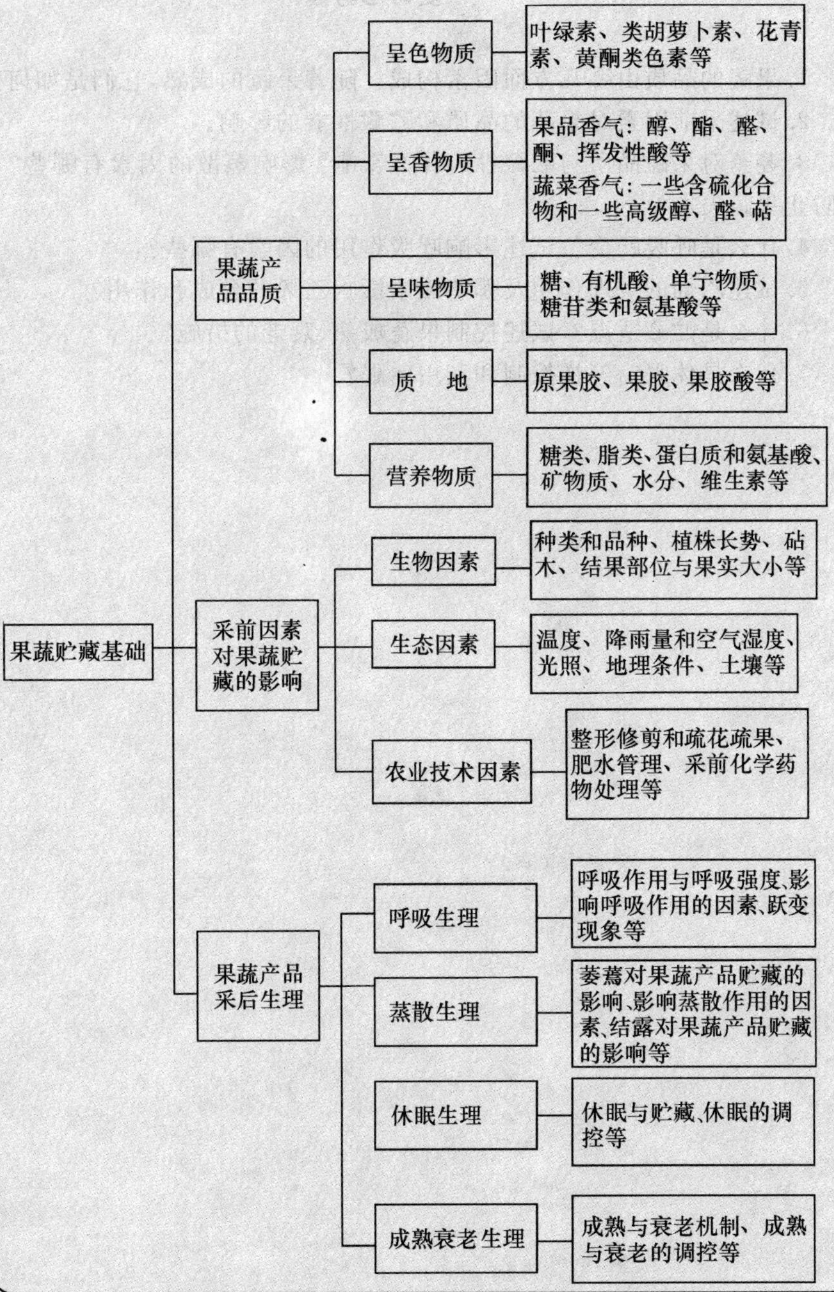
果蔬贮藏基础
果蔬产品品质
呈色物质
叶绿素、类胡萝卜素、花青素、黄酮类色素等
呈香物质
果品香气：醇、酯、醛、酮、挥发性酸等
蔬菜香气：一些含硫化合物和一些高级醇、醛、萜
呈味物质
糖、有机酸、单宁物质、糖苷类和氨基酸等
质　地
原果胶、果胶、果胶酸等
营养物质
糖类、脂类、蛋白质和氨基酸、矿物质、水分、维生素等
采前因素对果蔬贮藏的影响
生物因素
种类和品种、植株长势、砧木、结果部位与果实大小等
生态因素
温度、降雨量和空气湿度、光照、地理条件、土壤等
农业技术因素
整形修剪和疏花疏果、肥水管理、采前化学药物处理等
果蔬产品采后生理
呼吸生理
呼吸作用与呼吸强度、影响呼吸作用的因素、跃变现象等
蒸散生理
萎蔫对果蔬产品贮藏的影响、影响蒸散作用的因素、结露对果蔬产品贮藏的影响等
休眠生理
休眠与贮藏、休眠的调控等
成熟衰老生理
成熟与衰老机制、成熟与衰老的调控等

复习思考题

1. 果蔬的品质由哪几方面因素构成？随着果蔬的成熟，它们是如何变化的？

2. 试述采前因素对果蔬的品质和贮藏性能的影响。

3. 萎蔫对果蔬品质与贮藏性有什么影响？影响蒸散的因素有哪些？贮藏中怎样防止果蔬失水？

4. 什么是呼吸跃变？试述影响呼吸作用的因素有哪些？

5. 试述乙烯的生理作用及哪些因素影响乙烯的合成和作用？

6. 什么是贮藏适温？试述控制果蔬成熟、衰老的措施？

7. 什么是休眠？怎样控制和利用休眠？

第三章　果蔬采收及商品化流通

知识目标

- 理解果蔬适期采收的重要性和贮运中的要求。
- 能明白果蔬不同商品化处理的目的、方法和要求。
- 掌握果蔬贮运的要求。

技能目标

- 能掌握果蔬采收的不同方法。
- 会对不同果蔬进行采后商品化处理。

第一节　果蔬采收

采收是果蔬产品生产的最后一个环节，也是贮藏加工开始的环节。采收过早，不仅产品的大小和重量达不到标准，而且风味、品质和色泽也不好；采收过晚，产品已经成熟衰老产量下降，不耐贮藏和运输。

一、采收方法

（一）人工采收

1.采收所用工具（图 3-1）

采收水果、某些蔬菜时经常使用修枝剪。其中包括直接剪切或伸到枝茎上剪摘果蔬用的修枝剪，使采摘人员不用拿着袋子，也不用把水果从高处扔下。

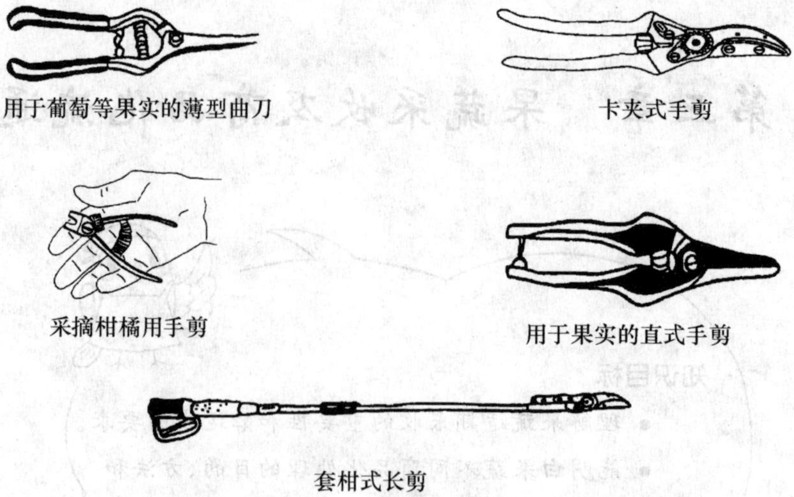

图 3-1 修枝剪

(引自[美] Lisa Kitinoja and Adel A. Kader 著. 果蔬花卉采后处理实用技术手册. 华南农业大学果蔬采后生理研究室 译)

2. 人工采收的优缺点

优点:由于我国劳动力便宜、灵活性高、机械损伤少、可以针对不同的产品、不同的形状、不同的成熟度,及时进行采收人工分类处理。只要增加采收工人就可加快采收速度,便于调节控制。

缺点:工具原始、采收粗放、有效地进行人工采收需要进行认真的管理,新上岗的要培训,使他们尽快达到应有的操作水平和采收速度。

3. 具体方法

采收时,应用手掌托着果实,将果实整个握于手中轻轻旋转,果梗在离层处与果枝自然分离,然后轻放于采果袋(篓)内。采收双果或多果时,宜双手同时采摘,防止果实脱落。对果柄不易脱落的果蔬更应注意连同果梗一块采下,以免造成果实贮藏期腐烂。对柑橘果实多用复剪法进行采收,即先将果实从树上剪下,再将果柄齐萼片剪平。葡萄、荔枝、龙眼等果实,应成穗采收,防止果粒脱落。采收香蕉时,用刀先切断假茎,使其慢慢倒下,然后小心切断果柄。

对于地下根茎菜类,如萝卜、胡萝卜、大蒜、洋葱等,要小心挖掘,以免使产品受到伤害。另外,一些蔬菜如四季豆、黄瓜等小心采收,不要折断。桃、杏等成熟后果肉比较柔软,容易造成指痕,用手摘果时,先剪齐指甲或戴手套,并小心用手掌托住果实,左右摇动使其脱落;板栗采收时,在北方一般等树上的球果完全成熟后自动裂开，坚果落地后再拾取，也有一次打落法，即等树上有 1/3 球果由青转黄开始开裂时，用竹竿一次全部打落，堆放几天，让大部分球果开裂后取出栗子；核桃采收时也用竹竿顺枝打落。

(二)机械采收

1. 机械采收的优缺点

优点：采收效率高、节省劳动力、降低采收成本，可以改善工人的工作条件、减少因大量雇佣和管理工人所带来的一系列问题。

缺点：产品的损伤严重，影响产品的质量、商品价值和耐贮性。

2. 常用机械

目前常用的机械有以下几种：

(1)振动采收机　用一个器械夹住树干，开动振动器将果实振落，下设有收集架，将振落的果实接住，并用滚筒集中装箱。在采用振动机械采收前，常喷乙烯利，使果实加速成熟，果柄容易脱离。

(2)台式机械　人站在台式机械上面靠近采收，采收机械可自由移动，并配有果实转移机械。

(3)地面拾取机　用机器将脱落于地面的果实拾取，此机械适用于有硬果壳的核桃、山核桃等果实。

(4)挖掘机　地下根茎菜类，多采用挖掘机采收，并配有收集器、运输带，边收边送往运输工具上，以便及时运出田间。

二、采收时应注意的问题

(1)采收人员要剪平指甲，戴手套采收，在采收过程中做到轻拿轻放，轻装轻卸。

(2)采收前，必须将所需的人力、果箱、果袋、果剪及运输工具等事先准备充足。

(3)采收应在晴天早晨露水干后进行，避免在雨天和正午采收。如炎热的夏天，因中午温度高，田间热不易散发，会促使果实衰老及腐烂，叶菜类会迅速失水而萎蔫，因此不宜采收。

(4)采果顺序应"先下后上、先外后内"逐渐进行，否则，常会因上下树或搬动梯子而碰伤果实，降低其品质和等级。

(5)周转箱大小适中，不能太大，否则容易造成底部产品的压伤。

周转箱材料：柳条箱、竹筐对产品伤害较重；木箱、防水纸箱和塑料周转箱对产品伤害较轻。

第二节 果蔬商品化处理

采后处理的主要环节包括预冷、清洗、愈伤、催汗与晾晒、选别、分级、化学药剂处理与涂膜、催熟与脱涩处理、包装、成件等。目的均是有效地降低采后产品不利的生理过程,使之处在维持产品良好品质的基本水平上,延缓品质败坏,同时也为提高商品价值、防止产品贮藏结露、降低贮藏成本和损失以及为某些产品的加工做好准备工作。

一、预冷

(一)预冷的概念及作用

所谓预冷,是指果蔬在贮藏或运输之前,迅速将其温度降低到规定温度的措施。规定温度因果蔬的种类、品种而异,一般要求达到或者接近该种果蔬贮藏的适温水平。预冷较一般冷却的主要区别在于降温的速度上,预冷要求尽快降温,恰当的预冷可以减少产品的腐烂,最大限度地保持产品的新鲜度和品质。

有研究指出,苹果在常温下(20℃)延迟1 d,就相当于缩短冷藏条件下(0℃)7～10 d的贮藏寿命。可见,果蔬收获后及时而迅速地预冷,对保证良好的贮运效果具有重要的意义。

(二)预冷的方法

1. 空气预冷

(1)自然对流预冷法　在预冷装置缺少,大量果蔬仍需在常温库内贮藏情况下,把产品放在阴凉通风处,利用昼夜温差散去田间热。此法简便,冷却时间较长,难以达到产品所需的预冷温度,但是在没有更好的预冷条件时,自然冷却仍是一种应用较普遍的方法。

(2)强制通风预冷法　这种方法是采用专门的快速冷却装置,通过强制空气高速循环,使产品温度快速降下来。强制通风预冷多采用隧道式预冷装置,即将果蔬包装箱放在冷却所有隧道的传送带上,高速冷风在隧道内循环而使产品冷却。

强制通风预冷需冷量大,比普通冷库高4～6倍,所以预冷效果也高出4～6倍,成本也不高。大部分果蔬适合强制通风冷却,在草莓、葡萄、甜瓜和红熟的番茄上使用效果显著。

(3)冷库空气预冷法　制冷量小,风量小,由空气自然对流或风机送入冷风使之在果蔬包装箱的周围循环,箱内产品因外层和内部产生温差,再通过对流和传导逐渐使箱内产品温度降低。这种方法冷却速度很慢,一般需要24 h甚至更长时间。但此法不需另增设冷却设备，冷却和贮藏同时进行。可用于苹果、梨、柑橘等耐贮藏的品种。

2. 水预冷

(1)接触冰预冷 利用天然冰、人造冰直接接触产品，降低体温的措施。可以是冰仓方式，也可以是预冰方式。预冷方式是在产品包装箱内放入冰与水的混合物，通过冰的融化吸收热量，带走产品释放的田间热。该法操作简单，不需特殊设备，成本低，但预冷效果一般，应用规模小，适用产品范围小，容易使产品发生冷害或冻害。只适合耐寒耐水的苹果、梨、葡萄、猕猴桃等水果，白菜类和葱蒜类蔬菜。

(2)流动水预冷 采用流动的冷水(0～3℃)或自来水进行预冷的一种技术。冷水机传送带将产品带到流动的冷水中，产品释放的田间热被冷水吸收而降温，加热的冷水通过冷水循环系统回到冷水机中，重新冷却，循环利用。主要用于胡萝卜、芹菜、柑橘、甜玉米、菜豆、桃的预冷。预冷时间短，20～50 min 可以达到预冷温度。但是，流动水预冷容易传染病菌，引起产品腐烂，因此，预冷水应符合卫生标准；产品预冷后应及时将水沥干，并用吹风设施吹干产品；循环水要经常更换，冷水机系统应定期消毒。

3. 真空预冷

大气压力降低，水的沸点也相应降低。水在 101.3 kPa 下，100℃才能沸腾，当压力降到 533.3 Pa 时，0℃就可以沸腾。该法是将产品置于真空设备中，关闭开口以及阀门，迅速抽出容器内的空气和水蒸气，使产品表面水分在真空负压下迅速蒸发，带走田间热，通过排气阀门将田间热排出容器。

该法降温速度快，预冷效果好、操作简单，如莴苣、甜玉米、龙须菜、花椰菜等在 20～30 min 便可以达到预冷效果。对易发生品质变化的产品如草莓、蘑菇，预冷效果也不错。但是，真空预冷很容易使产品变形，外观品质低劣。同时，真空预冷还易使产品失水过多，引起产品萎蔫失鲜。仅适合于比表面积大的产品如绿叶菜。

(三)预冷应注意的事项

1. 预冷要及时

必须在产地采收后尽快进行预冷处理，故需建设降温冷却设施。

2. 采用适当的预冷方法

根据果蔬产品的形态结构选用适当的预冷方法，一般体积越小，冷却速度越快，并便于连续作业，冷却效果好。

3. 掌握适当的预冷温度和速度

冷却的最终温度应在冷害温度以上，否则造成冷害和冻害，尤其是对于不耐低温的果蔬产品。预冷温度应接近最适贮藏温度为宜。

4. 预冷后处理要适当

果蔬产品预冷后要在适宜的贮藏温度下及时进行贮运，若仍在常温下进行贮藏运输，不仅达不到预冷的目的，甚至会加速腐烂变质。

二、愈伤

果蔬在收获、分级、包装、运输及装卸等操作过程中，很难避免机械损伤，特别是那些块茎、鳞茎、块根类蔬菜，如马铃薯、洋葱、大蒜、芋头和山药等，其微小伤口也会感染病菌而使产品在贮运期间腐烂变质，造成严重损失。因此，在各个环节中都应精细操作，尽可能减少对果蔬造成的机械损伤。另外，通过愈伤处理，使轻度受损伤的组织得以修复愈合，从而阻止病菌侵染危害。

在愈伤过程中，周皮细胞的形成要求高温多湿的环境条件。如马铃薯块茎采后保持在18.5℃以上2 d，而后在7.5～10℃和相对湿度90%～95%时，保持10～12 d，可延长贮期，减少腐烂。山药在38℃和相对湿度95%～100%时愈伤24 h，可完全抑制表面微生物的生长，取得较好的贮藏效果。甘薯的愈伤处理一般是在温度为32～35℃，湿度为85%～90%的条件下预贮4 d，这不仅能愈合伤口而且能增强抵抗力，防止病菌侵染，温度过低或高于36℃都不利于愈伤组织的形成，会降低愈伤和贮藏的效果。愈伤时也有要求湿度较低的。如洋葱、蒜头，在收获后经过晾晒，使外部鳞片干燥，一方面可以减少微生物侵染，另一方面对鳞茎的伤口有愈合作用，对贮藏有利。

（一）田间愈伤

甘薯和其他热带块根类作物如果堆放在有部分遮光的地方，就可以进行室外愈伤。割下的杂草或稻草都可用作隔热材料，可在作物上部盖上粗帆布、粗麻布或编织草垫。愈伤要求高温、高湿，因此这种覆盖层可以维持产品本身的热量和水分。作物应堆置约4 d。如果收获时正好是干旱季节，洋葱和大蒜可进行田间愈伤，作物可摊开晾干或放在纤维袋或网袋中。产品可在田间放置5 d，然后每天检查，直至外皮和外层组织干至适当程度。由于天气条件不同，愈伤可能需要长达10 d。日照强，相对湿度较高而自然风流速较小的地区，可在通风棚子里进行愈伤。产品可装在袋子和麻袋里，置于阴凉处，天花板上装1台或多台风扇。

（二）热空气愈伤

当热气通到预处理房的近地面时，热量的分布最为均匀。加热器可装在靠近产品堆的地面上，或者用管子从外面导入到预处理房里。如果把地面弄湿或房间里使用挥发性的冷却剂不让外部空气进入的话，则可使相对湿度增高。

如果加热器装在天花板附近，装在天花板上的风扇可使热量分布到产品中。

如果产品是大量堆放在一起，每排(层)之间应留空 10～15 cm 以保证有足够的空气流通。

(三)应急愈伤

如果愈伤条件不好，如下雨或农田受浸等造成不能进行田间愈伤，又没有现代化的愈伤设备，可以临时使用帐篷进行愈伤。帐篷用大麻袋组成，将热空气通入空隙处(称为强制通风)，进入洋葱中间。用几台风扇使热空气在洋葱中间循环。

三、催汗与晾晒

催汗就是为了防止果蔬产品在运输、贮藏过程中可能会出汗影响其贮藏及运输，在果蔬采收后促使其出汗，上面用麻袋片盖上，等汗出来后，把麻袋片拿走，晾干。

晾晒处理也称贮前干燥，或者萎蔫处理。果蔬采收时含水量高，组织脆嫩，贮运中易遭受机械损伤；或因蒸腾旺盛，使贮运环境中湿度过大，促使微生物活动而导致腐烂。有些种类的果蔬，因含水量高而发生某些贮藏生理病害，使其质量和贮藏性受到影响。因此，应根据果蔬的种类、贮藏条件及方式，进行适当的贮前晾晒处理。这种处理主要用于柑橘、叶菜类的大白菜和甘蓝，以及葱蒜类蔬菜。

我国北方一些地区，对于需要贮藏的大白菜，在大白菜砍倒后，要在田间直接晾晒，或者集中起来晾晒数日，达到菜棵直立但外叶垂而不折的程度，即失水 10% 左右为好。晾晒使外层叶片变得柔软，保护内层叶片免受损伤，降低水分蒸腾和呼吸消耗；同时，可以增强其越冬抗寒能力。但是，如果晾晒过度，不但造成质量损失，而且降低白菜的贮藏性。甘蓝贮藏前进行晾晒处理，也有类似的效果。

柑橘贮藏后期易出现枯水现象。如果将柑橘贮藏之前在干燥、冷凉、通风的场所放置一段时间，使其质量减轻 3%～5%，果皮的膨压风干到某种松弛程度，就可明显减轻枯水病的发生。

四、选别、分级

(一)选别

图 3-2 表示用于产品选别的 3 种传送方式。最简单的是传送带。选果者必须用手来挑选，以便看到果实的各个方面，剔出坏果。推杆传送可使果实向前滚动着通过选果者的面前。滚筒传送则使产品朝后转动着通过选果者。分选剔除太小的、腐烂或受损的次果时，选果台要设定到对选果者操作适宜的高度。设置垫脚的矮凳或结实的橡皮垫，可减轻疲劳。选果台与选果箱的摆放位置要尽量减少手的移动幅度。

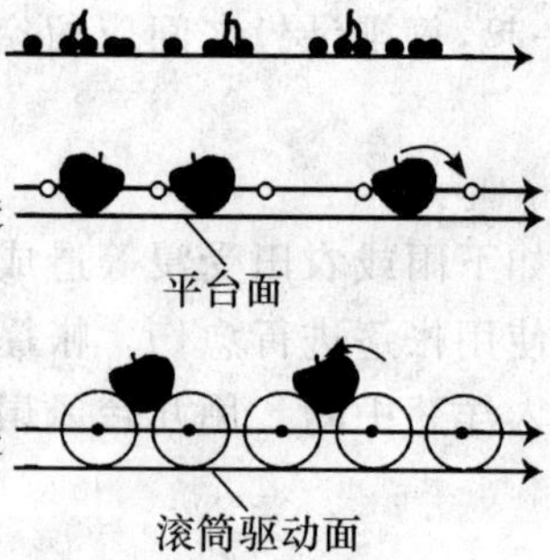

图 3-2 传送方式

(引自[美] Lisa Kitinoja and Adel A. Kader 著.

果蔬花卉采后处理实用技术手册.华南农业大学果蔬采后生理研究室 译)

选果时,操作者伸向工作台手臂的角度建议为 45°(图 3-3),并且工作台的宽度应小于 0.5 m,以避免过度伸展。良好的光线将会提高选果者发现次果的能力,深暗色的输送带或台面可减轻眼睛的过度疲劳。传送系统在运转时,产品通过选果者的速度不能太快。推杆或滚筒传送的旋转速度应调整至产品在选果者的正常视野内旋转 2 圈。

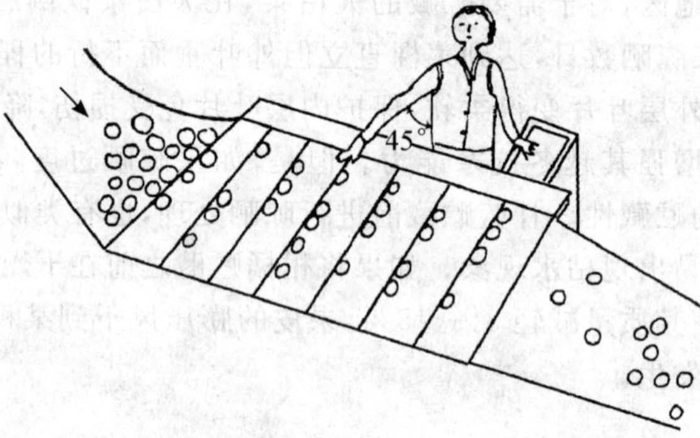

图 3-3 操作者与工作台

(引自[美] Lisa Kitinoja and Adel A. Kader 著.

果蔬花卉采后处理实用技术手册.华南农业大学果蔬采后生理研究室 译)

(二)分级

1.分级标准

在国外,等级标准分为国际标准、国家标准、协会标准和企业标准。我国把果蔬标准分为 4 级:国家标准、行业标准、地方标准和企业标准。

我国现有的果品质量标准约有16个，其中鲜苹果、鲜梨、柑橘、香蕉、鲜龙眼、核桃、板栗、红枣等都已制定了国家标准。此外，还制定了一些行业标准，如香蕉的销售标准、梨销售标准，出口鲜甜橙、鲜宽皮柑橘、鲜柠檬标准。另外，国家还对一些蔬菜等级及鲜蔬菜的通用包装技术也制定了国家或行业标准，如大白菜、花椰菜、青椒、黄瓜、番茄、蒜薹、芹菜、菜豆和韭菜等。

我国水果的分级标准是在果形、新鲜度、颜色、品质、病虫害和机械伤等方面已符合要求的基础上，根据果实横径最大部分直径分为若干等级。

我国出口鲜苹果的等级规格见表3-1和表3-2。

表3-1　出口鲜苹果的等级规格

等　级	规　格	限　度
AAA(特级)	1.有本品种果形特征，果柄完整 2.具有本品种成熟度时应有的色泽，各品种最低着色度应符合表3-2规定 3.大型果实横径不低于65 mm，中型果实横径不低于60 mm 4.果实成熟，但不过熟 5.红色品种微碰伤总面积不超过1.0 cm^2，其中最大面积不超过0.5 cm^2，不得有其他缺陷和损伤	总不合格果不超过5%
AA(一级)	1.有本品种果形特征，果柄完整 2.具有本品种成熟度时应有的色泽，各品种最低着色度应符合表3-2规定 3.大型果实横径不低于65 mm，中型果实横径不低于60 mm 4.果实成熟，但不过熟 5.缺陷与损伤：轻微碰伤总面积不超过1.0 cm^2，其中最大面积不超过0.5 cm^2，轻微枝叶摩伤，其面积不超过1.0 cm^2。金冠品种的锈斑面积不超过3 cm^2。水锈和蝇点面积不超过1.0 cm^2。未破皮雹伤2处，总面积不超过0.5 cm^2，红色品种桃红色的日灼伤面积不超过1.5 cm^2，黄绿品种白色灼伤面积不超过1.0 cm^2。不得有破皮伤、虫伤、病害、萎缩、冻伤和瘤子	总不合格果不超过10%
A(二级)	1.有本品种果形特征，带有果柄，无畸形 2.具有本品种成熟度时应有的色泽，各品种最低着色度应符合表3-2规定 3.大型果实横径不低于65 mm，中型果实横径不低于60 mm 4.果实成熟，但不过熟 5.缺陷与损伤总面积、摩伤、水锈和蝇点、日灼面积标准同AA级。轻微药害面积不超过1/10，轻微雹伤总面积不超过1.0 cm^2。干枯虫伤3处，每处面积不超过0.03 cm^2。小疵点不超过5个。不得有刺伤、破皮伤、病害、萎缩、冻伤、食心虫伤和已愈合的其他面积不大于0.03 cm^2	总不合格果不超过10%

注：引自GB 10651—89。

表 3-2 出口鲜苹果各品种、等级的最低着色度

品种	AAA	AA	A
元帅类	90%	70%	
富士	70%	50%	40%
国光	70%	50%	40%
其他同类品种	70%	50%	40%
金冠	黄或金黄色	黄或黄绿色	黄、绿黄或黄绿色
青香蕉	绿色不带红晕	绿色,红晕不超过果面 1/4	绿色、红晕不限

引自《果蔬产品贮藏加工学·贮藏篇》。

形状不规则的蔬菜产品,如西芹、花椰菜、青花菜等则按重量进行分级。蒜薹、豇豆、甜豌豆片、青刀豆等则按长度进行分级。见表 3-3。

表 3-3 蒜薹等级规格

等级	规 格	限 度
特级	1. 质地脆嫩,色泽鲜绿,成熟适度,不萎缩糠心,去两端保留嫩茎,每批样品整洁均匀 2. 无虫害、损伤、划薹、杂质、病斑、畸形、腐烂等现象 3. 蒜薹嫩茎粗细均匀,长度 30～45 cm 4. 扎成 0.5～1.0 kg 的小捆	不合格率不得超过 1%(以重量计)
一级	1. 质地脆嫩,色泽鲜绿,成熟适度,不萎缩糠心,薹茎基部无老化,薹苞绿色,不膨大,不坏死,允许顶尖稍有黄色 2. 无明显的虫害、损伤、划薹、杂质、病斑、畸形、腐烂等现象 3. 蒜薹嫩茎粗细均匀,长度≥30 cm 4. 扎成 0.5～1.0 kg 的小捆	每批样品不合格率不得超过 10%(以重量计)
二级	1. 质地脆嫩,色泽鲜绿,不脱水萎蔫,薹茎基部无老化,薹苞稍大允许顶尖稍有黄色干枯,但不分散 2. 无严重虫害、斑点、损伤、腐烂、杂质等现象 3. 蒜薹嫩茎粗细均匀,长度≥20 cm 4. 扎成 0.5～1.0 kg 的小捆	每批样品不合格率不得超过 10%(以重量计)

注:引自 GB 8866—88。

2. *分级方法*

(1)人工分级　人工分级是最常用的分级方法,适应于形状不规则和易受伤产品的分级,如绿叶菜、草莓、蘑菇等。当然,形状规则产品也可以人工分级,如苹果、柑橘、番茄、马铃薯等。人工分级有感官分级(目测分级)、选果板分级两种。感官分级是以人的视觉判断作为分级的定性标准,没有分级设备或采用比色卡为参考设备,视觉误差大,有很大的人为性和灵活性;选果板分级利用带有不同孔径的选果板进行,是一种将分级标准实物化的分级方法。分级比较规范、严谨,人为性较小,适合于多种球形果实(图 3-4)。

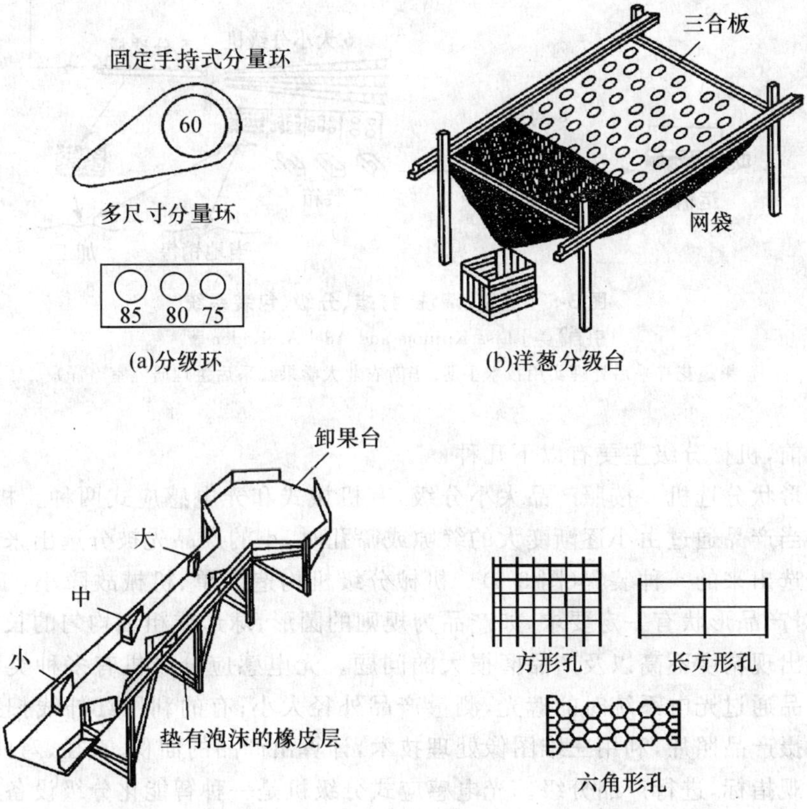

(a)分级环 (b)洋葱分级台 (c)柚子分级器 (d)分级网筛

图 3-4 各种选果板

(引自[美] Lisa Kitinoja and Adel A. Kader 著.

果蔬花卉采后处理实用技术手册. 华南农业大学果蔬采后生理研究室 译)

(2)机械分级 采用专门的分级机械进行,是先进的分级方法,常与选别、清洗、干燥、打蜡、包装等同时进行(图 3-5)。然而,由于产品外形存在一定差别,同时完成多项操作的自动化处理有困难,因此,常采用人工与机械相结合的方法进行。机械分级广泛地应用于多种产品,美国、日本、荷兰等国,除易受损伤产品采用人工分级外,其余产品均采用机械分级进行分级。我国很少采用机械分级。

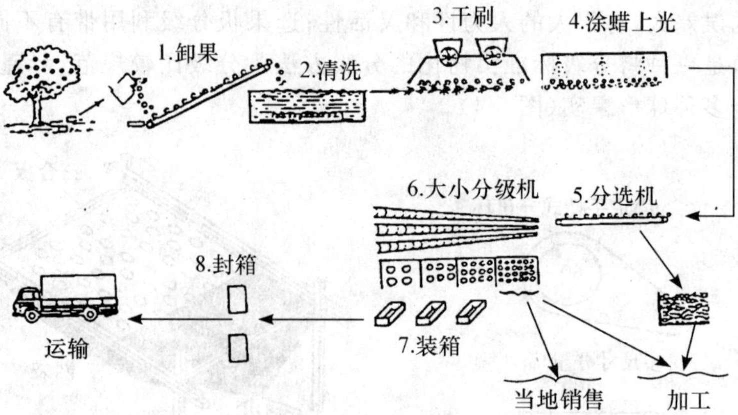

图 3-5 选别、清洗、打蜡、分级、包装系统

（引自[美] Lisa Kitinoja and Adel A. Kader 著.
果蔬花卉采后处理实用技术手册.华南农业大学果蔬采后生理研究室 译）

目前，机械分级主要有以下几种：

①形状分选机 按照产品大小分级，有机械式和光电感应式两种。机械式分级机是当产品通过由小逐渐变大的缝隙或筛孔时，小的产品先被分选出来，大的产品后分选出来的一种装置（图 3-6）。机械分级机构造简单、机械故障小，工作效率高，但对产品形状有一定要求，如产品为规则的圆形、球形或粗细均匀的长方形，有时也会出现精度不高以及产品磨损大的问题。光电感应分级机有多种类型，有的利用产品通过光电系统时的遮光，测量产品外径大小；有的利用红外线扫描、数码摄像拍摄产品照片，利用三维图像处理技术，计算出产品的面积、直径、弯曲度和高度等外观指标，进行产品分级。光电感应式分级机是一种智能化分级设备，不易为普通操作者掌握。

②质量分级机 质量分级机有机械秤式和电子秤式两种。机械秤式分级机是将产品放在固定在传送带上可回转的托盘里，当托盘移动到装有不同质量等级固定秤的分口处时，称重，如果托盘内产品质量达到固定秤设定的质量，托盘翻转，卸下产品，产品进入下面的接受装置；如果产品质量小于第一次遇到的固定秤，托盘随传送带继续前进，直到达到与其质量一致的固定秤并被卸下产品。这种机械秤式分级机虽然精度较高，但不断卸下产品会对产品产生伤害。电子秤式分级机的工作原理与机械秤式的基本相似，仅将一次只能分选一种质量的固定秤换成了一次可分选多个质量，节约了安装在传送带上的电子秤，简化了装置，提高了工作效率。质量分级机仅适合球形产品如苹果、梨、杏、桃、番茄、西瓜、甜瓜、洋葱等。

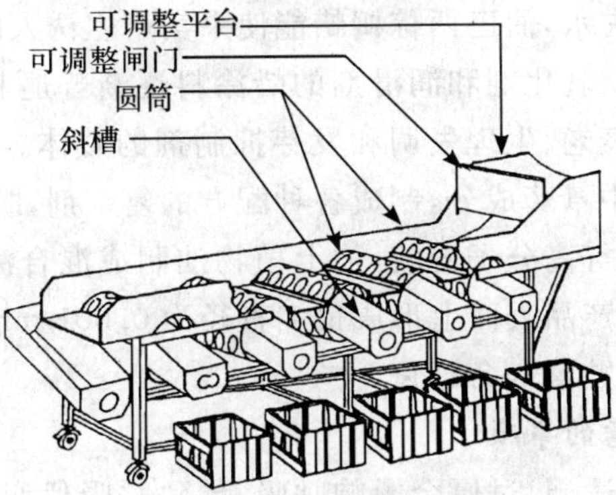

图 3-6 旋转式圆筒选果机

（引自[美] Lisa Kitinoja and Adel A. Kader 著.
果蔬花卉采后处理实用技术手册.华南农业大学果蔬采后生理研究室 译）

③颜色分级机 颜色分级机又称为色选机，已广泛地用在大米的分级中，在果蔬产品分级上的应用历史不长。色选机分级原理是利用彩色摄像机和计算机处理RG(红绿)二色型装置进行分级，是以色泽和成熟度为标准的一种分级。目前，颜色分级机在番茄、柑橘和柿子分级上有一定的应用。

五、化学药剂处理与涂膜

(一)化学药剂处理

化学药剂处理包括植物生长调节物质处理和化学防腐两个方面，其目的，主要是抑制果蔬后熟与衰老，杀灭微生物或抑制其生长。

生产中常用的植物生长调节物质和化学防腐剂如第二章第二节所述。

(二)涂被处理

涂蜡指在果蔬表面涂上一层蜡质原料，起“果蜡”作用。

1.涂膜的目的和作用

涂膜能够适当堵塞果蔬表面上的气孔和皮孔，对气体的交换起到一定的阻碍作用，因而抑制产品的呼吸，减缓养分损耗和延缓产品后熟。涂膜还能减少水分蒸发，增加水果和蔬菜的光泽，改善外观品质，提高商品价值。涂膜还可以作为防腐剂的载体，起到抑制病原微生物侵染的作用。此外，涂膜对减轻表皮的机械损伤也能有一定的保护作用。

2.涂料的种类和应用效果

目前商业上使用的大多数蜡涂料都以石蜡和巴西棕榈蜡混合作为基础原料，

石蜡可以很好地控制失水，而巴西棕榈蜡能使果实产生诱人的光泽。近年来，含有聚乙烯、合成树脂物质、乳化剂和润滑剂的蜡涂料逐渐普遍起来，它们常作为杀菌剂的载体或作为防止衰老、生理失调和发芽抑制剂的载体。在涂料中也可以加入2,4-D、多菌灵及某些中草药成分，制成各种配方的复合剂，既有防腐作用又有保鲜作用。用淀粉、蛋白质等高分子溶液，加上植物油制成混合涂料，喷在新鲜的柑橘和苹果上，干燥后可在产品表面上形成很多直径为0.001 mm小孔的薄膜，它能抑制呼吸作用，使果实的贮藏寿命延长3～5倍。

3.使用涂料应注意的事项

涂被应厚薄均匀、适当，过厚会影响呼吸，导致呼吸代谢失调，引起生理伤害；涂料本身必须安全无毒，无损于人体健康；成本低廉，使用简单，材料易得；涂料处理只能在短期贮藏或上市前进行处理，以改善果蔬外观品质。

4.涂料处理的方法

可采用浸涂、刷涂、喷涂。涂被处理可用人工或人工与机器配合进行，国外由于劳动力缺乏及需要商品化处理的果蔬数量大，一般使用机器打蜡。新型的喷蜡机大多与洗果、干燥、喷涂、低温干燥、分级、包装、装订成件、贮运等工序联合配套进行。我国许多地方还在使用手工打蜡。

六、催熟与脱涩处理

(一)催熟

催熟是指果蔬销售前用人工方法促使果实成熟的技术。有些果蔬如香蕉、梨、柿子、番茄等，为提早上市，以获得更好的经济效益。

乙烯、丙烯、乙炔、乙醇、溴乙烷、四氯化碳等化合物对果蔬均有催熟作用，而以众所周知的乙烯及能够释放乙烯的化合物——乙烯利应用最普遍，它们适用于各种果蔬的催熟处理。

催熟用乙烯处理，在一定的温度和湿度的室内进行。可用的化学纯网筒装的乙烯，室内空气中要有500～1 000 mg/kg的乙烯。每6～8 h换气一次，使CO_2的水平低于1%，这将不会妨碍变色。催熟时间是24～28 h，最好的温度为26℃，湿度为85%～92%。湿度过高会凝结，催熟较慢，而且增加腐烂。湿度过低虽可防止腐烂，但促进萎蔫，收缩。也可用煤油不完全燃烧的烟气催熟，因其中也含有乙烯。用强制通风将烟气通入催熟室内。用烟气催熟可以产生较好色泽的果子。

用乙烯催熟时，须将果实放在密闭的房间或容器内，可以应用气调贮藏法中那种塑料薄膜密封帐子。室内空气中大约要有1 000 mg/kg的乙烯。密闭熏蒸15 h

后，打开容器，使果子暴露在空气中。如果温度低于15℃则将果子移到较暖的房间，3 d后着色。

近来应用乙烯利催熟番茄比较普遍，据试验，番茄在果顶开始发白时采收，用4 000 mg/kg乙烯利浸果，浸后稍晾干装在木箱中，在室温20～28℃时，6 d后处理果成熟87%，对照为48%，8 d后相应为100%和69%，可见效果显著。

其他如加温处理，将番茄放在温床或温室内温度较高的地方催熟，这种方法催熟时间长，而且果实容易萎蔫。

(二)脱涩

涩味产生的主要原因是单宁物质与口舌上的蛋白质结合，使蛋白质凝固，味觉下降所致。单宁存在于果肉细胞中，食用时因细胞破裂而流出。如果使可溶性的单宁物质变为不溶性的，就可避免涩味的产生。当涩果进行无氧呼吸时，可形成一种能与可溶性单宁物质发生缩合的中间产物，如乙醛等，当它们与可溶性的单宁物质缩合时，涩味脱除。根据上述原理，可以采取各种方法，使果实产生无氧呼吸，使单宁物质变性脱涩。

常见的脱涩方法有以下几种：

1. 温水脱涩

将柿子浸泡在40℃左右的温水中，利用较高的温度和缺氧条件，使果实产生无氧呼吸，20 h左右，柿子即可脱涩。温水脱涩的柿子肉质较硬，颜色美观，风味可口，是当前农村普遍使用的方法，但用此法处理的柿子存放时间不长，容易败坏。

2. 石灰脱涩

将涩柿浸入7%的石灰水中，经3～5 d即可脱去涩味，果实脱涩后，质地脆硬，不易腐烂。

3. 混果脱涩

将涩柿与少量的苹果、梨、木瓜等果实或其他新鲜树叶如松、柏、榕树叶等混装在密闭的容器内，它们产生的乙烯可以起到催熟脱涩的作用。在20℃室温中，经过4～6 d可脱去涩味，上述各种水果的芳香物质还能改善柿子的风味。

4. 酒精脱涩

将35%～75%酒精或白酒喷洒于涩柿的果面上，用量为5～7 mL/kg，将果实放入密闭容器中，在室温下3～5 d，即可脱涩。

5. 高CO_2脱涩

当前大规模的柿子脱涩方法是用高CO_2处理，将柿子放入密闭塑料帐中，通入CO_2，使其浓度达到并保持在60%以上，在温度为40℃左右时，10 h即可脱涩，当温度为25～30℃时，1～3 d即可脱涩。用此法处理的柿子，质地脆硬，可存放较长时间，成本也低。

6.脱氧剂密封法

把涩柿密封在不透气的包装袋内，加入脱氧剂，使果实无氧呼吸进行脱涩。脱氧剂的种类很多，可用连二亚硫酸盐、亚硫酸盐、硫代硫酸盐、草酸盐、铜氨络合物、维生素C、铁粉、锌粉等各种还原性物质为主的混合剂，其中最好是含连二亚硫酸、氢氧化钙以及活性炭的物质。脱氧剂一般放在透气包装材料中，待可溶性单宁除去5%以上时，可将密闭容器打开，将柿子贮藏在0～20℃条件下，果实会脱涩变甜。

7.冻结脱涩法

冻柿吃起来别具特色，涩柿经过低温冷冻一段时间由于可溶性的单宁变为不溶性的单宁物质就会自然脱涩。研究表明，在－30～－20℃快速冻结脱涩的效果最佳。柿子冻结后不宜移动或振动，食用时要缓慢解冻，防止果肉解体变质。

8.乙烯及乙烯利脱涩

用1 000 mg/kg的乙烯处理柿子，在18～21℃和80%～85%相对湿度下，2～3 d可脱涩；用250～500 mg/L的乙烯利喷果或蘸果，4～6 d柿子也可成熟脱涩。

七、包装、成件

(一)包装的作用

包装的作用有以下几点：能改善果蔬产品外观，提高果蔬产品在市场上的竞争力；可防止有害病菌在果蔬间的传播蔓延，减少腐烂；可减少果蔬内水分的过度蒸发，有助于果蔬保持新鲜状态；能减少果蔬之间的碰撞、挤压、摩擦、减少机械损伤。

(二)包装容器

1.包装容器的要求

(1)保护性　要求包装容器具有一定的机械强度，防止或减轻产品在装卸、运输、堆码过程中受到的机械应力。

(2)通透性　包装容器在防止产品失水的前提下，具有一定通透性，有利于产品呼吸热的排出及氧、二氧化碳、乙烯等气体的交换。

(3)防潮性　包装容器吸潮会降低机械强度，同时增加了湿度，利于病菌滋生。

(4)美观性　美观有利于吸引顾客的视线，提高对商品的购买欲。

(5)环保安全性　包装容器的污染会造成产品出现二次污染。

(6)经济实惠性　应防止盲目投资导致资金浪费。

2. 包装容器的类型

(1)筐类　这是我国目前内销果蔬使用的主要包装容器，一般有荆条筐和竹筐两种。筐类一般可就地取材，价格低廉，但规格不一致，质地粗糙，不牢固，极易使果蔬在贮运中造成伤害。使用时内部须加设衬垫物。

(2)木箱　用木板、条板、胶合板或纤维板为材料制作的各种规格的长方形箱，其中以木箱弹力大、耐压。但由于箱子自重大、价格高，不适合做运输和销售的包装容器，可作为苹果、梨、番茄、马铃薯等的贮藏包装。纤维板质量轻而且价格低廉，但在潮湿的贮藏库内易吸水失去强度，其堆码高度受到很多限制。

(3)纸箱　这是全世界果蔬包装的主要容器。尤其是运输包装容器。我国近几年发展也很快，除外贸出口果蔬普遍使用外，国内贮运销售的果蔬也越来越多地采用纸箱包装。具有生产简便、快速，自重轻（占总重 6%～8%），规格化，易于外观美化，价格便宜，使用安全等优点。

(4)塑料箱　主要作为果蔬产品贮藏、运输和周转的包装容器，常用高密度聚乙烯制成多种规格，具有硬度大、抗压强度高、结实、易于清洗及重复使用的优点，但聚乙烯材料比较贵。

(5)网袋　用天然或合成纤维编织而成的网状袋子，规格因包装产品的种类而异，多用于马铃薯、红薯、洋葱、大蒜、胡萝卜等根茎类蔬菜的包装。较传统的麻袋包装费用低，而且轻便，还可以回收利用。但只能用于抗损伤能力较强，并且经济价值较低产品的包装。

3. 包装容器的规格标准

包装容器的规格受多种因素影响，如包装材料、消费者的购买习惯、商品的用途、人体合理的搬运质量等均会影响包装容器的规格标准。世界各国都制定有本国果蔬包装容器规格标准。东欧国家采用的包装箱标准一般是 600 mm×400 mm 和 500 mm×300 mm，箱高以给定的容器标准而定。易伤果实的容量不超过 14 kg，仁果类不超过 20 kg。美国加利福尼亚州 Sunkisin 牌脐橙用日字形套合纸箱，内积为 440 mm×284 mm×270 mm，箱外印有彩色图案和文字说明，如商标、贮藏温度(7～9℃)、注意事项等。我国出口的鸭梨，逐个包装后装入纸箱，每箱果重 17 kg，按个数分为七级，分别为 60，76，96，124，150，180，192 个果实。根据美国的研究，标准体格的人最合适的搬起质量是 18.5 kg。

(三)包装技术

分级后的产品包装应在清洁、冷凉环境中进行，避免风吹、日晒和雨淋对产品品质的不利影响。

1. 按照装箱标准包装

为防止产品在包装容器内的滚动和相互碰撞，并充分利用容器空间通风散热，以及增加堆码高度等，可以用衬垫物对产品进行定位包装。例如，自制筐边缘锋利，内表粗糙，可用纤维板衬垫维护四周和底部；易失水产品可用打孔塑料袋小包装或加塑料衬；包装箱中增加纤维板分割片；包装箱四角增加三角形木质嵌块或纤维板；大袋或篮子容器中间插入通风管，这些都可以有效地减轻产品在包装容器内受到的伤害（图3-7）。

图 3-7 产品的内包装及包装容器的加强
（引自[美] Lisa Kitinoja and Adel A. Kader 著. 果蔬花卉采后处理实用技术手册. 华南农业大学果蔬采后生理研究室 译）

为了便于贮藏、运输和销售，可以进行产品小包装。小包装应按照一定标准包装，同一包装容器中的小包装应是同一标准。

包装容器以及小包装上应贴标签，标签上要注明产品名称、净重、数量或体积、商标名、产地、包装或运销商名称和地址、尺寸和等级、贮藏条件、特别处置说明等内容。其中产品名称、净重、生产者及包装商或运销商的名称和地址尤为重要。

2. 采用适宜的包装方法

包装方法有人工和机械包装两种，采用何种包装方式主要取决于产品类型、设备等条件。容易产生机械伤和脱落的产品如草莓、葡萄、蘑菇等以人工包装为宜，苹果、梨、柑橘、番茄等可以采用机械包装。

第三节 果蔬运输及商品化中的贮藏

一、果蔬运输、销售流通中的要求

（一）快装快运

水果采摘之后，仍然是一个活的有机体。果实不断地呼吸，就意味着不断地消耗果实体内贮存的营养物质，呼吸越快，体内营养物质的消耗量就越大。同时积压会造成损失，国家运输部门有规定，鲜活货物要随到随运。

（二）轻装轻卸

装卸是果品经营中一个极为重要的问题，也是目前引起果品腐烂损失的一个主要原因,绝大部分水果含80%～90%水分,属于鲜嫩易腐性货物,在搬运、装卸中稍一碰压,就会发生破损,引致腐烂。装卸时,应严格做到轻装轻卸。

(三)防热防冻

各种果品都有其适应的温度要求和受冻的临界线。温度过高,引致呼吸的加强,促进果实的衰老,过低则容易遭受冷害和冻害。运输途中温度波动太大是不利的。因此,应减少温差波动,重视利用自然条件和人工管理,配备降温和防冻的装置,发展有控温调气的大集装箱。

二、果蔬运输方式及特点

(一)公路运输

公路运输的特点是:①作业灵活;②运费较高;③运输能力及质量常受路况的制约。在高速公路成网的发达国家,如美国、加拿大,公路运输的优点明显高于其他方式,公路运输的果蔬量常占果蔬总运量的80%以上,为主要的运输方式,运输距离常达数千公里。在我国,半径为汽车一天之内能到达(约500 km)的范围的果蔬运输多采用汽车,如果蔬的省内、市内运输及跨省的短途运输。但我国由于道路条件、运输车辆的性能差,冷藏运输车少,致使果蔬产品公路运输的损伤较大,损失较重,同时运输时间不能充分保证。

(二)铁路运输

铁路运输的特点是运输量大,约占我国果蔬产品运输的30%,运价低,受季节性的变化影响小,运输速度快,连续性强、运输振动少等特点。运输成本略高于水运干线,最适于大宗货物的中长距离运输。目前,铁路运输中一般采用普通棚车、机械保温车、加冰冷藏车厢进行运输。我国机械保温车数量仍相当有限,远不能满足果蔬产品运输的要求,从而限制了果蔬产品铁路运输的发展。

(三)水路运输

水路运输也是果蔬产品运输的重要途径。其特点行驶平稳,由振动引起的损伤少、运量大、运费低廉。但因受自然条件的限制,水运的连续性差,速度慢,联运货物要中转换装等,延缓了货物的送达速度,也增加了货损。而海上运输在国外发展速度很快,多以外置式冷藏集装箱及冷藏船为运输工具。大型船舶的动力、能源供应充足,这为果蔬运输中的迅速预冷及精确控制运输温度提供了便利。

(四)航空运输

空运的最大特点是速度快,但装载量很小,运价昂贵,适于急需特供、价格高的高档果蔬。如草莓、鲜猴头、松蘑等产品,已较多采用空运。美国草莓空运出口日本的利润很高。我国出口日本的鲜香菇、蒜薹也有采用空运的。由于空运的时间短，在数小时的航程中常无须使用制冷装置，只要果蔬在装机前预冷至一定的低温，并采取一定的保温措施即能取得满意的效果。在较长时间的飞行中，则一般用干冰作冷却剂，因干冰装置简单，质量轻，不易出故障，十分适合航空运输的要求。用于冷却果蔬的干冰制冷装置常采用间接冷却。因此，干冰升华后产生的 CO_2 不会在产品环境中积存而导致 CO_2 中毒。

三、果蔬运输、销售流通中的贮藏技术要点

(一)温度的控制

根据运输过程中温度的不同，果蔬产品的运输分为常温运输和低温运输。

常温运输中的货箱温度和产品温度易受外界气温的影响，特别是在盛夏和严冬时，这种影响更大。南菜北运，外界温度不断降低，应注意做好保温工作，防止产品受冻；北果南运，温度不断升高，应做好降温工作，防止产品的大量腐烂。

使用机械冷藏车低温运输时，温度的影响较小，温度的控制是受冷藏车或冷藏箱的结构及冷却能力的影响，而且也与空气排出口的位置和冷气循环状况密切相关。

(二)避免或减轻振动

在果蔬产品运输过程中，由于受运输路线、运输工具、货品的堆码情况的影响，振动是一种经常出现的现象。剧烈的振动会给果蔬产品表面造成机械损伤，促进乙烯的合成，促进果实的快速成熟；同时，伤害造成的伤口易引起微生物的侵染，造成果蔬产品的腐烂；另外，伤害也会导致果实呼吸高峰的出现和代谢的异常。影响果蔬产品的贮藏性能，造成巨大的经济损失，所以在果蔬产品运输过程中，应尽量避免振动或减轻振动。

(三)湿度的控制

果蔬产品属鲜活产品，其水分含量为85%～95%。运输环境中的湿度过低，加速水分蒸腾导致产品萎蔫，湿度过高，易造成微生物的侵染和生理病害。

可以采用隔水纸箱或在纸箱中用聚乙烯薄膜铺垫或通过定期喷水的方法也能提高运输环境中的空气湿度。

(四)及时通风

通风的目的主要有两个：其一为排除果蔬运输途中释放的过多水汽、CO_2 及其他气体，保证果蔬不受有害气体的伤害；其二为帮助调节车内温度。

现在的机械冷藏车一般有自然通风与强制通风装置，一般在途中或停车时通

风。而加冰冷藏车因无强制通风装置,在途中可开启通风口临时利用车辆与空气的相对运动来通风。如果通风的目的是为了换气时,则冷藏车的通风在夏季要求进入车内的空气温度低于车内温度,应在夜间或清晨进行。否则不宜通风或须进行空气的预冷。在冬季一般不进行通风,防止果蔬产品被冻坏。如为调节温度而通风,应根据货温确定通风量,外界气温过低时,通风要缓慢,应在白天进行,否则易冻坏产品。如外界温度低于－10℃时应停止一切通风。

(五)合理的包装

合理的包装是果蔬产品获得较长贮藏寿命和保持品质的重要手段。方便运输,减少损耗,利于销售。包装既要求能排气,又要求有足够的强度以防止压扁。包装所用的材料要根据果蔬种类和运输条件而定。

(六)堆码与装卸

果蔬产品常见的装车法有品字形堆码法、井字形堆码法、金字塔式堆码法、互相倒置堆码法、交错堆码法等。无论采用哪种装运方法都必须注意尽量利用运输工具的容积,并利于内部空气的流通。

常见的装卸工具有集装箱。其中集装箱是一种便于机械化装卸和运输的大型货箱。集装箱应具备以下几个条件:①能长期反复使用,具有足够的强度;②在途中转运时,不移动容器的货物可以直接换装,即从一种运输工具直接换到另一种运输工具上,以达到快速装卸;③便于货物的机械化装卸;④具有 1 m^3 以上内容积。

实验实训 3-1　果蔬采后商品化处理

一、实训目的

通过实训,使同学们掌握果蔬产品采收后商品化处理的主要方法,有效降低采后产品不利的生理过程,提高商品的价值,降低贮藏成本。

二、材料和用具

材料:苹果、葡萄、番茄、0.5％的盐酸溶液、0.1％漂白粉溶液、2％～12％的 $CaCl_2$ 溶液、蜜蜡、蔗糖脂肪酸等。

用具:分级板、天平、包装箱、刷子、清洗盆、恒温箱等。

三、方法步骤

(1)人工分级　将苹果按大小分级,直径从 60～85 mm 的苹果,每相差 5 mm

为一个等级，共5个等级。将葡萄按果粒的大小、果穗紧实度、成熟度、有无病虫害和机械伤、能否表现出本品种固有的颜色进行人工分级。分为三级：一级果穗较典型，大小适中，穗形美观完整，果粒大小均匀，充分成熟，能呈现出该品种的固有色泽，全穗没有破损粒和小青粒，无病虫害；二级果穗大小形状要求不严格，但要充分成熟，无破损粒和病虫害。三级果穗即为一二级淘汰下来的果穗。

(2)清洗　用0.5%的盐酸对苹果在常温下浸泡3～5 min进行清洗，用0.1%漂白粉对番茄在常温下浸泡3～5 min进行清洗。然后用符合饮用水标准的清水冲洗干净。

(3)药剂处理　用2%～12%的$CaCl_2$溶液在常温下浸泡苹果20 min。

(4)涂膜处理　取75%的蜜蜡、7%的蔗糖脂肪酸充分混合使其成乳状。用刷子刷在番茄的果柄部，常温下干燥。

(5)包装成件　对处理和分级后的苹果、葡萄、番茄用包装纸单个包好，用纸箱装好，放入贮藏库中。

四、实训作业

1.简述果蔬采后商品化主要处理方法的关键技术要点。

2.本次实训中你存在的主要问题有哪些？

实验实训3-2　果蔬产品的催熟试验

一、实训目的

了解果蔬产品果实的成熟过程，掌握乙烯利催熟果实的最佳处理方法、浓度和时间。

二、材料和用具

材料：香蕉青果、乙烯利溶液、卫生棒香、电石、乙烯气体、蒸馏水等。

用具：恒温箱、塑料袋、炉子、钵等。

三、方法步骤

(一)乙烯利催熟

17～19℃时，用2 000～3 000 mg/L的乙烯利溶液，70 h后果皮大黄；20～

25℃时，1 500～2 000 mg/L 的乙烯利溶液，60 h 后果皮大黄；25℃以上时，1 000 mg/L 的乙烯利溶液，48 h 后果皮大黄。方法是只要把香蕉的每个蕉果蘸到药液（不用整个蕉果浸湿）即可，然后放入塑料袋中扎紧袋口，3～4 d 使会黄熟。

（二）熏香催熟

用普通的卫生棒香，点燃后放在能密封的催熟容器或小室内。棒香用量的多少以及密封时间的长短，要根据气温和香蕉的成熟度而定。如容纳 2 500 kg 的催熟室，气温 30℃左右时，用棒香 10 支，密封 10 h；气温 25℃时，用棒香 15 支，密封 20 h；气温 20℃，用棒香 20 支，密封 24 h；气温更低时，则应同时在室内生火炉，提高室温到 20℃以上。成熟度较高的香蕉可少用棒香，缩短密封时间；反之，多用棒香，延长密封时间。经过密封熏香之后，将香蕉移至 20℃左右，空气流通的地方让其成熟。

（三）乙炔催熟

将香蕉置于能密封的室内，将电石放在钵中，然后装一个能使水慢慢滴入钵中的滴瓶，滴瓶中的水量以不超过钵的容积为度。这样，电石遇水反应，产生乙炔气体。如 1 500 kg 香蕉在 30℃左右，需电石 1.5～2 kg，密封 16～18 h；20℃左右，需电石 2～3 kg，密封 4～5 d；然后移至 20℃左右，空气流通处放 3 d，即可使香蕉黄熟。

（四）乙烯催熟

把香蕉放在不通风的密室或塑料帐内，通进乙烯气体。乙烯与香蕉的量为 1∶1 000。

四、实训作业

1. 根据实验结果，分析果实催熟的最佳处理方法。
2. 分析实验实训注意事项与改进方法。

本章小结

- 果蔬采收及商品化流通
  - 果蔬采收
    - 采收方法 — 人工采收、机械采收
    - 采收时应注意的问题
  - 果蔬商品化处理
    - 预冷 — 预冷的概念及作用、预冷的方法、预冷应注意的事项
    - 愈伤 — 田间愈伤、热空气愈伤、应急愈伤
    - 催汗与晾晒
    - 选别、分级 — 选别、分级
    - 化学药剂处理与涂膜 — 化学药剂处理,涂被处理
    - 催熟与脱涩处理 — 催熟、脱涩
    - 包装、成件 — 包装的作用、包装容器、包装技术
  - 果蔬运输及商品化中的贮藏
    - 果蔬运输、销售流通中的要求 — 快装快运、轻装轻卸、防热防冻
    - 果蔬运输方式及特点 — 公路运输、铁路运输、水路运输、航空运输
    - 果蔬运输、销售流通中的贮藏技术要点 — 温度的控制、避免或减轻振动、湿度的控制、及时通风、合理的包装、堆码与装卸

复习思考题

1. 简述果蔬采收方法及采收时应注意的问题。
2. 果蔬的商品化处理都有哪些？各有何目的？
3. 果蔬采收后进行预冷的方法都有哪些？各有何特点？
4. 简述果蔬采收后如何进行愈伤、涂膜的商品化处理。
5. 简述果蔬运输与销售流通中的贮藏技术要点。

第四章　果蔬贮藏方式

知识目标

- 了解果蔬不同贮藏方式的基本设施。
- 理解果蔬不同贮藏方式的原理、特点、方法。

技能目标

- 能掌握微型冷库贮藏、MA 贮藏实施和管理的技术要点。
- 会对果蔬贮藏环境中的 O_2 和 CO_2 进行测定。

果蔬采收以后，仍进行着以呼吸作用为主要形式的生命活动。果蔬贮藏的原理就是根据果蔬生物学特性，创造适宜的低温、低氧、高二氧化碳、高湿度的贮藏环境条件以维持果蔬正常的最低的生命活动，把一切生理生化变化降低到最低水平，从而延长果蔬贮藏的寿命，达到长期贮藏保鲜的目的。

人们在长期生产实践中，根据各种果蔬的特性，结合各地的自然经济特点，积累了丰富的贮藏经验，也创造了各种有效控制贮藏环境的贮藏方式。这些贮藏方式如按温度条件可分为自然温度贮藏，如堆藏、埋藏、窖藏等简易贮藏和通风库贮藏等；另一类为人工冷却贮藏，如机械冷却贮藏、气调贮藏。若按贮藏场所的结构和控温、控湿、通风调气等设施设备的不同，可分为简易贮藏、机械冷藏、气调贮藏等。在具体选用贮藏方式时，应根据当地的气候特点及其变化规律，以及地势、地形、土壤等的自然环境和经济情况，结合各种果蔬的贮藏特性，选择适宜的贮藏方式及采取相应的管理措施。

第一节　自然温度贮藏

主要包括简易贮藏和通风库贮藏。

一、简易贮藏

简易贮藏方式包括堆藏、沟藏和窖藏 3 种基本形式，以及由此而延伸的假植贮藏和冻藏及窑洞贮藏。

它是利用较低的气温和土温降低果蔬贮藏场所的温度；利用土壤、稻草以及其他覆盖物的蓄冷、隔热、隔气、保湿性能保持贮藏环境低而稳定的温度、低的氧气和高的二氧化碳浓度、高的相对湿度从而达到保鲜果蔬的目的。

简易贮藏的主要特点是结构、设备简单，建造方便，可就地取材，经济实用，投资少，费用低。但产品贮藏寿命不太长，然而对于某些种类的果蔬，却有其特殊的应用价值。

(一)堆藏

1. 特点

堆藏是将采后的果品和蔬菜直接堆放在果园、田间、空地或浅沟中，根据气温的变化，用麦秸、席子、草帘等进行增减覆盖，以维持贮藏环境中适宜的温度、湿度从而达到贮藏的一种方法。

由于堆藏是将果蔬直接堆积在地上，受气温的影响较大，受地温影响较小；当气温过高时，覆盖有隔热的作用；气温过低时，覆盖有保温防冻的作用，从而缓和了不适气温对贮藏果蔬的影响。

这种贮藏方式一般只适用于北方秋季果蔬的贮前短贮和果蔬采收后入库前的预贮。堆藏适合大白菜、洋葱、大蒜、马铃薯、苹果、梨、冬瓜、柑橘等果蔬的短期存放。另外，由于堆藏产品内部散热慢，容易使内部发热，所以叶菜类产品不宜采用堆藏形式。

2. 结构与管理

(1)结构　堆藏果蔬的宽度和高度无一定规格和模式，一般宽 1.5～2 m，高 0.5～2 m，长度不限，视贮藏的种类及用途而定。宽度过大，易造成通风散热不良，导致腐烂，堆码过高则易倒塌，造成大量的机械损伤。覆盖时间和厚度依气候变化情况而定，不同地区、不同季节以及不同的果蔬种类，应采用不同的覆盖措施。堆藏结构见图 4-1。

(2)管理　在果蔬采收前，选择通风良好、阴凉干燥，水位低的地势，由于南方

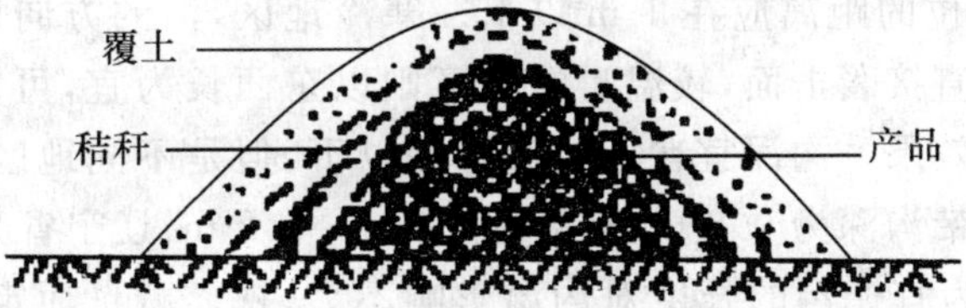

图 4-1　堆藏

(引自潘静娴.园艺产品贮藏加工学.中国农业大学出版社,2007)

与北方的自然条件差异很大,因此堆藏形式也不尽相同,如堆藏贮藏大白菜时,南方多采用架堆式,北方则采用堆积式。堆的形状以长条形为好,在冬季不十分寒冷的地区,室外堆藏的堆向可东西延长,以利于维持堆内低温。冬季非常寒冷的地区,南北延长的堆向为好,以减少西北风的吹袭面。马铃薯、洋葱等可堆积 1.5～2 m 高,1.5 m 宽。苹果、梨等的预贮堆放,宽度 1.2～1.5 m,高度 4～5 层果。

果蔬采收后,应先选果后,在通风阴凉处预贮,散发田间热,霜降后贮藏。贮藏时先对畦面喷清水,将果蔬逐层轻放,以免碰压果蔬。堆顶部摆成小圆弧形,中堆顶垂直高 70～80 cm,摆好后,随即用纸或塑料薄膜盖严封好,再横盖一层草帘。为了加强内部的通风,每隔 3 m 长竖一通气把。当外界温度高于 0℃时,应在白天覆盖遮阴,夜间取掉覆盖物,进行通风散热。当外界温度低于 0℃时,应在果蔬堆上再盖一层草帘或其他覆盖物防寒。

(二)沟藏

1.特点

沟藏也叫埋藏,是将果蔬堆放在挖好的沟内,堆积到一定的厚度,上面进行覆盖,进行贮藏的一种方法。

主要是利用晚秋和早春夜间低的气温来降低沟和果蔬的温度,利用土壤的蓄冷和隔热性能保持沟内适宜、稳定的低温;另外土壤具有的一定的隔气性使果蔬处于低氧、高二氧化碳的气调环境从而降低了果蔬的呼吸代谢。土壤的保湿作用使贮藏的果蔬更加新鲜。

因此,沟藏的果蔬失重率很低。但是由于果蔬一直处于高湿下,果实的腐烂率高。沟藏是在田间或空地上的临时场所,应用时建,贮藏时填平。沟藏的保温性能比堆藏好,在北方,多用来贮藏萝卜、胡萝卜、白菜、苹果、板栗、山楂等果蔬,如北京的萝卜贮藏。

2.结构与管理

(1)结构　贮藏沟应选在地势干燥,土质黏重,排水良好,地下水位较低之处,沟底部与地下水位的距离应在 1 m 以上。寒冷地区,沟的方向以南北长为宜,可减少冬季寒风的直接袭击面,较温暖的地区则以东西长为宜,可增大迎风面,增强贮藏前期的降温效果。沟深宜在冻土层深度以下,但是不同地区冻土层的深度不同,徐州、开封一带沟深为 0.6 m、北京地区为 1～1.2 m、辽宁省为 1.5 m。一般沟宽以 1～1.5 m 为宜。沟的长度对沟温影响不大,视贮藏量而定。沟的断面设一条通风沟,沟自一端壁中央直下,贯穿沟底,从另一端通出地面。在积雪较厚和雨水较多的地方,贮藏沟的两侧应开排水沟,以防沟内积水。

一般直接在果树行间、田间挖沟,山东改良式沟藏选择房屋或院墙北侧背阴处。沟藏结构见图 4-2。

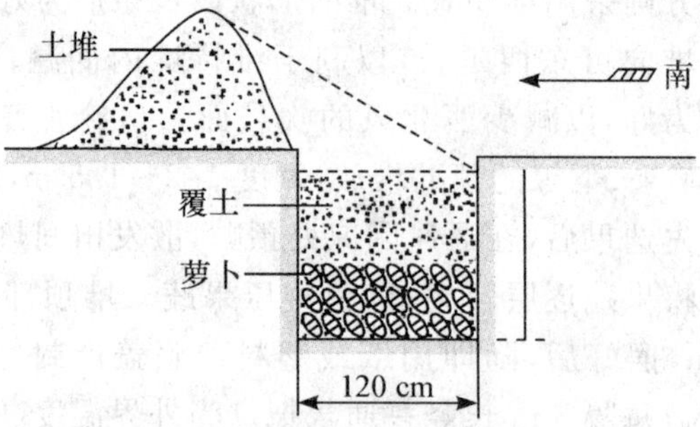

图 4-2 沟藏

(引自潘静娴.园艺产品贮藏加工学.中国农业大学出版社,2007)

(2)管理　果蔬入沟前的准备工作:果蔬入沟前沟内先铺垫玉米秸、麦草或干净的湿沙,对沟进行预冷,方法是白天用草帘遮盖地沟,夜间打开,利用夜间的低温对沟进行降温。

果蔬的挑选、预贮:果蔬采收后,由于带有大量的田间热和本身高的呼吸热。因此,应先挑选无病、机械伤的果蔬装入筐或塑料袋中或直接堆放通风阴凉处预贮,当沟温降到 5℃时入沟。

果蔬的贮藏:贮后的果蔬可直接整齐地堆放在沟内也可装筐或装塑料袋内摆放在沟内。为了防止贮藏过程中果蔬温度过高和气体伤害,每隔 7～8 m 在果堆中插一把玉米秸扎成的捆把,白天覆盖,夜间揭开通风降温,以充分利用夜间低温使沟内快速降温,当沟温降至 0～2℃时封沟。冬季根据气温增减覆盖物。在比较寒冷的地区,常在贮藏沟的北侧设置风障,防止温度过低。在冬季较为温暖的地区,常在沟的南侧设置前障,以减少阳光的照射,有利于降温。最好在有代表性的部位放一温度计经常观察,保持沟内的温度在 0～3℃的范围内。早春气温和土温开始回升，这时可采用晚秋的温度管理方法。

沟藏果蔬一经开封取用，沟、坑中适宜的温度、湿度、气体含量均被破坏，沟、坑内剩余的果蔬不宜继续久贮，应及时处理，以免品质变劣。

(三)窖藏

1. 特点

窖藏在性能上与沟藏相似，主要是利用地下温、湿度受外界环境影响较小的原理，创造一个温、湿、气都比较稳定的贮藏环境。

2. 结构

根据窖的结构不同分为棚窖、井窖和窖窑。

(1)棚窖　棚窖的结构多建成地下式或半地下式。寒冷的东北多建地下式窖，即在地面挖一个长方形的窖身，入土深度一般为 2.5～3 m，长度一般为 20～50 m，宽度为 2.5～3 m 称为"条窖"，宽 4～6 m 称为"方窖"。

棚窖建造的方法是先挖窖身，再夯垒土墙或架设棚顶，棚顶的架设用竹、木梁，下立支柱，梁架上用捆扎成把的秸秆铺设，然后再覆土踏实，也可用秸秆与泥土相间覆盖。覆盖层的厚度依地区而不同，华北地区不少于 25 cm，东北地区要加厚至 40～50 cm，棚顶要留天窗，用于通风散热或工作人员及货物进出的通道。天窗数量和大小因气候条件而异，一般天窗的大小为 50～70 cm 见方，天窗与天窗间的距离为 3～4 m，较大型的棚窖在窖的一端或两端设有窖门，以便产品入贮初期的通风散热，当气温下降后，将窖门严密封堵然后改从天窗出入。棚窖结构见图4-3。

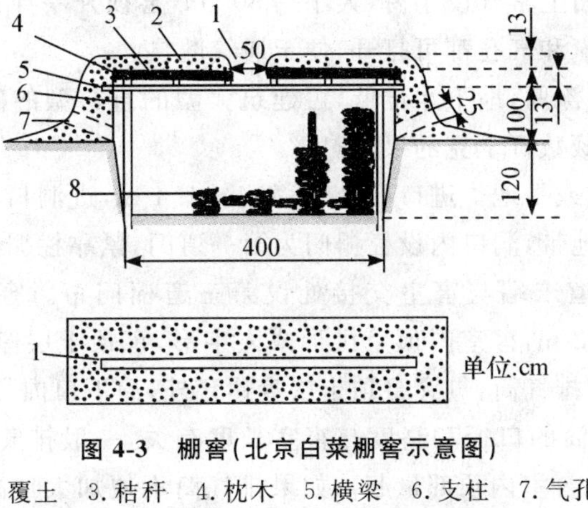

图 4-3　棚窖(北京白菜棚窖示意图)

1. 天窗　2. 覆土　3. 秸秆　4. 枕木　5. 横梁　6. 支柱　7. 气孔　8. 白菜

(引自潘静娴. 园艺产品贮藏加工学. 中国农业大学出版社，2007)

棚窖常用来贮藏苹果、梨、葡萄、柑橘、大白菜、马铃薯等果蔬。

(2)井窖　井窖多建于地下水位低、土质黏重坚实的地区，如四川、重庆、湖南、山西等地。井窖的形式多种多样，坚固耐用，一次建成后可连续使用多年。井窖的窖身全部在地下，只有窖口露于地面。窖口可设在室内，也可在室外。挖掘时，先由地面垂直向下挖一井筒，达一定深度后，再向一侧或四周扩展挖出窖身，窖身可以是一个，也可几个连在一起。南方的井窖深度较浅，约 1.5 m。北方的井窖较深，3～4 m。井窖的窖口要高出地面，并用砖石砌牢，周围封土，井口要安设井盖，井盖用厚 3～5 cm 的石板或水泥板做成。井窖有较好的密封和保温性能，果蔬腐烂率低，只要注意加强管理，一窖挖成后，可多年连续使用。但井窖容量较小，入窖操作和产品出入也不方便。井窖结构见图 4-4。

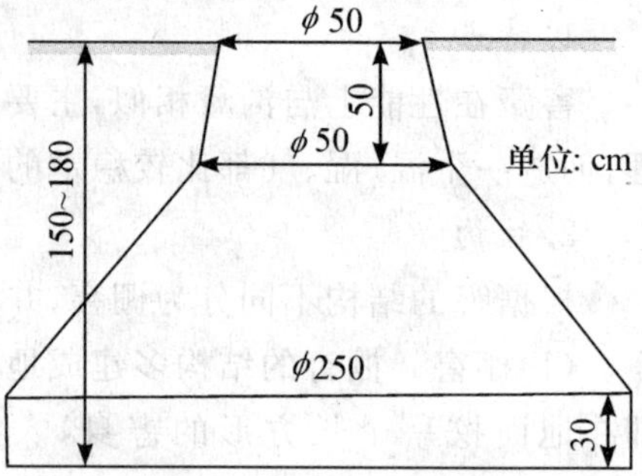

图 4-4　井窖

(引自潘静娴. 园艺产品贮藏加工学. 中国农业大学出版社，2007)

(3)窑窖　窑窖通常是建在土质坚实的山坡或土丘上，是目前我国北部地区主要的果蔬贮藏场所。

南方窑窖较小，用于贮藏山药、山芋、芋头等地下根茎类蔬菜。西北窑窖一般都较大，用于贮藏苹果、梨和蔬菜。

一般山坡地，小型窑窖进深 6～8 m，宽 1～2 m，高 2～2.5 m，窑顶呈拱形。窑门较窑身矮小，窑门上常开设小窗，大小约 30 cm，窑顶开一穿顶通气孔直通窑外。果蔬入贮初期，小窗和气孔都可打开，便于通气散热。

黄土高原土层深厚，地下水位低，可建筑大型的直窑型的砖窑窖，同时配备机械排气装置，可贮藏数万千克的果蔬。

窑址选择坡地或平地。进口高 2 m，宽 1～1.4 m，进洞口有长 4 m，宽 1.5 m 的坡道，作为缓冲地带，洞口内设栏栅门为第一道门，紧靠栏栅门设第二道门，第二道门要能关严，坡道末端与窖室交接处设第三道棉门帘。窖室长 30 m，高 3～3.2 m，宽 2.6～3.2 m，窖室内顶呈拱形或人字形，窖顶土层厚度不少于 5 m。窖室末端向窖顶开设排气筒，贯穿窖顶土层直达窑外，筒下口内径 1～1.2 m，上口内径0.8～1 m，排气筒的口径和高度与窖室长度有关，一般排气筒的高度为窖室长度的 1/3～1/2（从窖室内顶部量起），如果排气筒不便加大加高，应装配机械排气设备。窑窖结构见图 4-5。

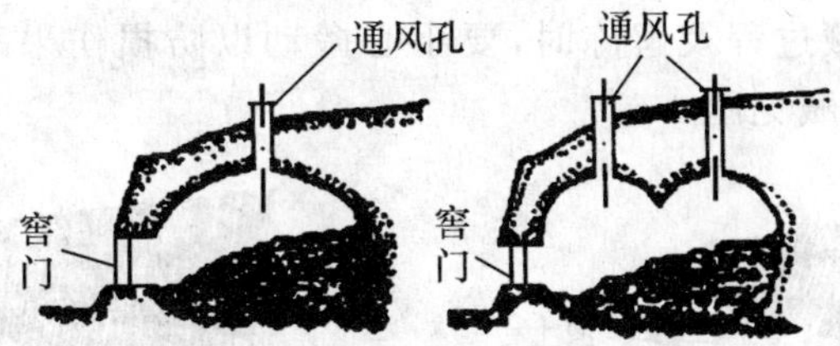

图 4-5 窖窖
（引自潘静娴. 园艺产品贮藏加工学. 中国农业大学出版社，2007）

3. 管理

窖藏是依靠地温、土壤的隔热保温性能以及土壤的密闭性，保持适宜而稳定的温度、湿度和气体环境。当果蔬入贮后，由于气温的变化，特别是呼吸作用使窖内温度上升，二氧化碳和乙烯浓度增大等不利于贮藏的环境条件，而窖藏本身只能通过窖内、外空气的交换来进行调节控制。根据这一特点，抓好窖藏的科学管理就显得特别重要。

贮藏窖的消毒：由于窖的温、湿度较高，利于微生物的生长和繁殖。因此，在葡萄入窖之前首先要对贮藏窖进行消毒。在果蔬入窖前的 3～5 d，用 20 g/m³ 硫磺熏蒸 24 h。或用漂白粉或高效库房消毒剂及其他的消毒剂皆可。

入窖贮藏：果蔬先进行预贮，待窖温降到 0℃ 入窖贮藏。此期应白天关闭气口，晚间或寒冷的白天打开进气口，迅速降低窖内的温度；等外界气温降到更低时立即用多层牛皮纸盖严进气口，以防发生冻害而且起到保温的作用。此时贮藏窖的温度应保持在 0～－1℃。在此期间当外界的温度为 0℃打开进气口进行通风换气，有利于降低窖内的湿度和排除窖内果实放出的有害气体。翌年的 4 月份应夜间打开进气口进行通风换气。

（四）冻藏和假植贮藏

冻藏和假植贮藏是沟藏和窖藏的特殊形式。如东北地区菠菜、苹果、梨、柿子的冻藏及山东、辽宁、北京、天津地区的菜花、芹菜假植贮藏等，其贮藏时间长、贮藏量大，是某些地区仍然采用的一种方法

1. 冻藏

冻藏是在入冬上冻时将收获的果品蔬菜放在背阴处的浅沟内，稍加覆盖，利用自然低温，使果品蔬菜入沟后能迅速冻结，并且在整个贮藏过程中处于冻结状态。这种方法只适合于能忍耐低温冻结的果蔬如柿子、苹果、芫荽、菠菜、芹菜等。由于 0℃以下的低温，可以有效抑制果品蔬菜的新陈代谢和微生物的活动，但是仍然保持果品蔬菜的生命活动。因此果蔬经解冻后仍然能恢复新鲜状态，并且保持原有

的品质。但是在贮藏过程及解冻时，要小心搬动以防损伤果蔬的组织，解冻应在4℃下缓慢解冻。冻藏见图4-6。

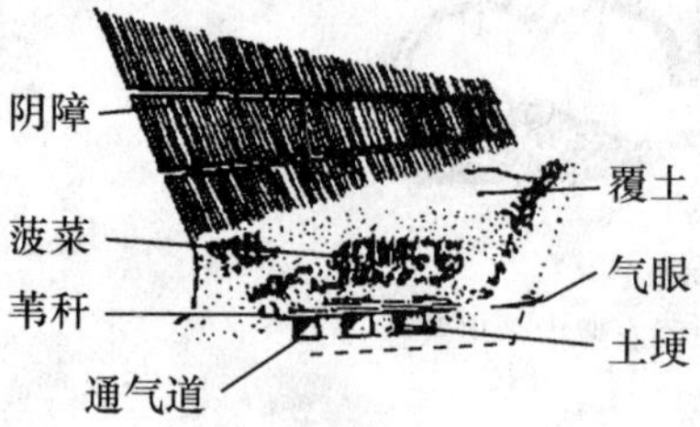

(a)北京

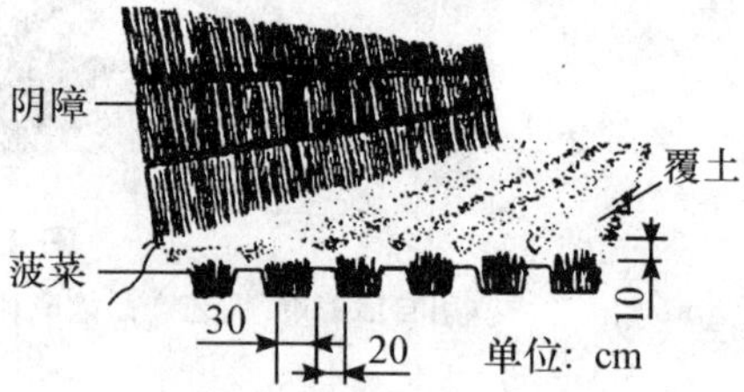

(b)辽宁

图4-6 冻藏

（引自潘静娴.园艺产品贮藏加工学.中国农业大学出版社，2007）

2.假植贮藏

假植贮藏是把蔬菜密集假植于沟内或窖内，使蔬菜处于微弱的生长过程，所以假植贮藏实质上是一种抑制生长贮藏法。该贮藏方法适用于在结构和生理上较特殊，易于脱水萎蔫的蔬菜，如芹菜、油菜、花椰菜、莴苣、水萝卜等。用一般方法贮藏时，容易脱水萎蔫，代谢失常，从而使耐藏性、抗病性急速下降。假植贮藏的蔬菜可继续从土壤中吸收一些水分。有的还能进行微弱的光合作用或使叶片中的营养向食用部分转移，从而保持正常的生理状态。使贮期得以延长，甚至改善贮藏产品品质。假植时蔬菜带根贮藏，可单株或成簇，株行间应留适当通风空隙，菜面可作稀疏的覆盖，以利于透入部分散射光，土壤干燥时也可适当灌水。

图4-7 假植贮藏

（引自潘静娴.园艺产品贮藏加工学.中国农业大学出版社，2007）

假植贮藏见图4-7。

二、通风库贮藏

(一)贮藏原理

通风库是棚窖的发展，棚窖为临时性的贮藏场所，而通风库为永久性建筑。通风库造价比棚窖高，但贮藏量大。通风库是指具有完善的隔热层和防潮层的永久性建筑物，是通过通风系统将果蔬产生的呼吸热、乙醇、乙醛、乙烯等有害物质排除库外，外界较低的新鲜空气进入库内，从而降低了库内的温度。并通过隔热系统的作用保持果蔬处于相对稳定的贮藏环境，由此延长了果蔬的贮藏寿命。

(二)通风库的类型及特点

目前所用的通风库主要有3种类型：地上式通风库、半地下式通风库、地下式通风库。

1. 地上式通风库

库体建于地面上，受气温影响大，通风效果好，降温速度快，保温性能差。适于温暖地区及地下水位较高地区。见图4-8。

2. 半地下式通风库

库体一半建在地上一半建在地下，既受气温的影响又受土温的影响，通风性能较好。适于华北地区。见图4-9。

图 4-8　地上式通风库

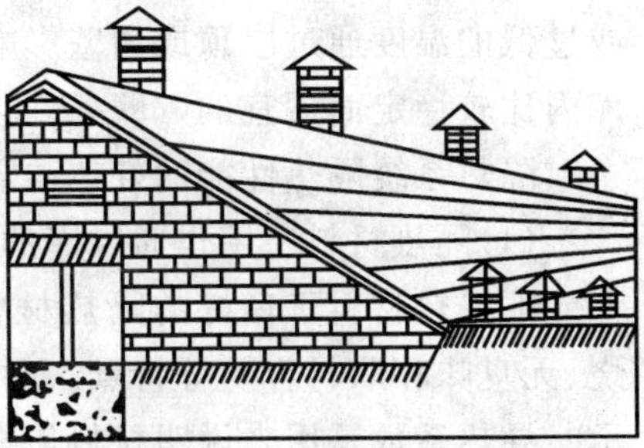

图 4-9　半地下式通风库

3. 地下式通风库

库体全部在地面之下，受气温影响小，通风换气效果差，保温效果好，适于北方寒冷地区。

(三)通风库设计

1. 地址选择与库形设计

库房应选择地势高、通风好、交通方便、宽敞的地方。在寒冷的北方地区库应以南北走向为佳，以减少冬季寒风的直接吹袭面，防止冬季库房温度过低，温暖地区以东西走向为佳，以减少阳光的东晒和西晒的照射面，加大迎风面，以避免库温过高。

库形一般为长方形，在我国多为长30～50 m，宽9～12 m，以长宽比为3∶1为佳，面积在250～600 m^2，高度3.5～4.5 m，贮藏量在10～20 kg。

根据贮藏量的大小可建单库或库群，库群是由多数库体组成的，中间设缓冲间。

根据排列方式可分为:分列式、连接式、单列连接式。

分列式是每个库房都自成独立的一个贮藏单位,互不相连,库房间有一定的距离。其优点是每个库房都可以在两侧的库墙上开窗作为通风口,以提高通风效果。但其缺点是每个库房都须有两道侧墙,建筑费用较大,也增加了占地面积。

连接式相邻库房之间共用一道侧墙,一排库房侧墙的总数是分列式的 1/2 再多一道。这样的库房建筑可大大节约建筑费用,也可以缩小占地面积。然而,连接式的每一个库房不能在侧墙上开通风口,须采用其他通风形式来保证适宜的通风量。

单列连接式是小型库群的一种结构,这个结构是各库房的一头都设一共用走廊,或把中间的一个库房兼作进出通道,在其侧墙上开门通入各库房。

2. 隔热系统

通风库主要通过通风来降低库内和果蔬的贮藏温度,但是为了防止库外过高或过低的温度通过屋顶或墙壁影响库内温度,贮藏库的 6 面需设隔热层,从而保持库内比较稳定而适宜的贮藏条件。

隔热系统隔热性能的好坏与隔热材料的隔热性能及隔热层的厚度有关。

(1)隔热材料　用作通风库的隔热材料应因地制宜,就地取材,选择较好隔热性能的隔热材料。良好的隔热材料要求具有导热性能差、不易吸水霉烂、不易燃烧、无臭味和取材容易等特点。材料的隔热性能一般用热阻值(或导热系数)来表示。导热系数是用来说明材料传导热量能力大小的物理指标,指在稳定传热条件下,1 m 厚的材料,两侧表面的温差为 1℃,在 1 h 内,通过 1 m^2 面积传递的热量,单位为 kJ/(m・h・℃)。

表 4-1 为部分材料的隔热性能。

表 4-1　部分材料的隔热性能

材料	导热系数	热阻值	材料	导热系数	热阻值
静止空气	0.105	9.52	加气混凝土	0.335～0.502	2.99～1.99
聚氨酯泡沫塑料	0.084	11.90	泡沫混凝土	0.586～0.670	1.71～1.49
聚苯乙烯泡沫塑料	0.155	6.5	普通混凝土	5.233	0.19
聚氯乙烯泡沫塑料	0.155	6.45	普通砖	2.847	0.35
膨胀珍珠岩	0.126～0.167	7.94～5.99	干土	1.047	0.96
油毛毡、玻璃胶	0.210	4.76	干沙	3.140	0.32
纤维板	0.226	4.42	湿土	13.607	0.07
稻壳、锯屑	0.255	3.92	湿沙	31.401	0.03
刨花	0.339	2.95	雪	1.675	0.60
炉渣	0.754	1.33	冰	8.374	0.12

注:导热系数(K)的单位为 kJ/(m・h・℃);热阻值(R)$=1/K$。

聚氨酯泡沫塑料、聚氯乙烯塑料、膨胀珍珠岩、软木都是隔热性能较好的材料，但是造价高，通风库一般不采用，稻草秸、锯屑、炉渣是通风库常选用的隔热材料。

(2)隔热层的厚度　由于各种隔热材料的导热性能不同，所以要达到相同的隔热效果，选用不同的隔热材料，必须通过厚度来调节。在实践中建筑通风贮藏库常用夹层墙，两层墙之间充填锯末、矿渣、稻壳等隔热材料。

在华北和华中地区，外墙和内墙空间，用稻壳或矿渣填充，已能满足果蔬通风贮藏库隔热的基本要求。在北京地区，一般通风贮藏库墙壁隔热材料有相当于7.6 cm厚软木的隔热性能，折合成热阻值为1.52。即墙体各材料的总热阻值达到1.52即可满足通风库的隔热要求。

例如，一通风库的墙体是在两层砖墙中添加炉渣，其外墙厚37 cm，内墙厚24 cm，炉渣厚13 cm，则：

外墙热阻值为$0.37\times1.5=0.56$

内墙热阻值为$0.24\times1.5=0.36$

炉渣热阻值为$0.13\times5.6=0.73$

墙体总热阻值为$0.56+0.36+0.73=1.65>1.52$

所以，此通风库的墙体附和隔热要求。

3. 库顶

因受阳光照射时间长，照射面积大，故库顶的热阻值应比库墙增加25%。隔热材料的厚度不但与隔热材料的热阻值有关而且与库内外的温差有关，特别与当地的气候有关。

如辽宁、吉林中部地区，冬季最低温度可达－30℃，地上部分墙体的总热阻值应相当于30 cm软木结构的热阻值。如果最低温度为－20℃时，需要有相当于25 cm的软木的热阻值。在生产中要注意水的导热性能很强，材料一经潮湿，其隔热性能大大降低。因此，材料必须干燥，注意防潮。通风库的防潮一般指对地面进行防潮，防潮材料一般选用塑料膜、沥青等。

4. 库门

库门的建造一般在两层木板间填加锯屑、稻壳、沸石、聚苯乙烯泡沫塑料板或软木板等，使库门同库墙一样，具有良好的隔热效能。库门的大小应根据库形结构、库房大小以及操作方便等方面的情况综合考虑。

5. 通风系统

通风系统是通风贮藏库的重要组成部分，通风系统的好坏直接影响了通风库贮藏前期库内的降温速度及库温的均匀性，通风库的降温主要根据冷空气下沉，热空气上升形成对流的原理进行通风换气。将库内的热空气通过排气窗或排气筒排出库外,新鲜的冷空气则通过导气窗或导气筒进入库内,从而维持一定的贮温。

通风系统的设置:通风库通风系统的设置是否合理直接影响通风速度,目前有多种形式,但比较合理的是具有进气口和出气口,下面是常见的 4 种通风设置形式。

①屋顶烟囱通风在库墙下部或基部设导气窗或导气筒,库顶开设天窗或排气筒,库内易形成空气对流,通风降温效果较好。常见于地上式通风贮藏库。

②屋檐小窗通风库墙上部开设小窗,兼作导气和排气窗。一些地下式通风贮藏库有时采用这种形式,其通风效果较差。

③混合式通风:一般地下式和半地下式通风贮藏库多采用这种类型,在库墙的下部和上部均设有导气筒,在库顶设排气筒或天窗,通风换气效果好,降温速度快。

④地道式通风:库外冷空气经地道式导气筒进入库内,库墙上部设有排气窗,库顶开设天窗或排气筒。这种方式适用于地上式或半地下式通风贮藏库,通风效果好,并有利于维持库内一定的空气湿度,但修建费用较高(图 4-10)。

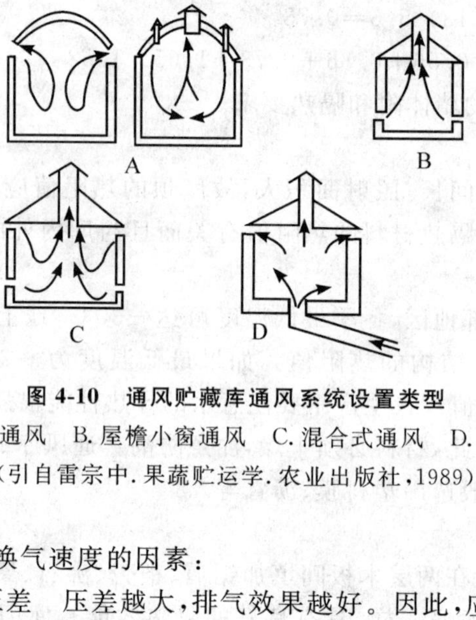

图 4-10 通风贮藏库通风系统设置类型

A. 屋顶烟囱通风 B. 屋檐小窗通风 C. 混合式通风 D. 地道式通风

(引自雷宗中. 果蔬贮运学. 农业出版社,1989)

影响通风库通风换气速度的因素:

①进、排气口的压差 压差越大,排气效果越好。因此,应设法使进、排气口有最大的压差(即最大垂直距离)。为此,进气口应尽量设置在库房的基部或下部,排气口应尽量设置在库房的上部。也可在排气烟囱的顶上安装风罩,当外风吹过风罩时,会对排气烟囱造成抽吸力,从而可进一步增大气流速度。

②通风口的数量 当总通风面积相等时,气口小而多的系统较气口大而少的系统具有更好的通风效能。因此,出气口的面积不宜过大(一般为 25 cm×25 cm～

40 cm×40 cm)。一般每隔 5～6 m 设置一个出气口。

③通风面积　通风面积越大，通风量越大。在设计通风面积要根据贮藏的产品种类及其特性来定。例如，贮藏大白菜的通风贮藏库，其通风面积比贮藏马铃薯和洋葱等大得多。屋顶的出气筒应有隔热层，以防排出的湿热空气在筒壁凝水或结霜，阻碍空气流通或回滴到库内，出气筒底口与库内顶板齐平，安装能开闭的活动门调节换气量。

在通风贮藏库管理中，正常的换气方式是将进气口和出气口同时打开，冷空气从进气口进入库内，库内热空气向上由出气口排出库外。

(四)通风库的管理

1.温度管理

秋季：此时，产品带入很高的田间热，又由于呼吸强度高，产生大量的呼吸热，因而，应利用一切可利用的外界低温，于夜晚和凌晨日出前进行通风降温，使冷空气导入库内，热空气排出库外。

冬季：这是全年温度最低的时节，因而，应注意对果蔬进行防冻保温，减少通风次数。

春、夏季：这时，外界气温开始回升，当外温高于库温时，应紧闭库门、进气窗、通气筒，减少库内蓄冷流失；当外温低于库温时，一定要抓住时机通风，一则降温，二则可以排除库内的有害气体。

2.湿度管理

通风库贮藏中，最容易出现的问题就是湿度过低导致的萎蔫。可在地面洒水，墙壁上喷水，房间里挂湿草帘或放盛水的容器以增湿。

3.消毒

应在产品出库后或入库前对库房、工具和设施进行消毒。

可在库内燃烧硫磺：每 100 m^3 体积用硫磺粉 1.0～1.5 kg，燃烧后密闭 2～3 d，通风后即可入贮。也可用 2%的福尔马林或 4%的漂白粉进行喷雾消毒。

第二节　机械冷藏

机械冷藏库是在有良好隔热效能的库房中装置冷冻机械设备，根据不同果蔬的要求，通过机械制冷作用，控制库内的温度、湿度和通风换气，从而达到延长果蔬贮藏寿命的目的。

机械冷库可以人工控制库温，不受外界环境温度的影响，保持果蔬贮藏所需的最佳温度，由此延长了果蔬的贮藏寿命、保持了果蔬的良好品质，特别是一些易腐的果蔬由于冷藏才得以长期贮藏或作远途运输。

一、制冷原理

机械制冷原理是借助于制冷剂的循环不停的气态-液态互变过程中，把贮藏库中的热通过制冷剂传递到库外，而使库内温度降低，并不断移去库内热源所产生的热而维持恒定的库温。

1. 制冷剂

任何物质在制冷循环系统中蒸发而吸热，因而产生制冷效应的都称为制冷剂。

(1)制冷剂的特点　要求制冷剂的沸点必须在0℃以下，并且很多制冷剂的沸点是－15℃或更低，才能满足制冷的需要；制冷剂必须是对人体无毒害作用而且是无味的物质；对金属无腐蚀作用。压缩机、蒸发器、贮液器等制冷剂接触的地方都是由金属组成，因此制冷剂必须是对金属无腐蚀性，不易爆炸和燃烧，不与润滑油起化学反应，具有大的潜热(潜热是指1 kg物质在相变过程中所吸收或放出的热量)，潜热越大，制冷量越大，例如NH_3的汽化潜热大，因此低温库都采用NH_3作为制冷剂；比容小，在高压冷凝系统内压力低，黏度小。

(2)冷库常用制冷剂　目前国内外冷库常用的制冷剂有：氨和卤代烃或氯氟碳化物。

氨：氨是大型冷藏设备中常用的制冷剂，其优点是价格低廉、沸点温度低、汽化潜热大(1 259.384 kJ/kg)；在制冷系统中不会形成“冰塞”现象。无水纯氨在润滑油中的溶解度很小，也不起化学反应。因此，在氨制冷系统有水分存在的情况下，经过压缩后，易成乳状物，并使润滑油的润滑性能降低。氨具有强烈的特殊臭味，对人体器官有强烈的刺激和危害，当空气中氨的浓度达到0.35%时，人会中毒，浓度超过0.5%～1%时，会造成死亡事故。氨液与皮肤接触时，会使皮肤强烈烧伤。氨蒸气与空气混合，当容积浓度达11%～14%时，即可燃烧，达13%～27%时，即有爆炸性，因而机房应严禁明火。

氟利昂：氟利昂是卤碳化合物的通称，至今有60余年的历史，发展到目前已有数十种，但常用的只有少数几种。适合于小型冷库使用，是目前微型节能冷库和空调广泛使用的制冷剂。氟利昂蒸气或液体均无色、无味(或弱味)，一般对人体无毒害，不易燃烧和爆炸，对金属的腐蚀性小。

与氨相比，氟利昂的缺点是：比重大，流动阻力大。因此需要较大的流通截面积；放热系数低，因此系统的换热设备要求导热性好，换热面积大；单位容积制冷量小，制冷剂循环量大，因而造成较大的动力消耗；易于泄漏，而且不易发现，对设备及管道的密封性有较高的要求；价格较贵，成本高。常用的制冷剂有氟利昂-12和氟利昂-22。

2. 制冷机

制冷机是冷藏库最重要的设备，是冷源。用于冷藏库制冷降温的部件包括蒸发器、压缩机、冷凝器和必要的调节阀门、风扇、导管和仪表等，所有部件构成一个完整的密封系统进行制冷。

(1)制冷循环　以制冷剂汽化而吸热为工作原理的冷冻机，以压缩式为最多。它主要由压缩机、冷凝器、调节阀、蒸发器组成。工作时，压缩机通过活塞运动吸进自蒸发器的气态制冷剂，并将之压缩，使其处于高压状态，进入到冷凝器里，重新液化成液体，液体制冷剂经调节阀进入处于低压部分的蒸发器达到沸点而蒸发，吸收周围环境的热，达到降温的目的。

(2)主要构件

压缩机(是冷冻机的主体部分)：在制冷系统中起到压缩和输送气体的作用。

冷凝器：是制冷系统中主要的热交换设备之一。气体制冷剂在冷凝器冷却成液体。

调节阀(又叫膨胀阀)：调节进入蒸发器的制冷量，并使液体制冷剂节流减由冷凝压力降低到蒸发压力。

蒸发器(液态制冷剂蒸发(汽化)的地方)：是制冷系统中又一热交换设备。制冷剂在蒸发器中汽化吸收库房的热量由此降低库房的温度。

二、冷库的种类及设计

(一)冷库的种类

机械冷藏库按照建筑设施分主要有土建冷库和装配式冷库两种。按照体积和容量又可分为大中型、小型冷库和微型冷库。

1. 土建冷库

土建冷库的建筑物为砖混结构，在其建筑的内墙壁、地板及平顶都敷设有一定厚度的隔热材料，通过人工制冷，使室内保持一定的低温，同时减少外界的热量传入。冷库由主体建筑和辅助建筑组成。一座大型的冷藏库主体建筑包括冷却间、冻结间、冷藏间、穿堂等，辅助建筑包括机器房、设备间、配电间、整理间、月台等。

同时，土建冷库分为钢筋混凝土无横梁结构和钢筋混凝土梁板式结构。前者可充分利用库房空间，载荷能力大，适用大中型冷库。后者施工方便，技术简单，但库容量少，多用于小型冷库。

2. 装配式冷库

也称为组合式冷库。用预制隔热嵌板，通过一定的连接构件和密封材料，即可组装成冷库。预制隔热嵌板的两面通常为金属板，如复合钢板、铝合金板或彩钢板等，中间夹有硬质聚氨酯泡沫塑料或聚苯乙烯泡沫塑料。

预制隔热嵌板的模板最厚根据需要一般在 8～20 cm，该预制隔热嵌板有良好的隔热性能，金属板和彩钢板则兼有良好的隔汽防潮性能。

隔热嵌板房间的装配有承插型、对接型、钩扣型等多种方式，接缝一般采取灌注发泡聚氨酯密封。装配式冷库的优点是施工简便快速，维修容易，缺点是造价较高。装配式冷库的库容积，大型的为 1 000～10 000 m^3；是在墙及屋顶面采用金属夹心隔热板进行保温隔热。这种夹心板通常采用两块薄金属板，中间灌注聚氨酯泡沫塑料或聚苯乙烯泡沫塑料做成。其施工周期短，建库速度快，但保温效果较差。

3. 微型冷库

目前对微型库并没有严格的定义，这里所指微型库是指：库容积在 500 m^3 以内（目前农村建造采用最多的库容积是 90～120 m^3），贮藏量在 100 t 以下（一般在 10～40 t）的小型机械冷库。

由于我国农村家庭联产承包责任制政策将长期稳定不变。所以，在今后相当一段时间内，我国农民的生产经营还是自主的、小规模的。发展产地节能贮藏场所，推广易于操作和掌握的小型和微型冷藏设施，是适合我国目前国情的果蔬保鲜的主要途径之一。

（二）冷库设计

通常冷藏库要求有良好的隔热性、防潮性及抽气系统和一定的湿度环境。

1. 冷库的结构

以冷藏室为主体，另外还配有预冷间、加工间、休息间及工具存放间等各种附属用房。冷藏室的隔热门应自动启闭，并在门顶设风幕，以减少开门时外界暖流侵入。各冷藏室有公共走廊连通，并兼作缓冲间。果蔬产品在冷藏库内贮藏一定时间后易积累二氧化碳、乙烯等不利于贮藏的气体，库内需安装良好的排气系统，以便经常换入新鲜空气。建库时还要求库内配置喷雾器，以提高库内湿度。防止产品失水。冷库的地面要有一定的强度以承受堆积产品和搬运车辆的压力，采用软木板作隔热材料时，其上下须敷设上升 7～8 cm 厚度的水泥地面和地基，地基下层铺放煤渣石子以利排水。

2. 冷库的隔热

冷藏库的隔热性能好，对节省制冷设备的投资及运转费用、维持库温稳定具有重要意义。应选择隔热性能好（导热系数小）、造价低廉、无毒无异味、保持原形不变的隔热材料。

一般墙体的体热阻值要求不小于 2.03，库顶还应增大 25%。冷库是由砖、石或混凝土筑成，墙壁和地面用混凝土加固，地面下层除能承重以外，还需设隔热层。隔热层要设在防潮层内侧，隔热层内侧再涂抹上一层水泥面或其他保护材料，隔热材料的敷设应当使绝缘层成为一个完整连续的整体，防止外界热的传入及水汽的累积。

冷藏隔热材料厚度的要求，一般以软木板的厚度为标准，通常墙壁为 10 cm 软木板厚度为宜，地板约等于 5 cm 厚的软木板，库顶由于日光照射可适当增加隔热材料的厚度。用作冷库隔热层的材料有两类，一类为玻璃棉和石棉等透水汽的材料，另一类为聚苯乙烯、聚氨酯和泡沫玻璃等透水的材料。锯木、稻壳等散松颗粒隔热材料则填充两层墙壁之间，因重力作用的影响逐渐下沉，造成隔热层上部空虚，易形成漏热渠道，增加制冷机械的热负荷。选隔热材料时，应综合考虑，以节能、高效、低耗为总原则。

国家农产品工程技术研究中心(天津)推荐的微型节能冷库所用的聚苯乙烯泡沫板的密度不能低于 18 kg/m^3、厚度为 12～15 cm。在敷设时要分层进行，第一层用沥青等黏合剂和钉子牢固地固定在天花板、墙壁、地板上，板与板之间要紧密连接，第二层要紧密黏结在第一层上，而且两层板之间的接头要错开。聚氨酯具有良好的隔热、防潮和隔汽的作用，是当前冷库和气调库普遍采用的建筑材料。而且所建的微型节能冷库 30%～40%采用聚氨酯做隔热层。喷涂时一定要注意，喷涂的密度要大，以 30～40 kg/m^3 为佳，而且喷涂要均匀。厚度在 10～12 cm 即可满足微型库的隔热要求。另外膨胀珍珠岩也是微型节能冷库普遍采用的隔热材料。不管采用何种隔热材料其隔热性能墙壁、地面分别相当于 10 cm、5 cm 左右软木板的隔热能力。

冷库隔热层敷设要连续否则会出现冷桥现象。

冷桥是指在冷库的围护结构中，有比隔热材料导热性大得多的构件传入砖墙、梁、柱和管道穿过或嵌入其中，使隔热构造形成缺口、不严密的薄弱环节等，热量将从这些缺口或薄弱环节的地方从库外传入库内，通常把这个缺口或薄弱环节叫做冷桥。

冷桥的形成，不但使库内温度不稳定、降温速度缓慢，而且由于在冷桥处易出现结霜、结冰的现象而破坏围护结构。另外由于地面需要承受一定的重力，因此地面在设置时，一定要牢固，一般要在隔热层上下各加一层水泥层和钢筋混凝土层以防地面下陷。

图 4-11 是冷库的墙壁和地面的设置结构。冷库的门需要做隔热层,而且需要空气幕防止开门时外界热空气的进入。

3. 冷库的防潮

冷藏库围护结构两侧的温度不一致,水蒸气会渗入使隔热材料受潮而降低其隔热性能。水蒸气是通过建筑材料(如砖块、木材等),在水蒸气内外有差异的情况下和在毛细管的作用下,由外表渗入到墙壁中,蒸汽逐渐达到饱和,凝结为水,积留于绝缘层中。

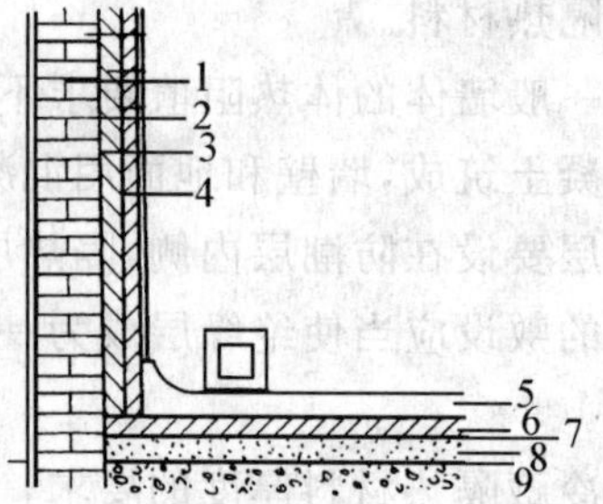

图 4-11 冷库的墙壁和地面的设置结构

1. 砖墙 2. 防潮层 3. 隔热材料层 4. 防潮层 5. 钢筋混凝土耐磨封口地面 6. 隔热材料层 7. 防潮层 8. 水泥地 9. 煤渣石子基层

(引自赵晨霞. 园艺产品贮藏与加工. 中国农业出版社,2005)

因此,在隔热材料两面与建筑材料之间要加一层防水汽层,封闭水汽进入通道。用于封闭水汽的材料有塑料薄膜、金属箔片、沥青胶剂、树脂黏胶、绝缘材料。不管用哪类防水汽材料,用时要注意完全封闭,不能留有各种微小缝隙漏泄,如果只在绝热层的一面敷设防水汽层,防潮层必须设在墙壁、地面或天花板接触温度较高的一面上。天屋顶之间则需要有空隙,以利于空气流通。

不管是哪种冷库其基本结构和原理是相似的。微型冷库为了降低成本,其原理和上述是一样的,但在基本结构上稍有不同。

现以建一个 120 cm^3 的微型冷库为例讲述其结构。

它主要由贮藏库、机房、缓冲间几个部分构成。冷库的外墙为 240 mm 厚的砖墙,内外墙预留通风口和进出门;外墙内侧用水泥抹面。

地面处理:地面先夯实,然后铺一层 0.1 mm 厚的棚膜,填 300 mm 厚的干炉渣,再铺一层膜,外墙内侧粘大棚膜,地面铺 50mm 厚高密度聚苯板,错缝再粘 50 mm 厚聚苯板;外墙内侧粘 100 mm 厚高密度聚苯板,错缝再粘 50 mm 厚聚苯板。地面先铺一层大棚膜,外墙粘大棚膜,最后铺 100 mm 水泥砂浆,地面粘平。砌 120 mm 厚内墙。

顶棚:先铺 30 mm 厚木板,再铺一层 0.1 mm 厚大棚膜,铺 100 mm 厚聚苯板,错缝再填 100 mm 厚聚苯板,铺一层大棚膜,然后铺 30 mm 厚木板,搭建尖行屋顶。冷库外墙涂成天蓝色,蓝色是制冷的标志,同时有降温的作用。

三、冷库的管理

(一)消毒

果蔬产品腐烂的重要原因是有害菌类的污染,冷藏库在使用前必须进行全面的消毒。常用的消毒方法是将库内打扫干净,所有用具用0.5%的漂白粉溶液或2%~5%硫酸铜溶液浸泡、刷洗、晾干。然后对冷库用下列方法进行消毒。

1.乳酸消毒

将浓度为80%~90%的乳酸和水等量混合,按库容用1 mL/m^3乳酸的比例,将混合液放于瓷盆内于电炉上加热,待溶液蒸发完关闭电炉。闭门熏蒸6~24 h,然后开库使用。

2.过氧乙酸消毒

将20%的过氧乙酸按库容用5~10 mL/m^3的比例,放于容器内于电炉上加热促使其挥发熏蒸,或按以上比例配成1%的水溶液全面喷雾。因过氧乙酸有腐蚀性,使用时应注意对器械、冷风机和人体的防护。

3.漂白粉消毒

将含有效氯25%~30%的漂白粉配成10%的溶液,用上清液按库容40 mL/m^3的用量喷雾。使用时注意防护,用后库房必须通风除味。

4.福尔马林消毒

按库容用15 mL/m^3福尔马林的比例,将福尔马林放入适量高锰酸钾或生石灰,稍加水,待发生气体时,将库门密闭熏蒸6~12 h。开库通风换气后方可使用库房。

5.硫磺熏蒸消毒

用量为每立方米库容用硫磺5~10 g,加入适量锯末,置于陶瓷器皿中密闭熏蒸24~48 h后,彻底通风换气。

(二)入库

果蔬产品进入冷藏库之前要先预冷。由于果蔬产品收获时田间热较高,增加了冷凝系统的负荷,若较长时间达不到贮藏低温,则会引起严重的腐烂败坏。进入冷贮的产品应先用适当的容器包装,在库内按一定方式堆放,尽量避免散贮方式。为使库内空气流通,以利降温和保证库内温度分布均匀,货物应离墙30 cm以上,与顶部约留80 cm的空间,而货与货之间应留适当空隙。

(三)温度管理

产品入库后应尽快达到贮藏适宜温度,在贮藏期间应尽量避免库内温度波动。果蔬产品种类和品种不同,对贮藏环境的温度要求也不同。如有些切花(菊花、郁金香等)可在－0.5～0℃条件下包装贮藏，而黄瓜、四季豆、甜辣椒等蔬菜在0～7℃之间就会发生伤害。冷藏库的温度要求分布均匀，可在库内不同的位置安放温度表，以便观察和记载冷藏库内各部温度的情况，避免局部产品受害。另外，结霜会阻碍热交换，影响制冷效果，必须及时冲霜。

(四)湿度管理

贮藏果蔬产品的相对湿度要求在85%～95%之间。在制冷系统运行期间，湿空气与蒸发管接触时，蒸发器很容易结霜，而经常性的冲霜会使冷藏库内湿度不断降低，低于贮藏果蔬对湿度的要求。因此，贮藏果蔬产品时要经常检查库内相对湿度，采用地面洒水和安装喷雾设备或自动湿度调节器的措施来达到对贮藏湿度的要求。

一些冷藏库出现相对湿度偏高，这主要是由于冷藏库管理不善，产品出入频繁，以致库外含有较高的绝对湿度的暖空气进入库房，在较低温度下形成较高的相对湿度，甚至达到“露点”，而出现“发汗”现象，解决这一问题的方法在于改善管理。

(五)通风换气管理

果蔬产品贮藏过程中，会放出二氧化碳和乙烯等有害气体，当这些气体浓度过高时会不利于贮藏。冷藏库必须要适度通风换气，保证库内温度均匀分布、降低库内积累的二氧化碳和乙烯等气体浓度，达到贮藏保鲜的目的。冷藏库的通风换气要选择气温较低的早晨进行，雨天、雾天等外界湿度过大时暂缓通风，为防止通风而引起冷藏库温、湿度发生较大的变化，在通风换气的同时开动制冷机以减缓库内温、湿度的升高。

第三节 气调贮藏

气调贮藏(controlled atmosphere storage)是改变气体的含量致使空气的成分发生变化的贮藏方法。一般地，把降低空气中的氧浓度和适当提高二氧化碳浓度的方法称为气调贮藏，简称CA贮藏。严格地说，CA贮藏对氧和二氧化碳浓度都有一定的指标，并控制在较小的变动范围之内。

另外所谓MA贮藏，即限气贮藏(modified atmosphere storage)也属于气调贮藏的范畴。通常采用薄膜包装贮藏，氧和二氧化碳浓度变动大，没有一定指标，多用于短期贮藏、运输以及零售时的临时性贮藏。气调贮藏同机械冷藏相结合，就是气调冷藏，其同时控制温度、湿度、气体成分等各环境因素，贮藏期显著延长，产品品质保持良好，是当代先进的贮藏技术。

20世纪70年代末期，中国科学院兰州化学物理研究所研制的硅橡胶膜，开辟了具有我国自己特色的薄膜封闭贮藏法，使果蔬等的保鲜贮藏取得了良好的效果。

一、气调贮藏的理论依据

气调贮藏中低氧浓度具有下列生理作用：

(1)降低呼吸强度和底物氧化作用。

(2)延缓后熟，产品的贮藏期因而延长。

(3)延缓叶绿素分解。

(4)减少乙烯生成量。

(5)提高维生素 C 保存率。

(6)延缓不溶性果胶物质分解。

但是过低的氧浓度会造成缺氧呼吸，引起生理病害。如果氧浓度在 1%以下时，贮藏时间过久，对果蔬来说会产生酒味，这就是缺氧呼吸的结果，所以在果蔬贮藏中不允许氧浓度低于 2%(一般为 5%左右)。若氧浓度高于 16%，对呼吸无抑制作用，或抑制作用不显著。

所以，在贮藏中要根据果蔬的种类，选择适宜的二氧化碳浓度。

降低氧和提高二氧化碳浓度是气调的关键，高氧促进成熟，高二氧化碳则抑制成熟，低氧和高二氧化碳浓度抑制成熟的作用与乙烯的作用相关。由氨基环丙烷羧酸(ACC)转变为乙烯必须有氧，降低氧浓度就减少乙烯的产生，如氧的浓度约为 2.5%时，乙烯的生成量减少一半。二氧化碳是乙烯的竞争抑制剂，可以在受体位置取代乙烯，使乙烯不起作用。二氧化碳还能阻止生长素积累，乙烯的产生过程必须有生长素的促进作用，当生长素缺乏时，乙烯生成将受到阻碍。

适量的二氧化碳会抑制有些真菌孢子的萌发生长。但二氧化碳浓度要到 20%～50%才有抑制作用。在这样高浓度的二氧化碳中，一般果蔬不能忍受，细胞会受到严重伤害。

二、气调贮藏的条件

(一)温度

采用气调，即使温度较高，也能收到较好的贮藏效果，如绿色番茄在 20～28℃进行气调贮藏的效果，与在 10～13℃下冷藏相仿。因此，气调贮藏法对热带、亚热带果蔬贮藏十分有意义，它可以采用较高的贮藏温度，以避免产品发生冷害，同时又能达到保持质量、延长贮藏期的目的。但是，不能认为进行气调贮藏就可以不必注意温度管理，只有适宜的气体组成与适宜的温度相配合，才能充分发挥气调贮藏的作用。

例如，在不同温度下气调贮藏黄瓜 30 d，结果是在 10～13℃下，绿色好瓜率为 95%；在 20℃下，绿色好瓜率仅为 25%，其余的为半绿或完全黄化，但没有腐烂瓜；在 5～7℃下，虽全部保持绿色，却有 70%的瓜发生冷害和腐烂。对于同一种果蔬，气调贮藏的适温与冷藏的适温也有不同，冷藏中要求保持 0℃左右的温度，在气调贮藏时常需把温度提高一些。这是因为有些蔬菜组织在 0℃附近的低温下对二氧化碳很敏感，容易发生二氧化碳伤害，在稍高的温度下就可以避免这种伤害。

(二)氧、二氧化碳和温度的配合

气调贮藏要把氧、二氧化碳和温度三者配合好，因为它们彼此间互相联系，对产品起着综合的作用。

确定适宜的气体指标应从以下诸方面考虑：

1.果蔬种类和品种

不同的果蔬种类、品种，对低氧的忍耐力、特别是对高二氧化碳的忍耐力差异较大，如水果中的苹果、猕猴桃、草莓、香蕉、西洋梨，蔬菜中的蒜薹等对二氧化碳具有较强的忍耐力，对它们一方面可优先考虑采用气调贮藏，另一方面可给予较高的二氧化碳浓度；而白梨系统的梨、鲜枣、红富士苹果对二氧化碳比较敏感，在采用气调贮藏时应给予较低的二氧化碳浓度，并谨防高二氧化碳伤害。

2.采收成熟度

一般采收成熟度越高，对高二氧化碳越敏感，随着果蔬贮藏期延长，对二氧化碳敏感性增强，因此适时采收和贮藏前期的果蔬比晚采和贮藏后期的果蔬可给予较低的氧和较高的二氧化碳。

3.贮藏温度

在一定的温度范围内，随着贮藏温度的降低，果蔬对二氧化碳的敏感性增强，因此在利用自然冷源的变温贮藏条件下，气调指标也要相应改变，即采用双变气调贮藏。

4.设施条件

利用气调库结合人工降氧，可以给所贮藏果蔬提供一个相对适宜的气体指标，如采用薄膜包装自然降氧，则气体指标变化幅度较大，且不一定很适宜。通过在薄膜包装上结合使用硅橡胶膜，可以简化气调管理并获得较为理想的气体指标。

(三)相对湿度

维持较高的相对湿度，可以降低果蔬与周围空气之间的蒸汽压差，从而减少果蔬的水分损失。气调贮藏库的相对湿度要求比一般冷藏库高，贮藏果实时一般保持在 90%～93%。是否需要加湿装置与制冷装置的设计有关，由普通冷库改建的气调库大多满足不了气调要求的湿度，这是因为制冷剂的蒸发温度较低和蒸发面积较小的缘故。如果充分地增大制冷剂的蒸发面积，则可保持库房中较高的相对湿度，这也是解决气调加湿问题的途径。

(四)气调贮藏中的气体指标

确定气体指标，要注意的是蔬菜对低浓度氧和高浓度二氧化碳的敏感性和忍耐限度。从氧和二氧化碳的配合比例来看，目前在试验和生产上应用的有 3 种方式：

1. 总和等于 21% 的双指标控制

一般果蔬主要以糖为呼吸底物，呼吸商为 1。因此在密闭系统中，果蔬呼吸消耗的氧等于释放的二氧化碳，气体总体积基本不变。例如，氧下降到 15% 时，二氧化碳约为 6%，两者之和为 21%，这种配比操作较简单，只要在系统封闭后使氧自然下降，当氧浓度降至要求指标时，二氧化碳浓度就上升到了要求的指标。此后，定期经常更新一定体积的空气，就可以稳定地维持这个配合比例。这是早期气调贮藏应用的指标，先确定二氧化碳的指标，氧随二氧化碳而定。对于耐高浓度二氧化碳的果蔬，可使两种气体都在 10% 左右（简称高二氧化碳、高氧指标）；否则，应使二氧化碳低些，则氧就得高些。此法不可能应用低氧指标，故不能很好地发挥气调作用。

2. 总和低于 21% 的双指标控制

氧气和二氧化碳浓度之和在 10% 左右，有的还要低些，这是目前国内外气调贮藏广泛应用的配合方式。目前，我国习惯上把气体含量在 2%～5% 范围的称低指标，5%～8% 范围的称中指标。比较而言，大多数果蔬都以低氧和低二氧化碳指标较适宜，即常讲的“双低指标”，如果在双低指标下并采取脱除乙烯的措施进行贮藏，即所谓的“三低贮藏”。这种配比操作管理比较复杂，需要设备较多。

3. 单指标控制

即两种气体中只控制一种气体，另一种任其自然或全部除掉。有时为了简化管理，或者有的果蔬对二氧化碳很敏感，则可采用氧单指标，即只控制氧的浓度，二氧化碳用吸收剂全部吸收掉。氧单指标必须是一个低指标，因为当无二氧化碳存在时，氧影响植物呼吸的阈值大约为 7%，必须低于这个水平，才能有效地抑制呼吸作用，而单二氧化碳指标实际上就是总和为 21% 的双指标。对于多数果蔬来说，单指标的效果不如双低指标好，但管理较简便。有些果蔬对二氧化碳很敏感，实践中也可采用单低氧指标。作为运输前短时间处理，可采用极低氧（如 99% 氮气＋1% 氧气）或高二氧化碳（15%～20% 或更高）的处理方法。

三、人工气调贮藏方法

人工气调贮藏是利用机械设备人为地控制贮藏环境中的气体组成，使得果蔬贮藏期延长，贮藏质量进一步提高的方法，是经济发达国家大量长期贮藏果蔬的主要手段。所不足的是所需设备条件高，贮藏成本也高，一定程度上限制了它的广泛应用。

（一）气调贮藏库的组成

气调冷藏库也称机械气调库，它在围护、隔热、制冷等方面的结构和设备都与常规冷藏库类似。机械气调库的特点是库房要求有一定的气密性，并在库内气压变化时库体能忍受一定的压力。为此，贮藏间必须经过特别的建造和试验，确定漏气量是否符合标准规定。

一座完整的气调冷藏库，除了要求制冷系统、隔热和气密性等条件外，还需要二氧化碳脱除机、降氧机、气体分析器等设备。

1. 隔热结构

气调贮藏库一般采用预制隔热嵌板建造库房。嵌板两面是表面呈凹凸状的金属薄板（镀锌钢板、镀锌铁板或铝合金板等），中间是隔热材料聚苯乙烯泡沫塑料，采用合成的热固性黏合剂，将金属薄板牢固地黏结在聚苯乙烯泡沫塑料板上。嵌板用铝制成工字形的构件从内外两面连接，在构件内表面涂满可塑的丁基玛碲脂，使到接口处完全地、永久地密封。在墙脚与墙和天花板等转角处，皆用直角形铝制构件接驳，并用特制的铆钉固定。这种预制隔热嵌板，既可以隔热防潮，又可以作为隔气层。地板是在加固的钢筋混凝土的底板上，一层塑料薄膜（0.25 mm 厚多聚苯乙烯等）作为闭（密）气障膜，一层预制隔热嵌板（地坪专用），再一层加固的 10 cm 厚的钢筋混凝土为地面。这种方法具有施工简捷、经济、内外美观卫生的特点，如图 4-12 所示。

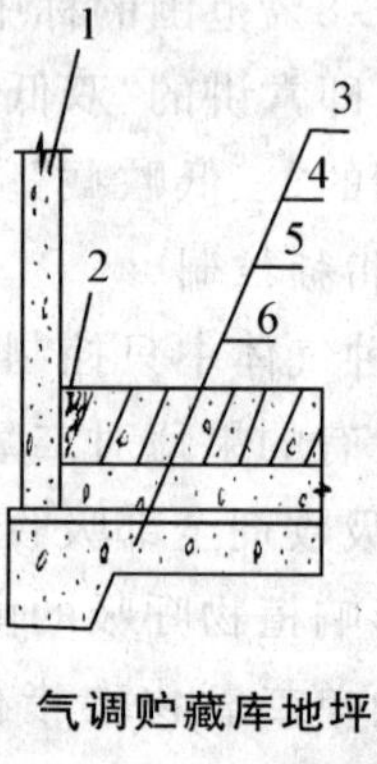

图 4-12 气调贮藏库地坪示意图

1. 墙体 2. 不凝固胶 3. 钢筋混凝土地面 4. 预制嵌板（地坪专用） 5. 0.25 mm 塑料薄膜 6. 素混凝土层

2. 气密结构

气密层的材料和结构有多种，20 世纪 60 年代中期以前大都采用镀锌铁皮或薄钢板焊接密封，后来使用高密度胶合板和铝箔夹心板。随着塑料工业的发展，使气调库的隔热和气密性结构有了新的突破，目前在机械气调库的建造上主要采用以下两种措施。

(1)使用预制隔热嵌板　预制隔热嵌板的两面是呈凹凸状的金屑薄板(如镀锌钢板、镀锌铁板或铝合金板等),中间夹有一定厚度的高分子有机隔热材料(常用硬质聚氨酯泡沫塑料和聚苯乙烯泡沫塑料)。

(2)现场喷涂聚氨酯泡沫塑料　硬质聚氨酯泡沫塑料,不仅具有良好的隔热性能,而且泡沫内的小气腔各自独立互不沟通即材料的闭孔率极高,因此具有很好的气密性和隔汽性能。所以一层聚氨酯泡沫塑料结构,可同时起到隔热、隔汽、气密3方面的作用,现场发泡和喷涂工艺及所需设备简单、操作方便、施工效率高,特别适用于规模较大的气调库工程。

气调库建筑上使库门不漏气比较困难,一般是在门框四周衬橡皮垫圈并压紧库门。秦皇岛果品公司的做法是在门扇的四沿挖一凹槽,嵌入自行车内胎,关门后向内胎充气至一定程度,可使门与框紧密贴紧,效果较好。

气调库应具有一定的气密性,但并非要求绝对密封。从技术上讲,库内贮藏果蔬消耗的氧多于漏入的氧,就可认为气密性良好。但氧的这两个数量都是受到复杂因素影响的变数,而且贮藏方法不同,对气密性的要求也不同。所以气调库的气密性各国所定标准不一,我国的一般经验标准为,向库房充气或从库房内向外抽气,产生100 Pa的正压或负压,30 min内不恢复到0即为合格。

一座气调库只能保持一种气体组成和温湿度,且不宜经常启闭。所以,通常整座气调库是分隔成若干个可以单独调节管理的贮藏室。一般气调库比普通冷库小一些,这样可以在产品入库时尽快装满密封。

气调库内的制冷负荷要求比一般普通冷库大,因为装货集中,而且要求在短期内冷却到适宜的贮藏温度,同时为减免干耗损失,要求蒸发器的蒸发温度与库内温差要小些,通常取4℃左右,这样就要求有较大的蒸发面积,库外设检测库内温湿度的仪表和抽取气样的管道,以便及时对库内各参数进行分析和调节。

3.库门结构

库门要求既保温,又密封。现代化库房都使用机械操作,库门很大,不容易做到密封。常用的做法是设一道门或设两道门,一般在门上设观察窗和手洞,方便观察和从库内取样。

4.气压袋设计

气调冷藏库内常常会发生气压的变化(正压或负压)。如吸除CO_2时,库内就会出现负压。为保证库房的气密性,可设置气压袋。气压袋常做成一个软质不透气的聚乙烯袋子,体积约为贮藏容积的1%～2%,设在贮藏室的外面,用管子与贮藏室相通。贮藏室内气压发生变化时,袋子膨胀或收缩,因而可以始终维持贮藏室内外气压基本平衡。但这种设备体积大,占地多,现多改用水封栓,保持10 mm厚的水封层，贮藏库内外气压差超过 98.1 Pa（10 mm 水柱）时便起自动调节作用（图 4-13）。

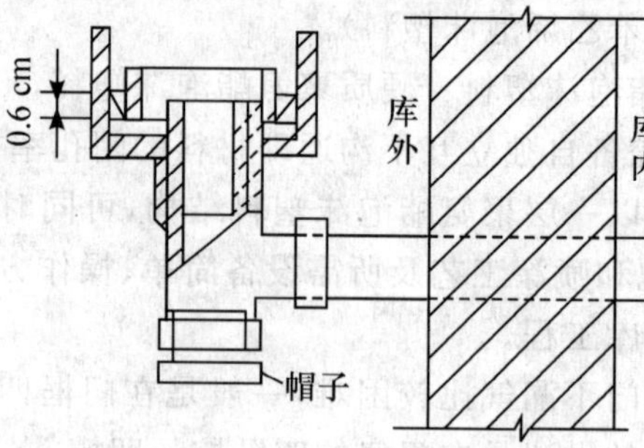

图 4-13 水封装置

（二）气调贮藏的设备

气调贮藏库所用的降氧设备，可用燃烧式氮气发生器、非燃烧式氮气发生器和利用液态氮降氧。在现代化的气调贮藏库中还有冷却调温装置、风机（补给氧）、换气装置、脱臭器和库内气体成分分析装置等。气调贮藏库所用的二氧化碳吸收装置也有多种，如消石灰、水、碱液、乙醇胺和盐溶液等多种吸收装置。

1. 降氧设备

在商业气调贮藏中，具有代表性的降氧设备有以下几种。

（1）氧气转化器　氧气转化器属于催化燃烧类装置。将库内的气体用鼓风机抽到燃烧器中与其他可燃性气体（如丙烷等）相混合，混合气体通过热交换器预热至燃点温度（约 300℃），然后进入反应燃烧室，在催化剂（如铂合金）的作用下无焰燃烧，从而消耗氧气。

这种氧气转化器工作时要使用可燃性气体，运输、保管和使用中均存在不安全因素，并且工作时，燃烧前后的气体要加热或冷却，能源耗费太大，因此该设备正逐渐被其他先进的设备所代替。

（2）炭分子筛制氮机　这是一种气体分离装置，把库内需降氧的混合气体抽至分离装置，进行氧、氮分离，然后将分离出的氧气排至大气，将富氮气体送回库中，经过多次循环，使库内的氧分压达到规定值。

炭分子筛制氮机是国内目前主要的降氧设备，采用焦炭分子筛进行物理吸附。焦炭分子筛对不同气体分子的吸附能力不同，并且不同直径的分子在其微孔中扩散的速度也有差异。短时间内，氧的扩散速度较快，氮的扩散速度较慢，两者相差约 400 倍。经数分钟，氧分子被吸附的量可达 90%以上，而氮的吸附量仅有 5%。

因此，只要选最佳时间进行切换，就可以得到富氮气体。

国产的炭分子筛制氮机可以制取浓度达95%以上的氮气，依不同的型号规格，每小时产氮量为4～100 m^3。这种制氮机以空气或气调库内的气体为原料，除了脱除氧制取氮气外，还能脱除乙烯和二氧化碳。其运行过程在低压（常为0.3 MPa）和常温下进行，操作简单，无燃烧、爆炸的危险。采用微机控制后，工作量大大降低。制取的氮气浓度可以根据需要加以调节，开机后只要2 min就可以产气，产生的氮气含水量低（露点低于－40℃），无污染，不含有毒、有害气体和杂质。

(3)中空纤维制氮机　中空纤维制氮机由空压机、高效过滤器、电加热器、中空纤维分离器、冷却器和恒压阀组成。

中空纤维制氮机的膜分离器，由耐压的钢壳和分离芯组成。分离芯由若干根中空纤维管组成中空纤维束，管壁就是起分离作用的膜，其中位于管外表处的活性分离层只有几个微米厚。可用于制造中空纤维膜的材料有聚砜、磺化聚砜、乙基纤维素、三醋酸纤维素和聚硅氧烷-聚砜复合膜等。各种气体对膜的渗透系数不同。每台膜分离器中，中空纤维管数量多达几万至几十万根。单根纤维管的外径为400～500 nm，管壁厚约100 nm，管内径只有200～300 nm。管与管之间两端的空隙用环氧树脂封堵，只露出管口。芯子外面为钢外壳，两端带封头。在钢壳的两端有压缩空气进口和富氮出口，中部有富氧出口。工作时，压缩机将压缩空气从一端进入分离芯的中空纤维管内，氧气的渗透系数大，从管内很快透过管壁富集在管间隙和管与钢壳的间隙内，富氧的气体从中部的出口排出；氮气的渗透压小，则穿过中空纤维管由一端的富氮口输出，被送入气调库中。通常压缩空气的压力（表压）应限制在1 MPa之内。

2.脱除二氧化碳设备

(1)吸收装置　在气调贮藏发展过程中应用产生了消石灰吸收装置、水吸收装置、碱溶液吸收装置和乙醇胺吸收装置等，用来脱除气调库中过多的二氧化碳。

①消石灰吸收装置　虽然构造简单，吸收剂（消石灰）价格低廉，但吸收剂用量大，更换工作量大，且对人的皮肤有腐蚀作用，因此在大中型气调库中已不再使用。

②水吸收装置　因体积庞大，在低二氧化碳浓度条件下吸收能力小，吸收效果差等原因，也已很少使用。

③碱溶液吸收装置　虽较简单，但不易精确地控制二氧化碳的吸收量，碱溶液对人体有害，用过的碱液易造成污染，所以这种装置虽在气调贮藏库中普遍应用过，但现已较少采用。

④乙醇胺吸收装置　因乙醇胺吸收剂对二氧化碳的吸收能力优于水和碱溶液（尤其是一乙醇胺和二乙醇胺），且挥发性弱，容易控制，在常温常压下进行吸收，吸

收后的溶液能再生、重复利用，在吸收和再生过程中损失小，同时吸收再生装置也较简单。但乙醇胺溶液具强碱性，对普通钢材和铜材有腐蚀作用，因此装置中凡与乙醇胺接触的部件和设备，均应采用不锈钢，管道可用聚丙烯管材。

⑤碳酸钾溶液吸收器　碳酸钾吸收装置以含水量很少的碳酸钾溶液作为吸收剂。碳酸钾与二氧化碳反应，生成极易分解的碳酸氢钾，后者可以在常温下用空气再生碳酸钾。碳酸钾溶液在正常工作温度下对普通钢材无腐蚀作用，并且无毒、无气味，可以循环使用。因此，碳酸钾吸收装置得到普遍应用。

(2)吸附装置　可以用作二氧化碳吸附剂的有分子筛、硅胶、活性炭等。其中由于分子筛和硅胶对吸附和再生的温度和压力要求较严格，分子筛吸附时需2.5 MPa 的压力，再生温度大于 500 K；硅胶吸附时需要低温（183～138 K）和 0.5 MPa 的压力，耗能多，生产成本高，因此在气调贮藏中较少采用。

气调贮藏采用的活性炭，应是预先经过特殊浸渍处理的，可用空气在常温下再生，而且再生后滞留在多孔结构空隙中的氧气很少，在使用中只将库内过量的二氧化碳吸附并排出，不会使库内氧浓度升高。

3. 脱除乙烯

如何解决乙烯在气调封闭系统内积累，是世界范围内高度重视并尚在进行多方面研究的问题，至今还没有理想的设备。焦炭分子筛降氧和活性炭脱除二氧化碳过程中，虽也有吸附乙烯的作用，但作用不大。下面几种方法也有类似问题。这是因为乙烯不像氧和二氧化碳那样允许的浓度以百分数计，乙烯的允许量要以 mg/kg 计，甚至要低于 1 mg/kg。困难就在于很不容易除净这样微量的气体。下面几种是可供选用或考虑的措施。

(1)用 $KMnO_4$ 溶液吸收破坏乙烯　用泡沫砖等疏松碎块作载体，吸收饱和的 $KMnO_4$ 溶液，按产品贮量的一定比例置封闭系统内，可以较有效地使乙烯氧化失去活性。

(2)O_3 和紫外线氧化破坏乙烯。

(3)燃烧式氧气转化器，可能同时烧掉乙烯气体。

(4)Br_2 和 Cl_2 可与乙烯起反应而使其失去生理活性。

4. 气体测定仪器

气调贮藏必须随时监测氧和二氧化碳浓度的动态，并据此进行调整。奥氏气体分析仪是一种老式仪器，但其精确度较高，目前仍在应用。气相色谱仪与微机连接，进行库内气体的监测和控制，已在大型的现代化气调库中应用。

(三)气调贮藏库的管理

气调贮藏容器内的气体成分，从刚封闭时的正常空气成分转变到所规定的气体指标，这之间有一个降氧和升二氧化碳的过渡期，可简称为降氧期，降氧之后，还有一个使氧和二氧化碳稳定在规定的指标范围内的稳定期。稳定期的管理目标就是使两种气体稳定在规定的范围之内，一般可采用以下几种方式：

1. 放风法

每隔一定时间，当氧降至低限或二氧化碳升达高限时，打开封闭系统，换入部分新鲜空气，这是最简单的管理方式。

此法放风前后氧和二氧化碳都有较大幅度的变动，因此气调效果差，且不适用于对二氧化碳敏感的果蔬，一般只在小包装贮藏时应用，大帐封闭有时也应用。

2. 调气法

每天一次或数次输入适量新鲜空气，以补偿产品呼吸消耗的氧，过多的二氧化碳用吸收装置脱除。调气的程度除受产品呼吸强度、贮藏温度等影响外，还因封闭系统内的自由空间比率和允许的气体指标变幅而异。

3. 气流法

连续不断地输入预先按指标配制好的混合气体，控制气流速度，使之与产品呼吸相平衡，可保持封闭系统内极稳定的气体组成。

四、自发气调贮藏方法

自发气调贮藏是利用薄膜对水蒸气和气体的不同透性，包装或密封果蔬产品，可改变环境中的气体成分，控制水分过分蒸发散失，达到抑制呼吸、延缓衰老、延长贮藏期的贮藏方式。

目前，常用的塑料薄膜是符合卫生标准的聚乙烯、聚氯乙烯和聚丙烯塑料，这些塑料透水性低、透气性高、无毒。采用塑料薄膜进行包装，不仅能够延缓产品衰老、减轻生理病害、降低腐烂率、减少病虫害，还可以防止机械损伤，提高其商品性。塑料薄膜包装或密封贮藏通常与机械冷藏库或通风库贮藏方式相结合，也可在运输中应用，贮藏效果好，是气调贮藏方法的一次革新。

(一)大帐法

大帐法也称垛封法，利用 0.1～0.2 mm 厚的聚乙烯或聚氯乙烯做成密封帐，将码成 500～1 000 kg(有的可达 5 000 kg 以上)的果品或蔬菜垛封闭起来进行贮藏的方法。其做法是先在贮藏室地上垫上衬底薄膜，其上放上枕木，然后将果蔬产品用通气的容器盛装，码成垛，容器之间酌留通气孔隙。码好的垛则用塑料薄膜帐罩住，帐子和垫底薄膜的四边互相重叠卷起并埋入垛四周的土中，或用土、砖等压紧，也可以用活动贮藏架在装架后整架封闭(图 4-14)。调节气体的方法有自然降氧、人工降氧等。

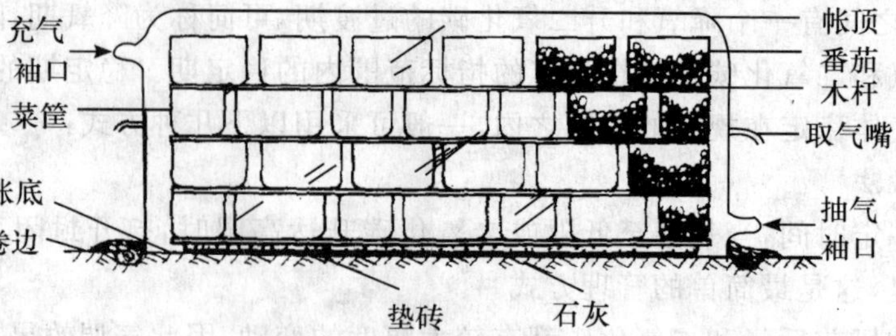

图 4-14 塑料薄膜垛封法示意图

在塑料帐的两端设置袖口(用塑料薄膜制成),供充气及垛内气体循环时插入管道之用。可从袖口取样检查,活动硅橡胶窗也是通过袖口与帐子相连接的。帐子还要设取气口,以便测定气体成分的变化,也可从此充入气体消毒剂,平时不用时把气口塞闭。为使器壁的凝结水不侵蚀贮藏产品,应设法使封闭帐悬空,不使之贴紧产品。帐顶部分凝结水的排除,可加衬吸水层,还可将帐顶做成屋脊形,以免凝结水滴到产品上。

封闭容器内四周的温度因受库温的影响而较低,中部的温度则较高,这就会发生内部气体的对流。其结果是较暖的气体流至冷处,降温至露点以下便析出部分水汽形成凝结水,这种气体再流至暖处,温度升高,饱和差增大,因而又会加强产品的蒸腾作用。所以薄膜封闭贮藏时,一方面是帐(袋)内部湿度很高,另一方面产品仍然有较明显的脱水现象。解决这一问题的关键在于力求库温保持稳定,尽量减小封闭帐(袋)内外的温差。

由于封闭薄膜的透气性很差,时间长了有可能造成帐内过低 O_2 和过高 CO_2,因此需要对帐内气体进行调节。通常用消石灰作 CO_2 吸收剂,将其撒在帐内底部,也可用通风的方法来调节。

(二)袋封法

将产品装在塑料薄膜袋内,扎紧袋口或热合密封。袋的规格不一,袋容量小的一般几千克,大的有 20～30 kg。薄膜袋多用较薄的聚乙烯薄膜制成(0.02～0.08 mm 厚)。袋内的气体成分由于产品本身的呼吸和膜本身的透性而自动达到一种平衡浓度。尽管薄膜袋较薄,通常仍然是透气性不足,也往往出现袋内 O_2 太低而 CO_2 太高的情况。生产上解决的措施一是人工定期放风,即每隔一定时间将封闭袋口打开,换入新鲜空气后再行封闭,以避免袋内 CO_2 浓度过高。另一种国际上通行的办法是应用打孔膜,孔径为几微米至几毫米,孔的大小和数目以能满足换气要求为度。为了提高膜的透性,减少膜的厚度是简便有效的方法,但太薄的膜机械强度低，很易破裂，在使用上受到限制。只是在硅橡胶膜推广和应用以后，才为这一问题的解决开辟了道路。

（三）硅橡胶窗气调贮藏

用硅橡胶窗作为气体交换窗，镶嵌在塑料帐或塑料袋上，起自动调节气体成分的作用，称为硅橡胶窗气调贮藏。

塑料薄膜薄，透气性就好，但易破裂；薄膜加厚，强度提高，但透气性降低。因此，塑料薄膜在使用上受到一定限制，而硅橡胶窗气调贮藏则弥补了这一缺陷。硅橡胶是一种有机硅高分子聚合物，它是由有取代基的硅氧烷单体聚合而成，以硅氧键相连形成柔软易曲的长链，长链之间以弱电性松散地交联在一起。这种结构使硅橡胶具有特殊的透气性。首先，硅橡胶薄膜对 CO_2 的透过率是同厚度聚乙烯膜的 200～300 倍，是聚氯乙烯膜的 20 000 倍。第二，硅橡胶膜对气体具有选择性透性，其对 N_2、O_2 和 CO_2 的透性比为 1∶2∶12，同时对乙烯和一些芳香物质也有较大的透性。将塑料袋上嵌入一定面积的 FC-8 布基硅橡胶膜制成的硅窗塑料袋，已广泛应用于苹果、山楂、蒜薹等果蔬的贮藏，用于蒜薹贮藏的硅窗袋，可按每千克产品使用硅橡胶膜 3.8～4.5 cm^2 计算。上海、北京等地在番茄上的试验结果表明，在 10～13℃条件下，贮藏 1 t 番茄需硅窗面积为 0.5～0.7 m^2。在国外采用较大型的集装箱形式的有硅窗的包装袋，运输贮藏都非常方便。法国科学研究中心冷冻研究所研制并已在市场出售的 CA-500 及 CA-1000 型贮藏袋就属此种。

利用硅橡胶膜特有的透气性能，使密封袋（帐）中过量的二氧化碳通过硅窗透出去，果蔬产品呼吸过程中所需的氧气可从硅窗中缓慢透入，这样就可保持适宜的氧气和氮气浓度，创造有利的气调贮藏条件。硅窗塑料袋大小可根据需要而定，硅窗面积决定于果蔬产品的种类、成熟度、贮藏数量和贮藏温度等（图 4-15）。

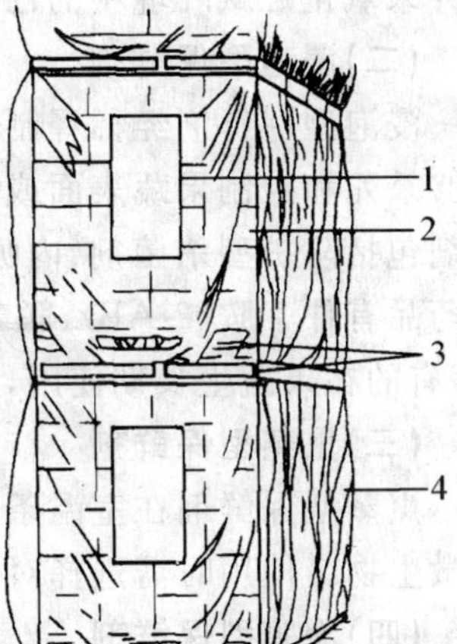

图 4-15　堆在库内的硅窗薄膜封闭集装袋

1. 硅窗　2. 装箱产品　3. 内外垫板　4. 封闭薄膜

应用硅橡胶窗进行气调贮藏，需要在贮藏温度、产品数量、膜的性质和厚度及硅窗面积等多方面进行综合选择，才能获得理想的效果。对于一般果蔬而言，将氧气和二氧化碳的组成控制在 2%～3% 和 5%，有利于减缓果蔬的氧化过程，减少果胶和叶绿素等的分解，延长果蔬的贮藏寿命。

硅橡自动气调法不受环境的限制，在一般冷

库、简易冷库、常温库等比较稳定的环境内都能使用,而且操作管理技术比较简单,是一种优良的贮藏方法。

第四节 其他新技术贮藏

机械冷藏、气调贮藏是当代已普遍应用的果蔬现代化贮藏技术。随着果蔬贮藏技术的不断创新,近年来又出现一些新的技术方法,如保鲜剂贮藏、减压贮藏、辐射处理等。下面简要介绍这几种贮藏新技术。

一、保鲜剂贮藏

保鲜剂可以分为吸附型、浸泡型、熏蒸型和涂膜型保鲜剂4种。

(一)吸附型保鲜剂

吸附型保鲜剂主要用于清除贮藏环境中的乙烯,降低氧气的含量,脱除过多的二氧化碳,抑制果蔬后熟。主要包括吸氧剂、二氧化碳吸附剂和乙烯吸收剂等。常用吸氧剂主要有铁粉、活性炭等,二氧化碳吸附剂有消石灰[$Ca(OH)_2$]、碳酸钾(K_2CO_3)、活性炭等;乙烯吸收剂主要是高锰酸钾($KMnO_4$),用沸石、珍珠岩、砖块等为载体,浸沾饱和高锰酸钾水溶液,然后将载体放到果蔬贮藏环境中,利用高锰酸钾来氧化贮藏环境中的乙烯。

(二)浸泡型保鲜剂

浸泡型保鲜剂经稀释制成水溶液,浸泡果蔬达到防腐保鲜的目的。该类药剂能够杀死和控制果蔬表面或内部的病原微生物,有的还可以调节果蔬代谢。此类药剂包括防护型杀菌剂、内吸型杀菌剂、新型抑制剂和植物生长调节剂等。常用化学药品有仲丁胺(2-AB)、联苯胺(DP)、二氧化硫(SO_2)等,植物生长调节剂种类繁多,有的在果蔬生长期使用,有的采后使用,其使用方法和浓度因目的不同而异。

(三)熏蒸型保鲜剂

熏蒸型保鲜剂在室温条件下能够挥发,以气体形式抑制或杀死果蔬表面的病原微生物。使用时需选择对果蔬毒害作用较小的保鲜剂。

(四)涂膜型保鲜剂

涂膜型保鲜剂主要用于果品的保鲜处理,蔬菜使用较少。这类保鲜剂是用石蜡和成膜物质涂布于果品表面,减少果品水分损失,抑制呼吸,延缓后熟衰老,阻止微生物侵染的一种保鲜剂。主要有油乳保鲜剂(主要成分为动物油、面粉和杀菌剂),复卵磷脂保鲜剂(以卵磷脂为主,与2,4-D、钠盐、钙盐、高分子聚合物配制而成),森柏保鲜剂(主要成分为蔗糖脂肪酸酯、羧甲基纤维素钠、CM保鲜剂等)。

目前一些天然防腐剂，如壳聚糖、魔芋胶、植酸型物质的研究与应用为果蔬的保鲜提供了新的选择。

二、减压贮藏

减压贮藏，又叫"低压贮藏"和"真空贮藏"。减压贮藏是气调贮藏的发展，也是一种特殊的气调贮藏方式。1957 年，Workman 和 Hummel 等注意到，一些果蔬在冷藏的基础上再加上降低气压的条件，可以进一步降低呼吸和产品自身生成的乙烯，从而明显地延长贮藏期。1966 年 Burg 夫妇发现在低于大气压条件下贮藏果实，有抑制成熟的作用，并提出了完整的减压贮藏理论和技术。此后，许多学者相继开展了广泛地研究。应用范围从最先试用于苹果，迅速扩大到其他果品、蔬菜、花卉、苗木以及鱼、肉、禽等动物性食品。减压技术也由初期的一次性或间歇式轻度降压，发展到高度降压的减压气流法。从 1975 年起，美国开始有供商业应用的减压系统设备。

(一)减压贮藏的原理及效应

减压贮藏的原理是降低气压，空气的各种气体组分的分压都相应降低。例如气压降至正常的 1/10，空气中的 O_2、CO_2、乙烯等的分压也都降至原来的 1/10。这时空气各组分的相对比例并未改变，但它们的绝对含量则降为原来的 1/10，O_2 的含量只相当于正常气压下 2.1%了。所以减压贮藏也能创造一个低 O_2 条件，从而起到类似气调贮藏的作用。

减压处理能促进植物组织内气体成分向外扩散，这是减压贮藏更重要的作用。植物组织内气体向外扩散的速度，与该气体在组织内外的分压差及其扩散系数成正比；扩散系数又与外部的压力成反比。所以减压处理能够大大加速组织内乙烯向外扩散，减少内源乙烯的含量。例如，据试验测定，当气压从 100 kPa 降至 26.7 kPa，苹果的内源乙烯几乎减少 4 倍。在减压条件下植物组织中其他挥发性代谢产物乙醛、乙醇、芳香物质等也都加速向外扩散。这些作用对防止果蔬组织完熟衰老都是极其有利的，并且一般是减压越低，作用越明显，减压贮藏还从根本上解决了二氧化碳中毒的可能性。

试验证明，在减压条件下即使维持与正常空气相同的 O_2 浓度，产品的贮藏期仍然比在普通空气中长，显然是减压促进了内源乙烯的扩散外移，降低了产品中乙烯的内部浓度。

气调贮藏时，提高 CO_2 浓度的重要作用之一是使它成为乙烯作用的竞争性抑制者，但又常常会导致某些生理病害的发生。而在减压条件下，内源乙烯已极度减少，其合成也受到抑制，似乎不再需要维持高浓度 CO_2 来阻止乙烯的活动了，即使

还需要保持较高的 CO_2 浓度，也不至于发生危害，因为在减压环境中，产品内部的 CO_2 浓度已远低于在正常空气中的水平，因而从根本上消除了 CO_2 中毒的可能性。减压贮藏也促进了其他挥发性产物如乙醛、乙醇、α-法呢烯等向外扩散，因而可以减少由这些物质引起的生理病害。减压贮藏还可能抑制微生物的生长发育和孢子形成，从而减轻某些侵染性病害的危害。

表 4-2 以富士苹果为例，介绍了减压贮藏后苹果的品质变化，供参考。

表 4-2 富士苹果减压贮藏(5 个月)后的品质

处理	失重(%)	硬度(kg/cm^2)	可溶性固形物(%)	酸度*(mL)	果心褐变率(%)	
					出库时	出库后 1 周
常压	1.3	6.1	12.5	1.2	47	93
202.7 kPa	1.3	6.0	12.5	1.2	33	67
101.3 kPa	0.7	6.0	12.5	1.9	0	7
50.7 kPa	2.1	6.2	13.1	2.4	0	0

注：酸度以中和 10 mL 果汁所需 0.1 mol/L NaOH 的体积(mL)表示。

(二)减压贮藏的主要设备和方法

1. 主要设备

减压贮藏库实际上包括有供贮藏产品的减压室(减压罐)，以及加湿器、气流计和真空泵等设备。

目前小规模试验性的减压贮藏中，其减压室多采用钢制的贮藏罐，贮藏量小。贮藏量大的减压室必须用钢筋混凝土制作才比较可靠。

加湿器主要用于加湿通入减压室的空气，因为减压贮藏中需要维持高的相对湿度，否则贮藏产品会很快失水萎蔫。要想准确地确定减压室的相对湿度是非常困难的，通常采用的办法是用加湿器使室内空气饱和，再通过观察库内安装的一个透明塑料板上的水分凝结情况，来确定室内的相对湿度。

气流计和真空泵是调节空气通入量和减压度的必要设备。

2. 方法

减压处理有静止式和气流式两种方式。

(1)静止式　也叫定期抽气式，是将贮藏容器抽气达到要求真空度后，便停止抽气，以后适时补 O_2 和抽空以维持规定的低压。这种方式虽可促进果蔬组织内乙烯等气体向外扩散，却不能使容器内的这些气体不断向外排除。

(2)气流式　也叫连续抽气式，是在整个装置的一端用抽气泵连续不停地抽气排空，另一端不断输入新鲜空气，进入减压室的空气经过加湿槽以提高室内的相对湿度。减压程度由真空调节器控制，气流速度同时由气体流量计控制，并保持每小时更换减压室容积的 1～4 倍，使产品始终处在恒定低压低温的新鲜湿润气流之中。

目前，国外多采用减压气流法，即将产品贮藏于减压室内，抽空到要求的减压度，同时经压力调节器输入新鲜空气。进入减压室的空气通过加湿器提高湿度，整个系统不间断地连续运转，即不断地抽气和输入新鲜空气，保持压力恒定，气流速度为每小时更换减压室空气 1～4 次。所以，产品始终处在恒定低压、低温的新鲜湿润气流中。

(三)其他

减压贮藏的一个重要问题是在减压条件下组织易蒸发干萎，因此必须保持很高的空气湿度，一般须在 95%以上，而湿度很高又会加重微生物病害。所以减压贮藏最好要配合应用消毒防腐剂。另一个问题是刚从减压中取出的产品风味不好，不香，但在放置一段时间后可以有所恢复。

在减压条件下气体扩散速度很大，因此产品可以在贮藏室内密集堆积，室内各部仍能维持较均匀的温湿度和气体成分。由于整个系统在接近露点下运输，湿度很高，产品的新陈代谢又低，所以产品能长期保持良好的新鲜状态。Salunkhe 等(1975)还指出，减压还有抑菌作用，阻碍菌丝生长和孢子形成。

减压贮藏要求贮藏室能经受 101 kPa 以上的压力，这在建筑上是极大的难题，限制了这种技术在生产上推广应用。目前少数国家将减压系统装设在拖车或集装箱内用于运输。我国近年已经开始建设试验性质的小型减压贮藏库。

三、辐射处理

1896 年，Mink 提出 X 射线具有杀菌作用以后，用射线辐射保藏食品的研究在不断地扩大、深入。直到 1976 年，有 25 种辐射处理的食品在 18 个国家得到了无条件批准或暂定批准。这些批准的食品包括马铃薯、洋葱、大蒜、蘑菇、石刁柏、草莓等。但是，辐射处理保藏食品，只是强化贮藏效果的一种措施，尤其是对于蔬菜、果品，辐射处理后仍须严密注意控制各种环境条件，才有可能获得好的综合效应。

我国食品辐照保藏的研究始于 1958 年，当时主要进行的是辐照保藏粮食的协作研究，其中也包括辐照对抑制马铃薯发芽的影响，其后上海、郑州、广东等一些科研单位对辐照展开了一系列的试验。1980—1983 年我国连续召开 3 次有关辐照食品卫生标准方面的会议，讨论并制定了卫生安全性试验，通过了 7 种辐照食品的卫生标准，其中包括马铃薯、洋葱、大蒜、蘑菇 4 种蔬菜。

(一)辐射处理的概念

辐射保藏食品，主要是利用 ^{60}Co 或 ^{137}Cs，发生的 γ 射线，或由能量在 10 MeV 以下的电子加速器产生的电子流。γ射线是穿透力极强的电离射线，当它穿过生命有机体时，会使其中的水和其他物质电离，生成游离基或离子，从而影响到机体的新陈代谢过程，严重时则杀死细胞。电子流穿透力弱，但也能起电离作用。从食品保藏的角度来说，就是利用电离辐射引起的杀虫、杀菌、防霉、调节生理生化等效应。

(二)辐射处理对果蔬的作用

辐射能调节呼吸和后熟，对跃变型果实经适当剂量电离辐射后，一般都表现出后熟被抑制，呼吸跃变后延，叶绿素分解减慢。在番茄、青椒、黄瓜、洋梨和一些热带水果都有这种表现。

在蔬菜贮藏方面，用γ射线辐照可以抑制块茎、鳞茎类发芽。这是由于分生组织被破坏，核酸和植物激素代谢受到干扰，以及核蛋白发生变性，如等电点转向酸性方面的结果。

辐射效应不仅与照射剂量有关，也与剂量率成正相关。在果蔬贮藏处理上一般只用低辐照量。表 4-3 是辐射保藏食品的剂量范围和作用。

表 4-3　食品保藏的辐射剂量范围及其作用

作用	适宜剂量(Gy)	应用范围	说明
抑制发芽	50～500	防治马铃薯、洋葱、大蒜等发芽、生根、抽薹，防止板栗生根、发芽等	在休眠中期照射好，未成熟的马铃薯或刚收获的芋类易因照射而在维管束周围发生褐变
杀虫、杀卵	100～1 000	杀死果蔬干制品及热带水果虫、卵等	一般说来对射线的抵抗力由卵、幼虫、成虫顺序增大，照射热带果品同时也有抑制后熟作用
调节成熟度和组织硬度等	500～5 000	促进或抑制果实后熟，柿子脱涩，防止石刁柏组织软化	抑制跃变型果实后熟，对柿子有催熟作用
表面杀菌	1 000～10 000	用于果实、蔬菜、鱼、贝、粮谷类的表面杀菌，以供暂时性贮藏	是由辐射引起种种生化变化的剂量范围
彻底杀菌(冷杀菌)	10 000 以上	加工食品的杀菌，改进品质等	会产生化学变化及辐射味，可用除氧气、置换惰性气体、应用游离基受体、冻结照射等方法使之减轻

(三)辐射处理技术要点

1. 辐射剂量

被照射物所接受的照射总量叫辐射剂量，过去辐射剂量常以伦琴、拉德、千拉德、戈瑞、千戈瑞等来表示。

1 千拉德(krad)=1 000 拉德(rad)　　1 戈瑞(Gy)=100 拉德(rad)

1 千戈瑞(kGy)=100 000 拉德(rad)=100 千拉德(krad)

1 伦琴(R)≈0.84 拉德(rad)　　1 拉德(rad)≈1.19 伦琴(R)

由于采用了新的国际单位制,现在国际通用的吸收剂量单位是戈瑞(Gy)。

根据各种食品的保藏目的和各自的特点,所用射线的最适照射剂量是不同的。如用^{137}Cs的γ射线处理草莓,1 kGy 可保存 5 d,2 kGy 可保存 9 d。

一般而言,50～150 Gy 是抑制发芽的照射剂量,100～1 500 Gy 是杀死害虫的照射剂量,1～5 kGy 是抑制部分微生物的照射剂量,3～7 kGy 是脱水蔬菜的照射剂量,15～60 kGy 是辐射完全杀菌的照射剂量。

2. 剂量率

单位时间内的照射剂量叫剂量率。如照射相同的剂量,提高剂量率,则缩短照射时间;降低剂量率,则延长照射时间。据试验,用较大的剂量率,在较短时间内照射完毕,可减轻果品伤害。

3. 照射时间

整个照射所用的时间。

4. 照射时期

被照射对象所处的生长发育时期。对抑制萌芽的产品,生理休眠结束前照射效果好,对跃变型果实,临近跃变期照射效果好。

(四)辐射保藏食品的优越性和技术上存在的问题

1. 优越性

(1)不需提高食品的温度,处理得适当可保持食品原有的色、香、味、质地和营养成分。

(2)γ射线穿透力强,可通过各种包装材料,杀灭食品内部的害虫、寄生虫和微生物。

(3)处理后不会留下残留物,可减少环境公害,改善食品卫生质量,远比农药熏蒸等化学处理优越。

(4)应用范围广,能处理不同类型的食品和包装材料。

(5)可节约大量的能源消耗,辐射处理工作效率高,整个工序可连续进行,易于自动化。

2. 技术上存在的问题

(1)有关辐照是否会致毒、致畸、致癌、致突变,“照射异味”产生的机理等放射化学的重要问题尚未彻底研究解决,故在实用上有一定困难。

(2)应用于鲜活产品需摸索合适的剂量，否则会使食品变色变味，降低商品价值甚至丧失食用价值。过高剂量会使果皮灼伤变褐，果肉发黑，维生素受到破坏，高分子物质降解，如果胶物质水解则使果实组织解体，失去脆性。射线的能量、穿透力和照射时间都会影响辐射保鲜的效果，故应用前须做探索性试验，以求得最佳处理效果。

(3)辐射后可能引起部分营养损失，同时辐照虽杀死了食品中的害虫和微生物，但对酶却不能完全破坏，故照射以后，食品中的营养成分仍会继续变化，品质劣变不能完全得到抑制。

总之，果蔬贮运保鲜将是今后果蔬发展的一个重要环节，会逐渐受到各方面的重视。果蔬贮藏保鲜将由大宗果蔬转向品种的多样化，特别是一些珍稀果蔬会成为今后保鲜的热点。另外，我国野生果蔬资源丰富，营养价值高，随着食品科学的发展和人们饮食观念的转变，也会引起社会的兴趣，一些更新更好的综合保鲜方法将不断涌现并成为主流。

实验实训 4-1 果蔬贮藏环境中 O_2 和 CO_2 的测定

一、实训目的

贮藏环境中 O_2 和 CO_2 的含量影响果蔬的呼吸作用，若二者比例不适，会扰乱果蔬正常生理代谢，缩短贮藏寿命。在气调贮藏时。随时掌握贮藏环境中 O_2 和 CO_2 含量的变化是十分重要的。通过实习，使学生掌握果蔬贮藏环境中 O_2 和 CO_2 含量的测定方法。

二、实训原理

测定果蔬贮藏环境中 O_2 和 CO_2 的方法有：化学吸收法及物理化学测定法。前者是应用奥氏气体分析仪以及 KOH 溶液吸收 CO_2，以焦性没食子酸碱性溶液吸收 O_2，从而测出它们的含量；后者是利用 O_2 和 CO_2 测试仪表进行测定。

本实验采用化学吸收测定法。

三、材料和用具

苹果、柑橘、香蕉、番茄、黄瓜等。奥氏气体分析仪、30％KOH 溶液、30％焦性没食子酸碱性溶液。

四、方法步骤

(1)奥氏气体分析仪的装置及各部分的用途见图 4-16。

奥氏气体分析仪是由一个带有多个磨口活塞的梳形管，与一个有刻度的量气筒和几个吸气管相连接而成，并固定在木架上。

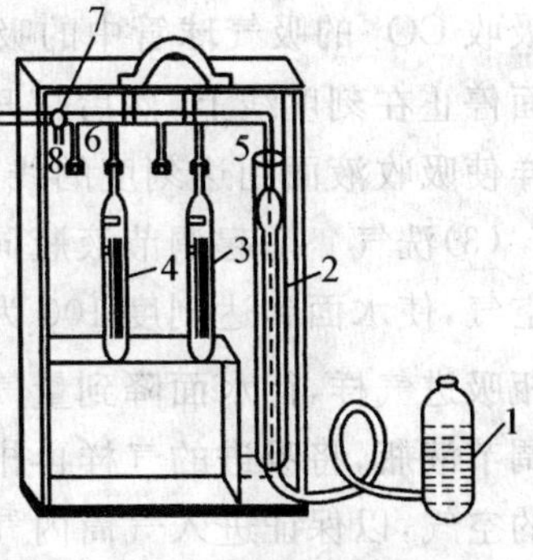

图 4-16 奥氏气体分析仪的装置

1.调节液瓶子 2.量气筒 3,4.吸收瓶 5,6.二通磨口活塞 7.三通磨口活塞 8.排气口 9.取样孔

①梳形管 在仪器中起着连接枢纽的作用，它带有几个磨口活塞连通管，其右端与量气筒连接。左端为取样孔，套上胶管即与欲测气样相连。磨口活塞各连接一个吸气球管，控制着气样进出吸气球管。活塞起调节进气、排气或关闭的作用。

②吸气球管 又分甲、乙两部分，两者底部由一小的 U 形玻璃管连通，甲管内装有许多小玻璃管，以增大吸收面与气样的接触面。甲管顶端与梳形管上的磨口活塞相连。吸收球管内装有吸收剂，为吸收测定气样用。

③量气筒 为一有刻度的圆管(一般为 100 mm)，底口通过胶管与调节液瓶相连，用来测量气样体积。刻度管固定在一圆形套筒内，套筒上下应密封并装满水，以保证量气筒的温度稳定。

④调节液瓶 是一个有下口玻璃瓶，开口处用胶管与量气筒底部相连，瓶内装蒸馏水，由于它的升降，造成瓶内水位的变动而形成不同的水压，使气样被吸入或排出或被压进吸气球管使气样与吸收剂反应。

⑤三通磨口活塞 是一个带有┬形通孔的磨口活塞，转动活塞改变通孔的位置呈┴状、┣状、⋌状，起着取气、排气或关闭的作用。吸气球管梳形管上的磨口活塞的通气孔呈═状，则切断气体与吸气球管的接触，呈‖状，使气体先后进出吸气球管，洗涤 O_2 和 CO_2。

(2)清洗与调整

①将仪器的所有玻璃部分洗净，磨口活塞涂凡士林，并装配好。

②在各吸气球管中注入吸收剂。在一个吸收管内注入浓度为 30%KOH 溶液，作吸收 CO_2 用，另一个吸收管内注入浓度为 30%的焦性没食子酸和等量的 30%KOH 的混合液，作吸收 O_2 用，吸收剂要求达到球管口。在液瓶中和保温套筒中装入蒸馏水。最后将取样孔接上待测气样。

③将所有的磨口活塞关闭,使吸气管与梳形管不相通。转动三通磨口活塞呈⊫状并高举调节液瓶,排出量气筒中的空气.以后转动三通磨口活塞呈⫽状,关闭取气孔和排气口,然后打开吸收 CO_2 的吸气球管上的磨口活塞下降调节液瓶,此时吸收 CO_2 的吸气球管中的吸收剂上升,升到管口顶部时立即关闭磨口活塞,使液面停止在刻度线上,然后打开吸收 O_2 的吸气球管上的磨口活塞下降调节液瓶,同样使吸收液面到达刻度的线上。

(3)洗气　举起调节液瓶同时将三通磨口活塞转至⊫状,尽量排除量气筒内的空气,使水面到达刻度 100 为止,迅速转动三通磨口活塞呈⫫状,同时放下调节液瓶吸进气样,待水面降到量气筒底部时,立即转动三通磨口活塞回到⊫状,再举起调节液瓶,将吸进的气样再排出,如此操作 2～3 次,目的是用气样冲洗仪器内原有的空气,以保证进入气筒内气样的纯度。

(4)取样

①洗气后转三通磨口活塞呈⫫状并降低调节液瓶,使液面准确达到零位,并将调节液瓶移近气筒,要求调节液瓶与气筒内两液面同在一水平线上并在刻度线零处。

②然后将三通磨口活塞转至⊫状,封闭所有通道,再举起调节液瓶观察气筒内的液面,如果液面不断上升,说明有漏气,要检查各连接处及磨口活塞,堵塞后重新取样。若液面在稍有上升后停在一定位置上不再上升,说明不漏气,可以开始测定。记录此时量气筒初始体积 V_1。

(5)测定

①测定 CO_2 含量　转动吸收 CO_2 的吸气球管上的磨口活塞,举起调节液瓶把气样尽量压入吸收 CO_2 的吸气球管中,再降下调节液瓶,重新将气样抽回到气筒内,这样上下举动调节液瓶,使气样与吸收剂充分接触,4～5 次以后下降调节液瓶,待吸收剂上升到原来的刻度线位置时,立即关闭吸收 CO_2 的吸气球管上的磨口活塞,来回举动调节液瓶,如上操作,再进行第二次读数,若两次读数相同。则表明吸收完全。记录为 V_2。否则重新打开磨口活塞再举动调节液瓶直至读数相同为止。

②测定 O_2 含量　转动吸收 O_2 的吸气球管上的磨口活塞接通,用上述方法测出 O_2 的含量。记录为 V_3。

(6)计算

$$CO_2(\%)=\frac{100\times(V_1-V_2)}{V_1}$$

$$O_2(\%)=\frac{100\times(V_1-V_3)}{V_1}$$

式中：V_1——量气筒初始体积(mL)；

V_2——测定 CO_2 含量时记录的读数(mL)；

V_3——测定 O_2 含量时记录的读数(mL)。

五.操作时注意事项

①举起调节液瓶时气筒内液面不得超过刻度100处，否则蒸馏水会流入梳形管，甚至到吸气球管内，不但影响测定的准确性，还会冲淡吸收剂而造成误差。液面也不能过低，应以吸气球管中的吸收剂不超出磨口活塞为准，否则吸收剂流入梳形管时要重新洗涤仪器才能使用。

②举起调节液瓶时动作不宜太快，以免气样因受压力过大冲击吸收剂成气泡状自乙管漏出，一旦发生这种现象，要重新测定。

③先测 CO_2 然后测 O_2。

④焦性没食子酸的碱性溶液在15～20℃吸收 O_2 效能最大，吸收效果随温度下降而减弱，0℃时几乎完全丧失吸收能力。

⑤吸收剂的浓度按百分比浓度配制，多次举调节液瓶读数不相等时，说明吸收剂的吸收性能减弱，需重新配制吸收剂。

⑥吸收剂为强碱溶液，使用时应注意安全。

果蔬贮藏环境中 O_2 和 CO_2 含量测定也可用仪表进行测定，但没有本方法准确。

六、实训作业

1.本次实训你测定样品袋中 O_2 和 CO_2 各是多少？如果样品袋扎的口很紧，不同的人来测，其中的 O_2 和 CO_2 会变化吗？有规律吗？

2.本次实训你认为存在什么问题？如何改进？

实验实训4-2　当地主要农产品贮藏库种类、贮藏方法、贮藏量、贮藏效益调查

一、实训目的

通过实训，使学生了解当地主要果蔬贮藏库种类、贮藏方法、贮藏量、贮藏效益

及管理技术等。

二、材料和用具

记录本、笔、尺子、温度计等。

三、教师指导

(一)调查提纲的拟订

(1)贮藏库的布局与结构　库的排列与库间距离,工作间与走廊的布置及其面积,库房的容积。

(2)建筑材料　隔热材料(库顶、地面、四周墙)的厚度,防潮隔热层的处理(材料、处理方法和部位)。

(3)主要设备

①制冷系统　冷冻机的型号规格、制冷剂、制冷量、制冷方式(风机和排管),制冷次数和每次时间,除霜方法、次数。

②气调系统　库房气密材料、方式;密封门的处理;降氧机型号、性能、工作原理;氧、二氧化碳和乙烯气体的调整和处理。温湿度控制系统:仪表的型号和性能及其自动化程度。

③其他设备　照明、加湿及其覆盖、防火用具等。

(4)贮藏管理经验

①对原料的要求　种类、产品、产地;质量要求(收获时期、成熟度、等级);产品的包装用具和包装方法。

②管理措施　库房的清洁与消毒,入库前的处理(预冷、挑选、分级),入库后的堆码方式(方向、高度、距离、形式、堆的大小、衬垫物等),贮藏数量占库容积的百分数,如何控制温度、湿度、气体成分、检查制度、管理制度以及特殊的经验,出库的时间和方法。

(5)存在问题及解决方法

(6)经济效益分析　贮藏量、进价、贮藏时期、销售价、毛利、纯利。

(二)实训要求

(1)要求遵守参观单位的规章制度和参观要求,按照调查提纲尽量多的完成调查内容。

(2)遵守交通安全和生产安全。

(3)做好笔记,积极询问,认真思考,补充资料,完善报告。

(4)对调查报告的内容、格式、字数、交报告的时间提出要求。

四、学生实训

(一)编写调查提纲

(二)调查提纲的形式

(1)问题式提纲

①贮藏的品种有哪些?

②贮藏库的容量有多大?

③贮藏的时间有多长?

④贮藏的环境条件如何控制?

⑤贮藏中存在哪些问题?

⑥已经解决的问题有哪些?

⑦没有解决的问题有哪些?

(2)表格式提纲

表 4-4　当地主要果蔬贮藏库种类、贮藏方法、贮藏量、贮藏效益调查

贮藏方法	贮藏种类	库址选择	建筑材料	通风系统	贮藏容量	贮藏效果	贮藏效益
简易贮藏							
机械冷藏							
气调贮藏							
其他贮藏							
辅助措施							

(三)调查报告内容整理

(四)结果分析

分析该贮藏库存在的问题,提出改进建议。

五、师生互动

(1)学生请老师修改果蔬贮藏库的调查提纲。

(2)老师认真阅读每个学生的调查提纲,并提出修改建议。

(3)根据学生在参观过程中的表现,提示学生抓住重点问题询问。

(4)老师对学生在实训过程中的表现和调查报告质量,进行小结。

(5)安排 1～2 h 的参观实训交流活动,师生共同总结实训的收获体会。

六、实训作业

1.本次实训你最大的收获是什么?

2.本次实训你有哪些成功和不足?如何改进?

本章小结

- 果蔬贮藏方式
  - 自然低温贮藏
    - 简易贮藏：设施简单，费用低，贮藏时间短。适合晚熟品种
    - 通风库贮藏：造价比棚窖高，但贮藏量大，贮藏时间短，易出现萎蔫
  - 机械贮藏
    - 都市冷库：贮藏量大，贮藏效果好，适合都市和商业冷库用
    - 微型冷库：贮藏量小，效果好，成本低于都市冷库，适合小规模农户采用
  - 气调贮藏
    - 人工气调：投入成本高，贮藏效果好，技术难度大，适合名特优果蔬
    - 自发气调：成本低，贮藏效果好，技术易推广应用，适用性强
  - 新技术贮藏
    - 保鲜剂贮藏：成本低，方法简单，与其他贮藏方法配合使用效果好
    - 减压贮藏：成本高，管理难，效果好，应用仍处于小规模实验中
    - 辐射保藏：用于抑制果蔬后熟和萌芽，实用上仍有一定困难

复习思考题

1. 果蔬贮藏的原理是什么？

2. 简易贮藏的实质是什么？有哪几种方式？如何进行管理？

3. 通风贮藏库有哪几种方式？各适合什么地区采用？

4. 机械制冷的原理是什么？制冷机的四大构件是什么？如何对冷库进行管理？

5. 什么是气调贮藏？气调贮藏的优点有哪些？

6. 气调贮藏的原理是什么？气调贮藏的方法有哪些？比较其特点。

7. 贮藏保鲜新技术有哪些？

第五章　果蔬贮藏中主要病害及其预防

知识目标

- 掌握果蔬发生冷害、冻害、气体伤害和主要病理性病害的主要原因、症状。

技能目标

- 能在贮运过程中有效预防冷害、冻害、气体伤害和主要病理性病害的发生。
- 会运用所学知识及时解决果蔬贮藏中出现的主要病害。

水果蔬菜在采收后到贮藏期间，由于受到其他生物的侵染或者不适宜环境条件的影响，而使其正常生理代谢受到阻碍，导致细胞死亡等，发生一系列的病害。果蔬产品感病后出现不正常表现。这种不正常表现主要有：表面出现斑点，表皮及内部组织褐变，组织结构和外部形态腐烂。根据发病的原因分为生理性和病理性病害。

第一节　生理性病害及其预防

果蔬在采前或采后，由于不适宜的环境条件或理化因素造成的生理障碍，称为生理性病害。生理性病害是由非生物因素诱发的病害，无侵染蔓延迹象和病症，只有病状，其病状因病害种类而异，大多是在果蔬表面或内部出现凹陷、褐变、异味、不能正常成熟等。

生理性病害的病因很多，主要有收获前因素，如果实生长发育阶段营养失调，栽培管理措施不当，收获成熟度不当，气候异常，药害等；收获后因素如贮运期间的温湿度失调，气体组分控制不当等。

一、低温伤害

果蔬采后贮藏在不适宜的低温下产生的生理病变叫低温伤害。

(一)冷害

冷害是冰点以上的低温对果蔬引起细胞膜变性的生理病害。是指0℃以上不适宜的低温对果蔬产品造成的伤害，是由于贮藏的温度低于产品最适贮温的下限所致。冷害伤害温度一般出现在0～13℃。

冷害可发生在田间或采后的任何阶段，不同种类的果蔬产品对冷害的敏感性不一样。一般说来，原产于热带的水果蔬菜（如香蕉、凤梨等）比较敏感，亚热带地区的水果蔬菜次之，温带果蔬较轻。

1. 症状和温度

果蔬遭受冷害后，常表现为果皮或果肉、种子等发生褐色病变，表皮出现水浸状凹陷、烫伤状，不能正常后熟。伴随冷害的发生，果蔬的呼吸作用，化学组成及其他代谢都发生异常变化，降低产品的抗病能力，导致病菌侵入，加重果蔬的腐烂。产生冷害的果蔬产品的外观和内部症状也因其种类不同而异，并随着组织的类型而变化，如黄瓜、番瓜、白兰瓜、辣椒产品表面出现水浸状的斑点；表皮变色：茄子退色、香蕉褐变；苹果、桃、梨、菠萝、马铃薯等内部组织发生褐变或崩溃；香蕉、番茄等产品不能正常后熟。同时，不同果蔬产品发生冷害的温度也不一样（表5-1）。

表5-1 几种主要果蔬的冷害温度及症状

品种	冷害临界温度(℃)	症状
苹果类	2.2～3.3	内部褐变，褐心，表面烫伤
桃	0～2	果皮出现水浸状，果心褐变，果肉味淡
香蕉	11.7～13.3	果皮出现水浸暗绿色斑块，表皮内出现褐色条纹，中心胎座变硬，成熟延迟
芒果	10～12.8	果皮色黯淡，出现褐斑，后熟异常，味淡，缺乏甜味
荔枝	0～1	果皮黯淡，色泽变褐，果肉出现水浸状
龙眼	2	内果皮出现水浸状或烫伤斑点，外果皮色变暗
柠檬	10～11.7	表皮下陷，油胞层发生干疤，心皮壁褐变
凤梨	6.1	皮色黯淡，褐变，冠芽萎蔫，果肉水浸状

续表 5-1

品种	冷害临界温度(℃)	症　状
红毛丹	7.2	外果皮和软刺褐变
蜜瓜	7.2～10	凹陷，表皮腐烂
南瓜类	10	瓜肉软化，腐烂
黄瓜	4.4～6.1	表皮水浸状，变褐
木瓜	7.2	凹陷，不能正常成熟
白薯	12.8	凹陷，腐烂，内部退色
马铃薯	0	产生不愉快的甜味，煮时色变暗
番茄	7.2～10	成熟时颜色不正常，水浸状斑点，变软，腐烂
茄子	7.2	表面烫伤，凹陷，腐烂
蚕豆	7.2	凹陷，赤褐色斑点

引自 Lutz J M. 和 Hardenhurg R E. ,1968；Pantastica B ER, 1975.

香蕉冷害症状见图 5-1。

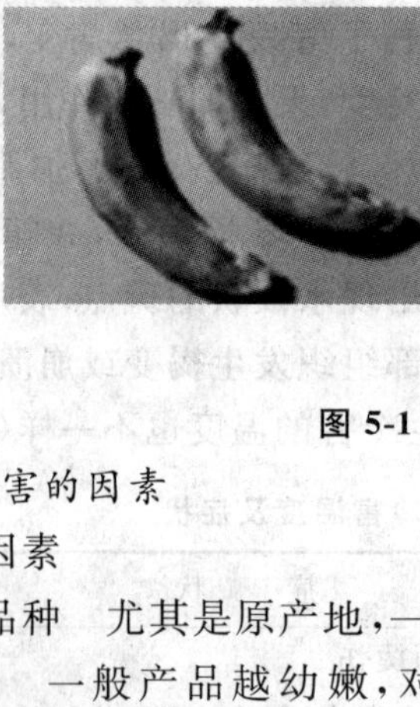

图 5-1　香蕉冷害症状

2.影响冷害的因素

(1)内部因素

①种类，品种　尤其是原产地，一般原产热带的果蔬更易被冷害伤害。

②成熟度　一般产品越幼嫩，对冷害越敏感，红熟番茄可以在 0℃下贮藏 42 d，绿熟番茄在 7.2℃就可能产生冷害。

(2)外部环境因素

①温度　低于冷害临界温度时间越长，冷害发生率越高；低于冷害临界温度，温度越低，冷害发生率严重程度越大。

②湿度　出现水浸状斑点，或凹陷发生，由于脱水温度低，会加速冷害发生。

③空气成分　O_2 高浓度及低浓度都会加重冷害发生，一般认为 O_2 浓度为 7%安全。CO_2 浓度过高会诱导冷害发生。

④化学药物　与产品对冷害抗性有关的药物 Ca^{2+}，Ca^{2+} 越低，则对冷害越

敏感。

3. 冷害发生的机制

冷害发生的机理主要是由于果实处于临界低温时，其氧化磷酸化作用明显降低，引起以ATP为代表的高能量短缺，细胞组织因能量短缺分解，细胞膜透性增加，结构系统瓦解，功能被破坏，在角质层下面积累了一些有毒的能穿过渗透性膜的挥发性代谢产物，导致果实表面产生干疤、异味和增加对病害腐烂的易感性。一般冷害只影响外观，不影响食用品质。

4. 冷害的控制

主要使贮藏温度高于冷害临界温度。

(1)采用变温贮藏　升温可以减轻冷害的原因，可能是升温减轻了代谢紊乱的程度，使组织中积累的有毒物质在加强代谢活性中被消耗，或是在低温中衰竭了的代谢产物在升温时得到恢复。变温贮藏有分步降温、逐渐升温、间歇升温等。在贮运前热处理(用热水、热蒸汽在40～50℃处理)，产生抗冷害蛋白。

(2)低温锻炼　在贮藏初期，对果蔬采取逐步降温的办法，使之适应低温环境，可避免冷害。

(3)提高果蔬成熟度　提高果蔬成熟度可降低对冷害的敏感性。

(4)提高果蔬的相对湿度　对产品表面涂蜡，水分不易蒸腾；对产品进行塑料薄膜包装可提高果蔬的相对湿度，从而减轻冷害。

(5)调节气调贮藏气体组成　适当提高二氧化碳浓度，降低氧的浓度有利于减轻冷害。据报道，保持7%的氧能防止冷害。

(二)冻害

冻害是果蔬处于冰点以下，因组织冻结而引起的一种生理病害。它对果蔬的伤害主要是原生质脱水和冰晶对细胞的机械损伤。果蔬组织受到冻害后，引起果蔬细胞组织内有机酸和某些矿质离子浓度增加，导致细胞原生质变性，出现汁液外流、萎蔫、变色和死亡，失去新鲜状态。且果蔬受冻害造成的失水变性为不可逆的，大部分果蔬产品在解冻后也不能恢复原状，从而失去商品和食用价值。

1. 影响因素

果蔬产品是否容易发生冻害与其冰点有直接关系。所谓冰点指果蔬组织中水分冻结的温度，一般在－1.5～－0.7℃。果蔬产品的冰点温度一般比水的(0℃)冰点要低，这是由于细胞液中有一些可溶性物质(主要是糖类)存在，可溶性物质含量越高，冰点越低。不同果蔬种类和品种之间差别也很大，如莴苣在－0.2℃下就产生冻害，可溶性物质含量较高的大蒜和一种黑紫色甜樱桃其冻害温度分别在－4℃、－3℃以下。根据果蔬产品对冻害的敏感性将它们分为3类(表5-2)。因此，在果蔬的贮藏保鲜过程中，对不同种类和品种的果蔬要保持适宜的低温，而且还要维持恒温，才能达到保鲜目的。

表 5-2 几种主要果蔬对冻害的敏感程度

敏感性	常见果蔬种类
敏感的	杏、鳄梨、香蕉、浆果、桃、李、柠檬、蚕豆、黄瓜、茄子、莴苣、甜椒、土豆、红薯、夏南瓜、番茄
中等敏感的	苹果、梨、葡萄、花椰菜、嫩甘蓝、胡萝卜、芹菜、洋葱、豌豆、菠菜、萝卜、冬南瓜
最敏感的	枣、椰子、甜菜、大白菜、甘蓝、大头菜

引自 Lutz J M. 和 Hardenhurg R E.，1968.

香蕉冻害症状见图 5-2。猕猴桃冻害见图 5-3。

图 5-2 香蕉冻害

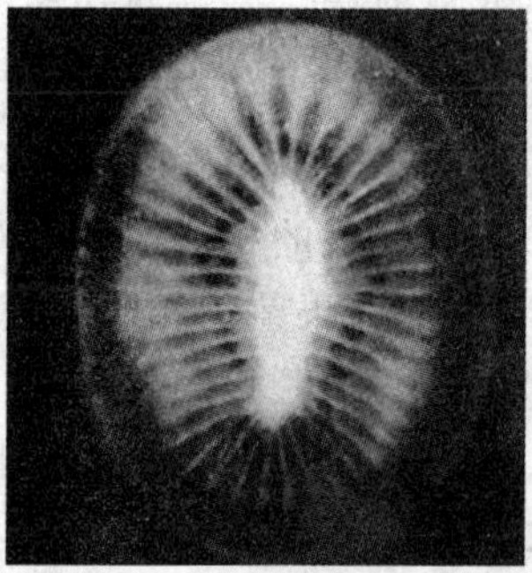

图 5-3 猕猴桃冻害

2. 冻害的控制

避免产品在贮藏和运输过程中温度低于冰点。产品受冻后应注意：

(1)解冻过程缓慢进行。

(2)冻结期间避免搬动。

二、气体伤害

1. 低氧伤害

氧气可加速果蔬的呼吸和衰老。降低贮藏环境中的氧气含量，可抑制呼吸并推迟果蔬内部有机物质消耗，延长其保鲜寿命。但氧气含量过低，又会发生缺氧，导致呼吸失常和无氧呼吸，产生的中间产物如乙醛、乙醇等有毒物质在细胞组织内逐渐积累造成中毒出现病变。发生低氧伤害的果蔬，表皮组织塌陷、褐色、软化，产生酒味和异味，不能正常后熟。香蕉低氧伤害见图 5-4。不同果蔬要求氧气最低浓度不同，一般在 1%～5%时，大部分果蔬发生低氧伤害，造成酒精中毒等病变。

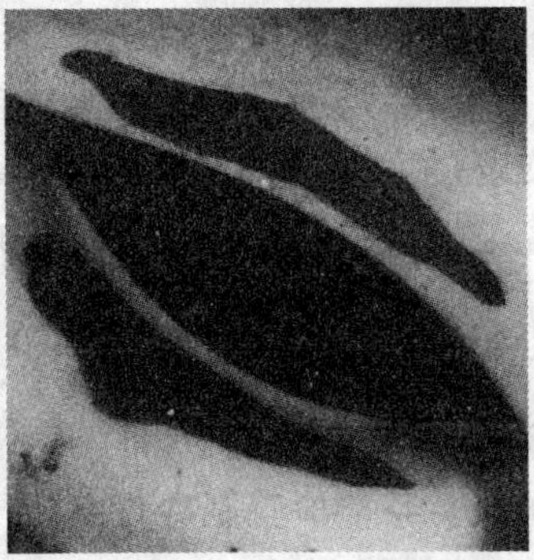

图 5-4 香蕉黑斑病(低氧伤害)

2. 高二氧化碳伤害

二氧化碳和氧气之间有拮抗作用，提高环境中二氧化碳浓度，呼吸作用也会受到抑制，可延长保鲜状态。多数果蔬适宜的二氧化碳浓度为 3%～5%，浓度过高，一般超过 10%时，会使一些代谢受阻，引起代谢失调，造成伤害。发生二氧化碳伤害的果蔬组织出现褐斑、褐变、坏死等病状特征。蒜薹高二氧化碳伤害见图 5-5。苹果高二氧化碳伤害见图 5-6。

图 5-5 蒜薹高二氧化碳伤害

图 5-6 苹果褐心(高二氧化碳伤害)

预防措施主要是在贮藏中要严格控制气体组分，经常取样分析，发现问题及时调整气体成分或通风换气；在贮藏库内放干熟石灰吸收多余的二氧化碳。

三、其他生理病害

(一)矿质元素过量或缺乏

矿质元素过量或缺乏会产生一系列的生理病害。如氮素过量会使组织疏松，口味变淡，西瓜白硬心是氮素过量造成，苹果在贮藏中诱发虎皮病；缺钙造成苹果苦痘病、水心病，柑橘的浮皮病，芹菜的黑心病，马铃薯的黑心，白菜和橄榄的心腐，胡萝卜裂根，番茄和辣椒的脐腐。

(二)乙烯毒害

乙烯是一种催熟激素，能增加呼吸强度，促进水解淀粉、糖类，加速果实成熟和衰老，被用作果实(番茄、香蕉等)的催熟剂。如果乙烯使用不当，也会出现中毒，表现为果色变暗，失去光泽，出现斑块，并软化腐败。

(三)氨伤害

在机械制冷贮藏保鲜中，采用氨作制冷剂的冷库，由于氨气泄露，氨气与果蔬接触，引起产品变色和中毒。氨伤害的果品表现为：变色、水肿、凹陷斑等。预防措施是要经常检验制冷设备，严防气体泄露。

第二节　病理性病害及其预防

一、病原菌侵染特点

(一)病原菌

1. 果蔬贮藏期间病害病原菌的种类

果树蔬菜的病原菌包括真菌、细菌和病毒，但贮运期间病害的病原菌绝大多数是真菌和细菌。水果在贮运期间的侵染性病害，几乎全由真菌引起，一般认为这与水果组织多呈酸性不宜细菌生长有关。而细菌则是蔬菜腐败的重要病原菌。

2. 菌源

果蔬采后病害的菌源主要有：产品上携带的带菌土壤和病原菌，田间已被侵染但未表现症状的果蔬产品，田间已被侵染并已发病却混进贮藏库的果蔬产品，分布贮藏库及工具上的某些腐生菌或弱寄生菌。

3. 病原菌数量和发病的关系

一般带菌数量大，扩展蔓延就较快，就容易突破寄主的防御系统，发病就快或较严重。如在番茄上产生一个病斑，晚疫病菌需要 15 个孢子；在成熟苹果上接种炭疽病菌，当孢子悬液中孢子数为每毫升 107 个时发病率 65%，106 个时为 25%，103～104 个时不发病(Noe，1982)。采前栽培管理措施直接关系到产品带菌的种类和数量，采后处理及时与否也直接关系到处理效果的好坏。

(二)病原菌侵染过程

病原菌从接触、侵入到引致寄主发病的过程称为侵染过程(简称病程)。病程一般分为 4 个阶段：侵入前期、侵入期、潜育期和发病期。

1. 侵入前期

从病原菌与寄主接触到病原菌向侵入部位生长或活动，并形成侵入前的某种侵入结构为止。病原菌通过各种途径(如振动、露珠等)进行传播,与寄主接触,并通过生长活动如真菌休眠结构或孢子的萌发、芽管或菌丝体的生长、细菌的分裂繁殖等进行侵入前的准备,并到达侵入部位,侵入前期即完成。

这一时期病原菌除了受寄主的影响外,还受到生物的和非生物的环境因素的影响。生物因素如果蔬表面存在的拮抗微生物可以明显抑制病原菌的活动,非生物因素中以湿度、温度对侵入前期病原菌的影响最大。所以,侵入前期是病原菌侵染过程中的薄弱环节,也是防止病原菌侵染的关键阶段。

2.侵入期

从病原菌开始侵入起,到病原菌与寄主建立寄生关系为止。真菌大都是以孢子萌发以后形成的芽管或以菌丝通过自然孔口或伤口侵入,有些真菌还能穿过表皮的角质层直接侵入,细菌可由自然孔口和伤口侵入。有些病原菌既可在采前侵入也可在采后侵入。

侵入期湿度和温度对病原菌的影响最为关键。湿度可左右真菌孢子的萌发、细菌的繁殖,同时还可影响果蔬愈伤组织的形成、气孔的开张度及保护组织的功能;温度则影响孢子萌发和侵入的速度。所以控制贮藏环境适宜的湿度和低温对于抑制病菌侵入起着至关重要的作用。

3.潜育期

指从病原菌侵入与寄主建立寄生关系开始,直到表现明显的症状为止。症状的出现就是潜育期的结束。在一定范围内,温度对潜育期的长短影响最大,而此时湿度则显得次要,因为病原菌已侵入寄主组织内部,可以从寄主获取充足的水分,所以不受外界湿度的干扰。

有些病原菌侵入果蔬后,经过一定程度的发展,但由于果蔬抗病性强或由于其生理条件不利病原菌的扩展,使病原菌呈潜伏状态而不表现症状,但随着果蔬的成熟、衰老其抗病性减弱时,即可继续扩展并出现症状,这种现象称为“潜伏侵染”。最典型的如苹果的炭疽病、霉心病、香蕉的炭疽病等均是潜伏性侵染病害。

4.发病期即显症期

寄主受到侵染后,从开始出现明显症状即进入发病期,此后,症状的严重性不断增加。随着症状的扩展,病原真菌在受害部位产生大量无性孢子,细菌性病害则在显症后病部产生脓状物,它们是再侵染的菌源。

(三)传播途径

1.接触途径

病产品和健康产品的接触使病菌传播。如青霉病菌侵入果皮后,可分泌一种挥发性物质,将接触到的好果果皮损伤引起接触传染。

2.气流传播

产品在堆放、装卸、运输过程中不断受到振动，由振动造成的局部小气流使病原菌孢子得以飞散，到处传播，如草莓和葡萄灰霉菌等。

3.水滴传播

产品在贮藏过程中，塑料包装袋内壁或产品表面常产生许多水滴，水滴的流动和滴落常将病原菌传播到健康产品上。

4.土壤传播

产品采收时粘上了带菌的土壤，而带菌的果蔬又可将病菌传播给健康的果蔬。

5.昆虫传播

昆虫可黏附细菌和真菌，其活动可将病菌粘带到健康产品上。

二、影响发病的因素

(一)机械损伤

果蔬贮运中发生的腐烂病害，多因组织遭受机械伤害而引起病原菌侵染所致。采收时所用工具的种类、人员素质的高低、操作的认真程度都直接关系到产品机械损伤的多少。粗放采收的果蔬在贮藏中造成的腐烂可达70%～80%。采后的分级、打蜡、包装、运输、装卸等也会对产品造成不同程度的损伤。

(二)温度

温度对寄主、病原菌及病原菌的侵染过程均有明显的影响。

适宜的低温环境可强烈抑制果蔬的呼吸作用，抑制真菌孢子萌发和菌丝生长，减少侵染并抑制已形成的侵染组织的发展。如灰葡萄孢在5℃时到第7天旺盛生长，2℃时到第9天旺盛生长，0℃时到第12天旺盛生长，－2℃时到第17天旺盛生长。

在0℃左右时，温度的微小变化对微生物生长的影响比其他任何范围内温度波动的影响更明显。低温范围内的温度增高将使果蔬呼吸强度比适温贮藏的成倍增加，果蔬易衰老，自身抵抗能力下降，同时病原菌在较低温度范围内生长速度的增加要比在较高温度范围内增加快得多。因而，低温贮藏的果蔬在低温解除后往往腐烂加重，使常温下货架期缩短。

若温度过低，会造成冷害或冻害，遭受低温伤害后的果蔬组织抗性大大降低，造成大量腐烂。如蒜薹的灰霉病、甜椒的灰霉病、番茄的酸腐病、苹果的青霉病等发病更严重。

适当的高温处理可以杀灭病原菌，如38～43℃热风处理洋葱数小时，可杀灭洋葱颈腐病菌；44℃水蒸气处理草莓30～60 min，可防治葡萄孢和根霉引起的腐烂病害。但高温处理对产品的影响不能不考虑在内。

(三)湿度

大多数新鲜果蔬贮运均要求高湿条件,而大多数真菌孢子的萌发也要求高湿度,尤其在有水滴存在时,萌发更快。此外,细菌的繁殖、游动孢子和细菌的游动,都需要在水滴里进行。有时湿度相差不大,而引起的效果却大不相同,如温度为-1.1℃时,灰葡萄孢的分生孢子在100%相对湿度下能够萌发,而在97%相对湿度下不能萌发。

但近年有些专家认为,对有些蔬菜而言,当贮藏的相对湿度饱和时,反而比相对湿度低的腐烂少。因为叶菜类蔬菜如甘蓝、大白菜、芹菜、韭菜等在高湿条件下,可推迟叶片的衰老,提高其对灰葡萄孢和其他病原菌的抗性。对水果贮藏也有类似的看法,如甜橙在30℃下,保持较高相对湿度(90%～100%)比相对湿度低于75%,几天后绿霉病腐烂明显减少,因为高湿促使果实外果皮细胞层中合成木质素及酚类的前体,对贮藏有轻微机械损伤的水果特别重要。

(四)气体成分

一般认为,提高贮藏环境中CO_2浓度对菌丝生长有较强的抑制作用。但是,当CO_2浓度超过10%时,大部分果蔬即发生生理损伤,腐烂速度加快。通常高CO_2对真菌性腐烂的抑制优于对细菌性腐烂的控制。降低O_2浓度可抑制真菌的生长。O_2浓度低于2%时,葡萄孢、链核盘菌和青霉菌的生长减弱。随着O_2浓度由21%降至零,由根霉造成的草莓腐烂率呈线性减少,但根霉菌丝并未死亡,一旦恢复正常气体组成又可继续生长。所以,仅仅靠增加CO_2或降低O_2浓度达到抑制腐烂的目的是不可能的。

乙烯会促进果实的成熟和衰老,使产品抗病能力下降,并诱发病菌在果蔬组织内生长。所以抑制乙烯产生及脱除乙烯的措施对防病抗病均有利。

(五)采收前田间病害侵染状况

田间栽培管理、病虫害防治状况直接影响到果蔬带菌的种类及带菌量,尤其对于一些在贮运期间无再侵染的病害如苹果炭疽病、霉心病、葡萄白腐病等,其发病的严重程度取决于田间侵染状况。一些典型的采后病害如青霉菌等只能通过伤口侵入果蔬体内,但如果田间有大量这类病菌存在的话,采收时产品表面便会有许多病原菌孢子附着,病菌就很容易通过采收及采后处理过程中形成的各种伤口侵入产品内部,进而增大引起腐烂的机会。

(六)果蔬的生物学特性

不同种类和品种的果蔬抗病性差异很大。如浆果类和核果类果实易感染腐烂病,而仁果类发病较少。苹果霉心病多发生在萼筒开张大且长的元帅系品种,萼筒呈漏斗状,萼片长且翻卷的富士系也易发病,而萼筒半开张的金冠品种发病较轻,萼筒短而几乎闭合的祝光品种则不发生霉心病。

不同成熟度的果蔬对病菌的反应有差异。一般来说，幼果“不抗侵入抗扩展”，而成熟果则“抗侵入不抗扩展”。如一些潜伏性侵染病害，幼果期感病，成熟期显症。

不同种类的果蔬在受到机械损伤时，愈伤的难易程度差别很大。仁果类、瓜类、根茎类蔬菜一般具有较强的愈伤能力，柑橘类、核果类、果菜类愈伤能力较差，浆果类、叶菜类受伤后一般不形成愈伤组织。愈伤能力强的果蔬在适宜的温度、湿度、通风状况下，轻微受伤部位可形成新的保护组织，抵御病菌侵入。而愈伤能力弱的果蔬，受伤后不愈合，伤口易感染病菌而引起腐烂。

三、侵染性病害综合防治措施

侵染性病害的防治是在充分掌握病害发生发展规律的基础上，抓住关键时期，以预防为主，综合防治，多种措施合理配合，以达到防病治病的目的。

（一）农业防治

采用农业措施，创造有利于果蔬生长发育的环境，增强产品本身的抗病能力，同时创造不利于病原菌活动、繁殖和侵染的环境条件，减轻病害的发生程度，这种方法为农业防治。农业防治是最经济、最基本的病害防治方法。常用的措施有培育无病苗木、田园卫生、合理施肥、合理修剪、果实套袋与排灌等。另外，适期无伤采收，严格选果入库，合理包装，文明装卸，贮运场所的卫生和消毒，贮藏场所的温度、湿度、气体成分的管理等，对防治贮运病害也能起到间接或直接的作用。

（二）化学防治

使用杀菌剂杀死或抑制病原菌，对未发病产品进行保护或对已发病产品进行治疗；或利用植物生长调节剂和其他化学物质，提高果蔬抗病能力，防止或减轻病害造成损失的方法称化学防治。如低温贮运果蔬，并不能完全抑制某些病菌的生存和发展，尤其在脱离低温环境后，曾被部分抑制的病菌以更快的速度发展，化学防治则可弥补这一不足，尤其对于简易法贮藏的产品和对不耐低温果蔬的贮运更为重要。

化学防治要掌握病害侵入的关键时期，如许多果实产生褐腐病、黑腐病、酸腐病都是近成熟期才侵染发病的，防治的关键时期是果实着色期；对于贮藏期侵入的病害，则应将采前喷药与采后浸药相结合以降低带菌量，效果更好。

利用植物生长调节剂或其他化学物质提高产品抗病性，生长调节剂如2,4-D在柑橘贮藏上已广泛应用，GA3、BA、多效唑等在果蔬贮藏保鲜中的作用也逐渐显现出来。其他化学物质如乙烯吸收剂高锰酸钾及一些涂膜剂等对于延缓衰老、提高果蔬抗性、减少病菌入侵或发展也起到了一定作用。

(三)物理防治

控制贮藏环境中温度、湿度和空气成分的含量，或应用热力处理，或利用射线辐射处理等方法来防治果蔬贮运病害，均称为物理防治。物理防治具有无公害，不污染环境的特点，但对辐射处理的安全性存在争议。

1. 控制温度

(1)利用适宜的低温防病　适宜的低温可以提高产品本身的抗病能力、抑制病菌的生长、繁殖、扩展和传播，减少腐烂率。冷链技术的运用则最大限度地限制了病原菌的活动，提高产品的抗病能力。

(2)采后热处理控制果蔬病害　采后热处理是用热蒸汽或热水对果蔬进行短时间处理，为杀死或抑制果蔬表面病原菌及潜伏在表皮下的病原菌而采取的一种控制采后病害的方法。这种方法对于低温下易受冷害的热带、亚热带果蔬如芒果、番木瓜、番茄等效果较好。热水处理的有效温度为 46～60℃，时间为 0.5～10 min；热空气处理的有效温度为 43～54℃，时间为 6～10 min。热处理配合其他处理，如在热水中加入杀菌剂则效果更佳。

2. 控制湿度

高湿度有利于病菌孢子萌发、繁殖和传播，如发生结露现象，腐烂更为严重。所以，入贮的果蔬不宜在雨天或雨后采收，若用药剂浸果，必须在晾干后方可包装入库；贮藏时，要严格控制贮藏适温，以免温度上下波动过大而造成结露现象。

3. 气调处理

果蔬产品贮藏期间采用高 CO_2 短时间处理及采用低 O_2 和高 CO_2 的贮藏环境条件对许多采后病害都有明显的抑制作用。特别是用高 CO_2 处理，如用 30% CO_2 处理柿子 24 h 可以控制黑斑病的发生。

4. 辐射防腐

通常利用 ^{60}Co 等放射性同位素产生的 γ 射线对贮藏前的果蔬进行照射，以达到防腐保鲜的目的。

5. 紫外线防治

低剂量波长 254 nm 的短波紫外线如同激素或化学抑制剂及物理刺激因子一样，可诱导植物组织产生抗性，减少对黑斑病、灰霉病、软腐病、镰刀菌的敏感性。

(四)生物防治

生物防治法就是利用有益生物及其代谢产物防治植物病害的方法。该方法具有不污染环境、无农药残留、不破坏生态平衡等特点。

1.利用拮抗微生物防病

(1)拮抗菌来源　环境中具有相当丰富的抗生菌源,果蔬表面也存在有天然拮抗菌,而且将天然产生于果蔬表面的拮抗菌再用于果蔬腐烂的控制,效果更好。

(2)微生物防病机理　拮抗微生物可以产生抗生素,直接作用于病原菌;有些拮抗微生物可与病原微生物在营养及空间方面产生竞争。

2.采后产品抗性的诱导

利用低致病力的病原菌或无致病力的病原菌的接种,或无致病力的其他腐生菌,预先接种或混合接种在果蔬上,诱发果蔬对病菌的抗病性。研究认为,低致病力病原菌或非病原菌接种后会诱发寄主产生植物保卫素,或堵塞病原菌的侵入部位,或是寄主中的抗病物质如酚类化合物迅速积累,或是增加了某些与抗病性有关的酶的活动。

实验实训 5-1　果蔬贮藏中主要生理性病害、病理性病害的观察

一、实训目的

通过实训,使学生观察识别几种果蔬的主要贮藏病害,分析病害产生的原因,讨论防治途径,以及对产品进行某些处理,以观察果蔬在贮藏中的发病现象及防治效果。

二、材料和用具

放大镜、刀片、挑针、滴瓶、载玻片、盖玻片、培养皿和显微镜等。

三、方法步骤

(1)收集几种主要果品蔬菜贮藏生理性病害和病理性病害的样品。

①生理性病害　苹果的虎皮病、苦痘病、水心病、梨的黑心病、柑橘水肿病、枯水病、香蕉冷害;马铃薯黑心病、蒜薹 CO_2 中毒、黄瓜、番茄冻害等症状标本和挂图。

②病理性病害　苹果炭疽病、心腐病、梨黑星病、葡萄灰霉病、柑橘青绿霉病;马铃薯干腐病、番茄细菌性软腐病等的标本、挂图及病原菌玻片标本。

(2)观察记录果蔬的外观,病症部位、形状、大小、色泽、有无菌丝或孢子等,分清是生理性病害还是侵染性病害。

(3)品评正常果实和病果的味道、气味和质地。

(4)分析造成病害的原因,提出预防措施。

表 5-3 果蔬主要贮藏病害的观察记录

编号	果蔬名称	病害名称	主要症状	病因	预防措施

四、实训作业

1. 每2～4人一组进行实训,并将实训过程和结果进行总结,写出实训报告。要求有操作要点。

2. 根据当地果蔬主要贮藏病害,提出有效的防治措施。

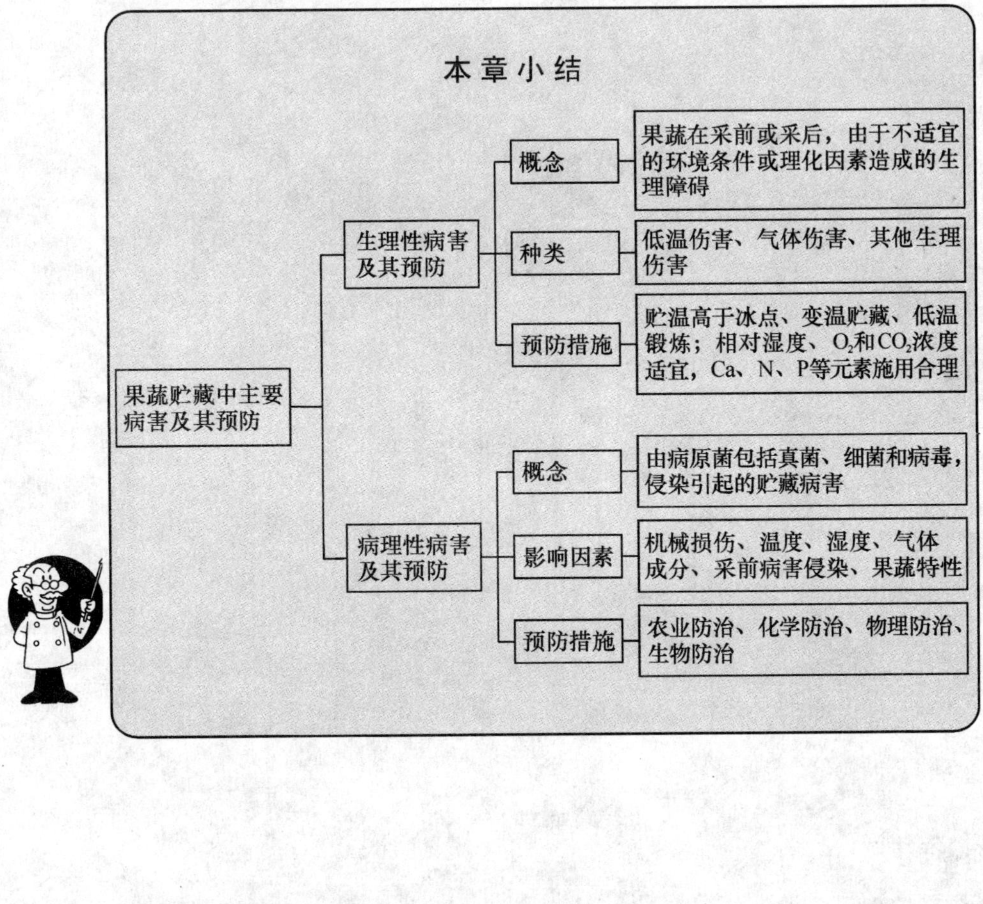

复习思考题

1.果蔬贮藏期间的生理病害都有哪些?

2.果蔬贮藏期间低温伤害的主要症状是什么?预防措施是什么?

3.果蔬贮藏期间的气体伤害都有哪些?如何预防?

4.影响果蔬贮藏病理性病害的因素和预防措施各有哪些?

第六章　主要果蔬贮藏技术

知识目标

- 理解不同果蔬的贮藏特性。
- 掌握主要果蔬的适宜贮藏方法及对贮藏环境的温度、湿度、气体成分的要求。

技能目标

- 能针对不同果蔬，运用所学知识设计贮藏方案。
- 会运用所学知识及时解决果蔬贮藏中出现的问题。
- 熟练掌握几种主要果蔬的贮藏技术要点并能对果蔬进行有效管理。

第一节　果品贮藏

一、仁果类

(一)苹果

苹果是世界上重要的落叶果树，与柑橘、葡萄、香蕉共同成为世界 4 大果品。近 20 年来我国苹果生产已成为我国第一大果品。2005 年全国总产量达到 2 400 多万 t，占当年世界苹果总产量(6 800 多万 t)的 35%以上，居世界各国之首，成为内销外贸的大宗果品。苹果的贮藏性比较好，市场需求量大，是以鲜销为主的主要果品。

1. 贮藏特性

苹果属典型呼吸跃变型果品。计划长期贮藏的苹果，应在呼吸跃变启动之前采收。

常见苹果品种有60多种，按成熟度可分为早熟种、中熟种和晚熟种，中、晚熟品种比早熟品种耐贮藏；早熟品种如黄魁、祝光、红魁、早捷等，这类苹果质地松、味多酸、果皮薄、蜡质少，不耐远运和贮藏。中熟品种如元帅系、红玉、金冠、乔纳金、嘎拉、粉红女士等，较早熟种耐贮运。其中红玉、金冠易失水皱皮，元帅系果肉易发绵，这类苹果冷藏会延长贮期，气调贮藏效果会更明显。晚熟品种如国光、青香蕉、秦冠、王林、北斗、红富士、澳洲青果等在10月份成熟，这类苹果肉质紧实、脆甜稍酸，由于晚熟积累养分较多，最耐长期贮运，冷藏或气调贮藏可达7～8个月。贮藏应选择商品性状好、耐贮藏的中、晚熟品种。

2. 贮藏条件

多数品种贮藏适温在−1～0℃；不同品种的贮藏适温不同，同一品种，不同产区对低温的敏感性也不同，苹果贮藏要求92%～95%的相对湿度。多数冷库需人工洒水、撒雪来加湿。苹果适宜低氧、低二氧化碳气调贮藏，一般O_2是2%～3%，CO_2 0～5%，但不同品种具体要求不同，金冠要求O_2为1%～5%，CO_2为1%～6%；红富士O_2为2%～7%，CO_2为0～2%。

3. 贮藏技术及方法

(1)适时采收　常温贮藏或计划贮藏较长的，应适当早采；低温或气调贮藏、计划贮藏较短的，可适当晚采。采收尽量避免机械损伤，并严格剔除病虫、冰雹、日灼等伤害的果实。

(2)贮藏方法

①简易贮藏　利用自然环境条件来进行的沟藏、堆藏、窖藏等，多数是在产地进行。该法贮期较短，贮藏质量较差。这些贮藏方法应注意苹果采收后，应先散热预冷。贮藏时应利用通风道、通风口在早晚或夜间进行通风降温防热。利用草帘、棉被、秸秆等进行覆盖保温防冻。一般可贮至来年3月份。主要适用于国光、红富士等晚熟苹果，对金冠、元帅系等中熟苹果不适宜。

②通风库贮藏　一般只适宜贮晚熟苹果。入库时就分品种、分等级码垛堆放。堆码时，码垛不宜太大，垛底要垫放枕木(或条石)，一般垛与墙、与地面、垛与垛之间应留出空隙，以利通风、防冻。贮藏前期，多利用夜间低温来通风降温。贮藏中期，减少通风，库内应在垛顶、四周适当覆盖，以免受冻。贮藏后期，要每天观测记录库内温度、湿度，并经常检查苹果质量；出库顺序最好是先进的先出。

③冷库贮藏　苹果适宜冷藏，尤其对中熟品种最适合；其中元帅系品种应适时

早采，金冠苹果应适时晚采。入冷库前应散热预冷一夜再入库。码垛应注意留有空隙。冷库贮藏管理主要也是加强温湿度调控，应注意相对湿度保持在90%～95%。冷库贮藏国光、青香蕉、红富士等可到4～5月份，质量仍较新鲜。但若想保持其色泽和硬度少变化，最好是利用聚氯乙烯透气薄膜袋来衬箱装果，并加防腐药物，有利于保持鲜度、防止腐烂。

④气调贮藏　苹果最适宜气调冷藏，尤以中熟品种金冠、红星、红玉等，控制后熟效果十分明显；国际和国内的气调库基本上是贮藏金冠苹果用的。气调冷藏可贮至下年6～7月份，保持质量仍新鲜如初。如果用塑料大帐可用0.16 mm左右厚的聚乙烯或无毒聚氯乙烯薄膜加工热合成。还可在塑料大帐上开设硅橡胶薄膜窗。一般帐贮每吨苹果需开设硅窗面积0.4～0.5 m^2。采用木箱或塑料箱装，以免纸箱受潮倒垛。一般气调贮藏苹果，温度在0～1℃，相对湿度95%以上，调控O_2 2%～4%、CO_2 3%～5%。

4.贮藏中出现的主要问题及预防

苹果贮藏中最主要的问题是防失水和贮期病害。

(1)失水　苹果失水以后，不但失去新鲜饱满的外观，而且果实衰老加快，品质降低，寿命缩短。

(2)贮期病害　苹果在贮藏期间发生的病害分为生理性病害和真菌性病害两大类。

①生理病害　主要是苹果苦痘病、虎皮病、果肉褐变病、二氧化碳中毒和缺氧伤害5种。

A.苹果苦痘病　又称苦陷病，是苹果贮藏前期发生的一种皮下斑点病害。在国光、祝光、青香蕉、红元帅、金冠等品种上发病较多。近年来研究认为苦痘病是一种缺钙生理病害。

初期皮下浅层果肉发生褐变，之后果面出现凹陷圆斑，斑下果肉坏死干缩呈海绵状，深及果肉2～3 mm。在盛花期用0.5% $CaCl_2$ 或0.8% $Ca(NO_3)_2$ 对植株进行喷洒，每隔2～3周一次。或果实采后10 d内，用3%～5% $CaCl_2$ 浸果1 min，可有效减少苦痘病发生。

B.苹果虎皮病　其发生与果实采收过早、着色成熟度差、氮肥施用偏多有关。多发生在果实阴面绿色部分，初为淡黄色不规则斑块，后转为褐色至暗褐色，稍凹陷，病皮可轻轻揭下，严重时果肉发绵，略带酒味。通过适时采收，合理施肥、科学修剪，促进着色，用0.25%～0.35%乙氧基喹液在25℃下浸果或用0.2%～0.4%虎皮灵浸果，药纸包果，防止病害发生。

C.果肉褐变病　多是果实采收偏晚、成熟过度，贮藏环境高温高湿，限气贮藏氧的浓度过高所致。通过适时采收，控制好贮藏环境温湿度，防止果面结露，2%～4%氯化钙液浸果等手段加以预防。

D.二氧化碳中毒　有果实外部伤害和内部伤害两种。外部伤害发生在贮藏前期，病变组织界限分明，呈黄褐色，下陷起皱；内部伤害果肉果心局部组织出现褐色小斑块，最后病变部分果肉失水成干褐色空腔，食之有苦味，整果风味变淡，有轻微发酵味，二者相同处是受害果硬度不减。

E.缺氧伤害　果皮木栓化，果肉至果心组织坏死，并有浓烈的发酵味。通过严密监测贮藏环境气体组分变化，控制气体指标，受害果乙醇含量在 120 mg/100 g 以下，置于 10～18℃通风环境，可恢复果实原状。

②真菌性病害　主要有炭疽病、轮纹病和霉心病等。

A.炭疽病　特征是果面呈淡褐色病斑，并逐渐从果皮向果实内部呈漏斗状腐烂；果肉变褐色，有轻微芳香味。病斑表面凹陷，从病斑中心向外生成同心轮纹状排列的黑色小点。苹果在采前喷洒 500～1 000 mg/kg 的苯来特，或托布津，或噻苯咪唑，或多菌灵等防治效果较好；同时贮藏期适当降低温度。

B.轮纹病　果实起初以皮孔为中心发生水浸状褐色斑点，渐次扩大，表面呈暗红褐色，有清晰的同心轮纹。除在加强栽培管理，增强树势，提高树体抗病能力的基础上，采取以铲除枝干上的菌源和生长期喷药保护为重点综合防治外，还可采前喷 1～2 次内吸性杀菌剂，采后用仲丁胺 200 倍液浸果 1 min 后贮藏，都可降低其发病率。

C.苹果霉心病　又名心腐病、果腐病，红星、元帅、金冠、富士等为感病品种。果实受害是从心室开始逐渐向外扩展霉烂，病果果心变褐，充满灰绿色霉状物，也有呈现粉红色霉状物。花期前后喷施内吸性杀菌剂，防止病菌侵入。喷药时加入 0.2%硼砂，效果更好。贮藏时控制温度为 0 ～1℃可抑制病菌蔓延。

(二)梨

梨在我国有“百果之宗”的称谓。尤其在我国北方，梨仅次于苹果为第二大类果树，2005 年我国梨产量为 1 100 多万 t，占世界当年产量(1 900 多万 t)的一半以上。

1.贮藏特性

(1)种类和品种　作为经济栽培的有白梨、秋子梨、砂梨和西洋梨 4 大系统，各系统及其品种的商品性状和耐贮藏性有很大差异。

白梨系统主要分布在华北和西北地区。果实多为近卵形，果柄长，果皮黄绿色，皮上果点细密，肉质脆嫩，汁多渣少，采后即可食用。生产中栽培的鸭梨、酥梨、雪花梨、长把梨、雪梨、秋白梨、库尔勒香梨等品种均具有商品性状好、耐贮运的特点，因而成为我国梨树栽培和贮运营销的主要品系；秋子梨系统大多数品质差，不耐贮藏；砂梨系统各品种的耐贮藏性较差，采后即上市销售或者只进行短期贮藏；西洋梨系统主要品种有巴梨（香蕉梨）、康德、茄梨、日面红、三季梨、考密斯等。该系统的品种一般具品质好、但不耐贮藏的特点，因而通常采后就上市。

根据果实成熟后的肉质硬度，可将梨分为硬肉梨和软肉梨两大类，白梨和砂梨成熟后的肉质硬度大，属硬肉梨；秋子梨和西洋梨系统属软梨。一般来说，硬肉梨较软肉梨耐贮藏，但对 CO_2 的敏感性强，气调贮藏时易发生 CO_2 伤害。

(2)贮藏条件　梨大多数品种贮藏的适宜温度为(0±1)℃。但是鸭梨等个别品种对低温比较敏感，应采用缓慢降温或分段降温，减轻黑心病发生；在低温下的适宜相对湿度为90%～95%；气调贮藏时大多数梨品种能适应低 O_2(3%～5%)。但多数品种对 CO_2 比较敏感。少数品种如巴梨、秋白梨、库尔靳梨等可在较高(2%～5%) CO_2 贮藏。在低 O_2 时，当 CO_2 在2%以上时，鸭梨、酥梨、雪花梨果实就有可能发生生理障碍，出现果心褐变。

2. 贮藏技术及方法

(1)适时采收　对于白梨和砂梨系统的品种，当果面呈现本品种固有色泽、肉质由硬变脆、种子颜色变为褐色、果梗从果台容易脱落时即可采收。对于西洋梨和秋子梨系统的品种，由于有明显的后熟变化，故可适当早采，即果实大小已基本定型、果面绿色开始减退、种子尚未变褐、果梗从果台容易脱落时采收为好。

(2)贮藏方法　梨同苹果一样，短期贮藏可采用沟藏、窖窑贮藏、通风库贮藏，在西北地区贮藏条件好的窖窑，晚熟梨可贮藏4～5个月。中、长期贮藏的梨，则应采用机械冷库贮藏，这是我国当前贮藏梨的主要方式。

鉴于目前我国主产的鸭梨、酥梨、雪花梨等品种对 CO_2 比较敏感，所以塑料薄膜密闭贮藏和气调库贮藏在梨贮藏上应用不多。如果要采用气调贮藏，应该有脱除 CO_2 的有效手段。

3. 贮藏中出现的主要问题及预防

梨在贮藏过程中，主要出现褐变和失水两大问题。应注意加强贮期管理。

(1)褐变　大部分品种的梨在贮藏过程中易发生果皮、果心及果肉褐变。引起褐变的因素一般有冷害、低氧、高二氧化碳伤害和自身衰老。

防治措施：①贮藏初期对低温比较敏感的品种如鸭梨、京白梨等应采用缓慢降温，即果实入库后将温度迅速降至12℃，1周后每3 d降低1℃，到0℃左右时贮藏，降温过程总共约1个月时间；②白梨系统的品种对 CO_2 比较敏感，易发生果心褐变，故气调贮藏时必须严格控制 CO_2 小于2%，普通冷库或常温库贮藏时，贮藏期间也应定期通风换气；③梨的贮藏期应适当。

(2)失水　果实与贮藏环境的温差大，果实表面气体流动快和贮藏环境相对湿度小都会加快梨果失水速度。目前防止主要采取保鲜膜包装、涂蜡、涂膜等技术措施。但在应用时要注意膜不能太厚，否则易造成或加重褐变的发生。

二、核果类

桃、李、杏等果实同属于核果类。但桃、李、杏皮薄、肉软、汁多，收获季节又多集中在6～8月份，适于短期贮藏。桃、李、杏果实呼吸强度大，同属于呼吸跃变型果实，贮藏生理方面有共同的特点，也有基本相似的贮藏技术措施。

(一)贮藏特性

桃、李、杏品种间耐藏性差异较大。桃早熟品种一般不耐贮运，而晚熟、硬肉、粘核品种耐藏性较好。如早熟水蜜桃、五月鲜耐藏性差，而山东青州蜜桃、肥城桃、中华寿桃、河北晚香桃较耐贮运。此外，大久保、白凤、冈山白等桃品种也有较好的耐藏性。牛心李、冰糖李、黑琥珀李等品种的耐藏性较强。杏果以肉质分，有水杏类、肉杏类、面杏类。水杏类果实成熟后柔软多汁，适于鲜食，不耐贮运；面杏类果实成熟后肉变面，呈粉糊状，品质较差；肉杏类果实成熟后果肉有弹性，坚韧、皮厚、不易软烂，较耐贮运，且适于加工，如河北的串枝红、鸡蛋杏，山东招远的拳杏，峨山的红杏等。

(二)贮藏条件

1. 桃

因不同品种而异，一般地，温度为－0.5～2℃，相对湿度为90%～95%，气体成分O_2为1%～2%，CO_2为4%～5%，在这样的贮藏条件下可贮藏15～45 d。

2. 李

温度为－1～0℃，相对湿度为90%～95%，气调贮藏时O_2为3%～5%，CO_2为5%。但一般认为李对CO_2极敏感，长期高CO_2使果顶开裂率增加。

3. 杏

温度为0～2℃，相对湿度为90%～95%，气调贮藏时O_2为3%～5%，CO_2为2%～3%。

(三)贮藏技术及方法

1. 适时无伤采收

一般用于贮运的桃应在七八成熟时采收；李应在果皮由绿转为该品种特有颜色，表面有一薄层果粉，果肉仍较硬时采收；杏大致八成熟时采收。采收时应带果柄，减少病菌入侵机会。果实在树上成熟不一致时应分批采收。注意适时无伤采收。

2. 预冷

一般在采后 12 h 内、最迟 24 h 内将果实冷却到 5℃以下，可有效地抑制桃褐腐病和软腐病的发生。桃、李、杏预冷的方式有风冷和 0.5～1℃冷水冷却，后者效果更佳。

3. 包装

包装容器不宜过大，以防振动、碰撞与摩擦。一般是用浅而小的纸箱盛装，箱内加衬软物或格板，每箱 5～10 kg。也可在箱内铺设 0.02 mm 厚低密度聚乙烯袋，袋中加乙烯吸收剂后封口，可抑制果实软化。

4. 贮藏方法

(1)桃和油桃

①冷藏　桃和油桃的适宜贮温为 0℃，相对湿度为 90%～95%，贮期可达 3～4 周。

②气调贮藏　国内推荐在 0℃下，采用 1%～2% O_2＋3%～5% CO_2，桃可贮藏 4～6 周；1% O_2＋5% CO_2 贮藏油桃，贮期可达 45 d。将气调或冷藏的桃贮藏 2～3 周后，移到 18～20℃的空气中放 2 d，再放回原来的环境继续贮藏，能较好地保持桃的品质，减少低温伤害。国外用此法贮藏桃耐藏品种，贮期可达 5 个月。这是目前桃贮期最长的报道。

国内桃和油桃贮藏多采用专用保鲜袋进行简易气调贮藏。将八九成熟的桃采后装入内衬 PVC 或 PE 薄膜袋的纸箱或竹筐内，进行 24 h 预冷处理，然后在袋内分别加入一定量的仲丁胺熏蒸剂、乙烯吸收剂及 CO_2 脱除剂，将袋口扎紧，封箱码垛进行贮藏，保持库温 0～2℃。

(2)李　李采后软化进程较桃稍慢，果肉具有韧性，耐性比桃强，商业贮藏多以冷藏为主。方法与桃的贮藏基本相同。李采用减压贮藏也能收到较好的效果。

(3)杏

①冰窖贮藏　将杏果用果箱或筐包装，放入冰窖内，窖底及 4 周开出冰槽，底层留 0.3～0.6 m 的冰垫底，箱或筐依次堆码，间距 6～10 cm；空隙填充碎冰，码 6～7 层后，上面盖 0.6～1 m 的冰块，表面覆以稻草，严封窖门。贮藏期要定期抽查，发现变质果要及时处理。

②气调贮藏　气调贮藏的杏果要适当早采，采后用 0.1%的高锰酸钾溶液浸泡 10 min，取出晾干。将晾干后的杏果迅速装筐，预冷 12～24 h，待果温降到 20℃以下，再转入贮藏库内堆码。堆码时筐间留有间隙 5 cm 左右，码高 7～8 层，库温控制在 0℃左右，相对湿度为 85%～90%，配以 5% CO_2，另加 3% O_2 的气体成分。这样贮藏后的杏果出售前应逐步升温回暖，在 18～24℃下进行后熟。但这种

贮藏条件对低温敏感的品种不宜采用。

(四)贮藏中出现的主要问题及预防

桃、李、杏贮藏期间主要是预防冷害和腐烂。

1. 冷害

控制主要是采取间歇升温的方法,冷藏过程中定期升温,果实在－0.5～1℃下贮藏15 d,然后升温至20℃贮2 d,再转入低温贮藏,如此反复。

2. 腐烂

桃、李、杏在贮藏过程中易感染微生物而发生腐烂。造成果实腐烂的病害主要有3种,即褐腐病、软腐病、根腐病等。在果实生长期间,加强病虫害防治是主要的措施,对于贮运的果实采前不能喷乙烯利。另外,在贮藏过程中可用仲丁胺系列防腐保鲜剂杀灭。常用的有克霉唑15倍液(洗果),100～200 mg/L 的苯来特和450～900 mg/L 的二氯硝基苯胺混合液(浸果)。

此外,桃、李、杏对 CO_2 比较敏感,当 CO_2 浓度高于5%时易发生伤害。症状为果皮呈现褐斑、溃烂,果肉及维管束褐变,果实汁液少,肉质生硬,风味异常。因此,在气调贮藏中应注意保持适宜的气体指标。

三、浆果类

(一)葡萄

葡萄是我国的六大水果之一,主产北方,新疆、河北、山西、山东、陕西等均是我国主产区。2005年我国葡萄栽培面积407.9 khm^2,产量约579.4万t。近年来,葡萄通过控温、控湿、调气加防腐保鲜剂的应用,可贮藏到次年3～5月份。

1. 贮藏特性

我国葡萄有几百个品种,但用于贮藏的品种仅有10多种。晚熟、极晚熟品种的果肉较硬脆,果皮较厚,浆果高糖、高酸,果梗木质化好,如龙眼、新玫瑰、意大利、白牛奶、无核白、玫瑰香、李子香、白香蕉等,以龙眼最耐贮藏,玫瑰香次之。巨峰、红地球果梗易干,影响贮藏效果。通常有色品种的葡萄较耐贮藏,白色葡萄品种在贮藏中果皮容易变褐或产生褐色花纹。

2. 贮藏条件

鲜食葡萄贮藏的最佳温度为0～1℃。适宜相对湿度为90%～95%。一般 O_2 保持在2%～5%,CO_2 3%～8%,总体来说对低氧和高二氧化碳不敏感,但过高的二氧化碳和过低的氧气也会产生伤害。

3. 贮藏技术及方法

(1)适时采收　葡萄采收宜在早晨露水干后进行,选择九成熟左右,果穗紧凑、整齐、上色均匀、无病无伤的果穗采收，剔出病虫及机械伤果粒，用专用保鲜袋包装，装箱。

(2)预冷　北方接近霜期采收的贮藏葡萄，如果没有预冷设备，允许采后在树下或距冷库很近的干燥通风处于夜间室外预冷 10 h 左右，机械制冷库仅限平铺冷库地面一层；如有支架，应控制在 2～3 层。针对红地球等不耐二氧化硫型保鲜剂的贮藏品种，提倡建立预冷库进行预冷。

①简易贮藏　葡萄采收时，昼夜温差较大，夜间气温在 10℃以下的地区，可以建设完全利用自然冷源的贮藏场所。如土窑洞、强制通风库、冰窖、自然通风库、人防工程及山洞等。进行晚熟品种的贮藏，也可达到预期的贮藏效果。

②小型节能保鲜冷库贮藏　这是一类利用自然冷源和机械制冷相结合的节能贮藏场所。比较适合我国农村地区。

③低温简易气调贮藏　葡萄采收后，剔除病粒、小粒并剪除穗尖，将果穗装入内衬 0.03～0.05 mm 厚的 PVC 袋的箱中，PVC 袋敞口，经预冷后放入保鲜剂，扎口后码垛贮藏。贮藏期间维持库温－1～0℃，相对湿度 90%～95%。定期检查果实质量，发现霉变、裂果腐烂、药害、冻害等情况，应及时处理。

④减压贮藏　此贮藏方法具有迅速冷却、快速降氧、随时净化、高效杀菌、消除残留等特点。采用减压保鲜贮藏可将食物失重、腐烂、老化程度减到最小范围。

无论哪种方法，应定期通风换气，每隔 3～5 d 检查，如发现有冻害、霉变及保鲜剂漂白等异常现象，应及时出库销售。

4. 贮藏中出现的主要问题及预防

葡萄贮藏的主要问题是腐烂、干枝、脱粒。

(1)贮藏中的保湿、低温、防腐是葡萄贮藏的关键　较高相对湿度，结合防腐措施，可延缓干枝，减少落粒。但长期贮藏温度不宜过低，当温度低于－1℃时，果梗和穗轴便会造成不同程度的冻害。

(2)溴氯乙烷和仲丁胺熏蒸可防葡萄腐烂　用量 0.2～0.25 mL/kg。或者用仲丁胺 300 倍液洗果，然后贮藏。

(3)SO_2 处理方法　通常使用的二氧化硫熏蒸剂或亚硫酸盐防腐保鲜剂在包装箱内遇水汽后，释放出二氧化硫，可杀灭和抑制霉菌。各品种对二氧化硫的敏感度不同，如巨峰葡萄用 CT2 号保鲜剂，每 500 g 葡萄用 1 包(2 片)保鲜剂，每包上扎 2 个透气孔。红地球和白牛奶葡萄要少放二氧化硫型保鲜剂，但要增加其他复合型防腐剂，同时采前使用食品添加剂型保鲜剂浸果穗或喷果穗。

对防止葡萄的腐烂也可结合生长期药剂防治，如用波尔多液、多菌灵或甲基托布津喷洒。

(二)香蕉

我国香蕉的主产区是广东、广西、福建、海南、云南和台湾等地。香蕉生产的最大特点是周年生产,因此,香蕉采后在产地贮藏保鲜的不多,主要是解决运输销售中存在的问题。

1.贮藏特性

香蕉是典型的呼吸跃变型果实。随着呼吸跃变的到来,果实变软,果皮退绿,类胡萝卜素的颜色显现出来;淀粉逐渐转化成糖,风味变甜,并散发出浓郁的香气。香蕉果实对乙烯很敏感。

2.贮运适宜条件

香蕉的最适贮运条件为:温度 11～13℃,空气相对湿度 85%～90%,O_2 和 CO_2 浓度均为 2%～5%。在夏季常温下可贮藏 15～30 d,冬季常温下可贮藏 1～2 个月。

3.贮藏技术及方法

(1)采收及预冷　要长途运输或长期贮藏,其采收饱满度一般在七成半至八成左右。不要在雨天或台风天气采收。香蕉采收时要尽量避免机械伤。

香蕉在低温贮运前最好进行预冷,以便迅速除去果实所带的田间热。

(2)去轴落梳　由于蕉轴含有较高的水分和营养物质,而且结构疏松,易被微生物侵染而导致腐烂,而且带蕉轴的香蕉运输、包装均不方便,因此香蕉采后一般要进行去轴落梳。

(3)清洗和防腐处理　由于香蕉在生长期间可能已附生大量的微生物。因此,落梳后的香蕉在包装前要进行清洗,清洗时可加入一定量的次氯酸钠溶液,同时除去果指上的残花。

生产上一般用 1 000 mg/L 的特克多+1 000 mg/L 的扑海因溶液进行药浴或喷淋梳蕉,晾干后再进行包装贮藏。也可用施保克等防腐剂。

(4)包装　可用纸箱或竹箩包装,近年我国香蕉的竹箩包装逐渐被纸箱包装取代。纸箱内衬聚乙烯薄膜袋,聚乙烯袋的薄膜厚度宜在 0.03～0.04 mm。在包装内加入浸有饱和高锰酸钾溶液的沸石或其他的轻质多孔材料,可显著延长香蕉的贮藏期。

(5)贮藏方法

①低温贮藏运输　低温贮藏运输是香蕉最常用、效果最好的方式,特别在国外已成为一种常规的商业流通技术。我国香蕉有一部分采用机械保温车和加冰保温车运输。香蕉低温贮藏运输的适宜温度是 11～13℃,低于 11℃ 会发生冷害。

②薄膜袋包装加高锰酸钾贮藏保鲜　利用半透性的薄膜袋密封,使袋内二氧

化碳与氧气的比例调节在5%与2%，也防止水分蒸发，使袋内相对湿度达85%～95%。目前薄膜最好以厚度0.03～0.06 mm的效果较好；同时，可用珍珠岩或活性炭或三氧化二铝或沸石等作载体，吸收饱和的高锰酸钾溶液，然后阴干至含水4%～5%。使用时用塑料薄膜或牛皮纸或纱布等包成一小包，并打上小孔，每袋放置1～2小包。此法贮期比自然放置长3～5倍。

③气调贮藏　典型的香蕉气调条件是12～16℃、2%～5% CO_2和2%～5% O_2(Bishop,1996;Kader 1985,1992)。但实际上在国内外商业化贮藏应用中气调贮藏的不多，这可能是气调贮藏成本较高而限制了其应用。

4.贮藏中出现的主要问题及预防

香蕉贮藏中最大的问题是易受冷害和高温伤害。

香蕉对低温很敏感，贮运温度低于11℃时会导致果实遭受冷害。但过高温度也会对香蕉造成伤害，当温度超过35℃时，则引起果实高温烫伤，使果皮变黑，果肉糖化，失去商品价值和食用价值。因此，必须严格把其贮藏温度控制在适宜的范围内。

香蕉贮藏过程中也易受高二氧化碳伤害，受害果皮不转黄，轻则果肉产生异味，重则果肉呈黄褐色，失去商品价值。在包装袋中放入熟石灰，可降低二氧化碳浓度，减少伤害，但石灰不能与香蕉直接接触。

香蕉在贮藏过程中也应注意预防炭疽病，是在果园侵入运销期发病。感病果果皮上出现黑褐色状病斑，随果实成熟衰老病斑迅速扩大，使果皮褐腐。采后用1 000 mg/kg的特克多或多菌灵或苯来特浸果，可以防治香蕉炭疽病。

(三)猕猴桃

1.贮藏特性

猕猴桃原产于我国的长江流域，营养丰富，尤其维生素C含量最高。主栽品种有中华猕猴桃(软毛猕猴桃)和美味猕猴桃(硬毛猕猴桃)，前者如魁蜜、庐山香等，后者的代表品种有秦美和海娃德。相比之下，中华猕猴桃的耐贮藏性要差一些。海娃德、华光5号、通山5号等品种成熟得晚，较耐贮藏和运输。

猕猴桃是一种具有呼吸高峰的水果，猕猴桃对温度和乙烯极为敏感，采后若不进行及时处理，在常温下果实内乙烯迅速增加，进而果实易衰老发病、腐烂。

2.贮藏条件

在−0.5～0℃和90%～95%相对湿度下，猕猴桃可以贮藏3～5个月，耐贮品种可以贮藏8个月。在0℃和2%～4% O_2、2%～5% CO_2条件下，猕猴桃可贮藏6～8个月，但要注意环境中的二氧化碳浓度不能超过10%，不然会造成果实的二氧化碳损伤。

3.贮藏技术及方法

(1)采收　用于贮藏的猕猴桃应该在果实硬熟期采收，即种子呈黑褐色，淀粉含量从最高值开始下降，全糖增加的时期(可溶性固形物6.5%～7%)为采收适期。采收时要注意避免机械损伤。采收应在晴天进行。

(2)贮藏方法

①冷藏　果实采后应该尽快预冷到0℃，在常温中耽搁的时间不得超过8～12 d，预冷后的猕猴桃应继续保持在0℃下。猕猴桃不能与苹果和梨一起贮藏。

②气调贮藏　在0℃和2%～4% O_2、2%～5% CO_2 条件下，猕猴桃可贮藏6～8个月，果实仍然能保持其硬度，成熟后品质良好。要注意环境中的 CO_2 不能超过10%。贮藏后，如果需要加快果实的后熟，可将果实放到18～21℃的环境中，或用乙烯催熟。

③减压贮藏　据测定：低温常压贮藏猕猴桃，10 d后果实全部变软；但在减压常温下贮藏30 d后，猕猴桃果实全部完好且不变软，与刚采摘时基本相同。

猕猴桃一般使用木箱或纸箱包装，果实在箱内只能作单层摆放，箱内需衬有带孔聚乙烯薄膜，以便保持高湿和累积二氧化碳，有利于果实的长期贮藏。

4.贮藏中出现的主要问题及预防

猕猴桃果实在贮藏期间主要是控制乙烯含量和防治蒂腐病。

(1)猕猴桃必须在低温条件下进行贮藏，并加饱和的高锰酸钾载体除去贮藏环境中的乙烯，才能达到良好的保鲜效果。

(2)蒂腐病是猕猴桃贮藏过程中引起果实腐烂的主要病害。受害果起初在果蒂处出现明显的水渍状。然后病斑均匀地向下扩展。切开病果，果蒂处无腐烂，腐烂在果肉中向下扩展蔓延，但果顶一般保持完好。腐烂的果肉为水渍状，略有透明感，有酒味，稍有变色。随着病害的发展，病部长出一层白色霉菌，病果外部的霉菌常常向邻近果扩展。防治措施：在田间做好蒂腐病的防治工作，减少菌源；采果前3周喷65%代森锌600倍液；采果24 h内用京2B膜剂20倍加500 mL/L多菌灵进行防腐保鲜处理。

四、柑橘类

柑橘是我国的主要水果之一，南方各省普遍有栽培。

(一)贮藏特性

柑橘类是非呼吸跃变型水果。一般成熟期晚，果心小而充实，果皮细密光滑、海绵组织厚而且致密的品种较耐贮藏，反之则不耐贮藏。同一种类或同一品种的果实，常常是大果实不如中等大小果实耐贮藏。一般来说，柠檬类最耐贮藏；其次是甜橙类，如四川的锦橙、实生甜橙，湖南的大红甜橙，福建的雪柑等，可贮藏半年左右；再次是柑类，如蕉柑、温州蜜柑；宽皮橘的耐藏性最差，尤其是四川的红橘。当然，在每个橘种群中，自然也有耐藏与不耐藏之分，如耐藏性差的宽皮橘中，温州蜜柑和瓯柑就耐贮藏。

（二）贮藏条件

根据试验：甜橙在贮藏期为 100 d 内的以 2℃左右为宜（引自张百超），一般为 3～5℃；温州蜜柑 4～6℃，红橘 10～12℃，蕉柑 7～9℃，柑 10～12℃，柚类 7～8℃，柠檬类 12～14℃的贮藏温度比较适宜。

在较低温度下稍长时间容易引起冷害，出现水肿状或干疤状（褐斑病）。

贮藏上，一般采取温度低时，湿度可稍高些，相反，在温度高的条件下，湿度应相对保持较低。日本贮藏温州蜜柑的研究表明：在 3℃条件下，85％相对湿度时，温州蜜柑烂果率最低；相对湿度在 80％以下时，发生黑斑病，果皮萎凋，烂果增多；在 90％时，烂果率也增高。

柑橘果实对二氧化碳较敏感。橙、柑类往往氧低于 18％，二氧化碳高于 3％（温州蜜柑高于 1％）就会造成气体伤害，引发水肿病。所以，柑橘一般不做气调贮藏。若用薄膜包装贮藏，一定要按上述气体指标来管理。柑橘贮藏中也会有乙烯产生和积累，应设法除去。

（三）贮藏技术及方法

1. 重视采前管理，适时采收

应加强田间病虫害防治，注意施有机肥或磷钾肥，切忌偏施氮肥和采收前 2～3 周灌水。

用于长期贮藏的果实，以果面基本转黄、果实较坚实采收为宜。通常采用两剪法剪果，第一剪剪下果实，第二剪齐果剪平果蒂，以免果蒂刺伤其他果实。

2. 采后处理

采收后应马上进行药剂防腐处理。目前，常用 2，4-D 200 mg/L 混合各类杀菌剂。常用杀菌剂有苯并咪唑类如特克多、苯来特、多菌灵、托布津，参考用药量为 500～1 000 mg/L；抑霉唑 500～1 000 mg/L，施保功 250～500 mg/L。

分级后的果实要进行包装，橘果实的内包装主要有薄膜袋单果包装，薄膜厚度 0.015 mm，薄膜袋内的 O_2 为 19％～20％、CO_2 为 0.2％～0.8％；外包装形式主要有纸箱和竹篓，以薄膜单果包装结合纸箱外包装的商品档次较高。

3. 贮藏方法

（1）简易贮藏

①留树保鲜　又称挂果保鲜，就是在果实基本成熟时向树体喷洒一定浓度的

稳果剂，使果实在树上安全越冬的保鲜方法。

②地窖贮藏　窖内贮前消毒，窖底铺层 3～5 cm 的稻草，将经预贮、无病伤的柑橘摆在上面，放果时，沿窖壁排放成环状，果蒂向上，大果放在底下，小果在上，放置平整，排列成行。第二层果放在第一层的两个果之间，一般放 3～5 层，在果实交接处，留出 40～60 cm 的空间，供翻窖时移放果实用。窖底中心留出与窖口面积大小相仿的空地，以便翻窖时站立操作。

还有松针或草木灰贮藏。松针有抗菌杀虫、延缓果实成熟的作用；草木灰有吸湿、吸热、保温和抑制微生物的特性。用于保鲜柑橘的松针要求新鲜干爽、无枝梗。将采下的八九成熟的柑橘先放在阴凉室内晾 3～5 d。贮前 7 d 把木箱、竹筐等容器洗净、消毒、晾干后，内衬 1 张无毒塑料薄膜或牛皮纸。贮藏时先在容器底部放一层 1～2 cm 厚的松针或草木灰，按松针（草木灰）-柑橘-松针（草木灰）的顺序逐层摆放，以放 8～10 层果实为限。装好后置于凉爽干燥的室内贮存。

(2)库房贮藏

①通风库贮藏　贮前 1 周做好库房消毒、灭鼠、防鼠，通风换气。将采后经预贮、挑选的柑橘装箱（筐），入库堆码或上架。入库初期，要注意通风。立春后，为避免库温上升，要注意降温。若湿度过低，可在地面洒水、挂湿草帘、喷水等。管理得好，可贮 3～4 个月。

②冷库贮藏　冷库贮藏的温度应因柑橘种类的不同要求控制适宜。并要注意换气，排除过多的二氧化碳等有害气体。还要注意经常除霜，以免影响制冷效果。

(3)气调贮藏

①塑料薄膜包贮藏　应用聚乙烯塑料薄膜进行单果或大袋包装，入通风库贮藏，可有明显保鲜效果。红橘不宜用膜包果贮藏。温州蜜柑用 0.01～0.04 mm 厚，芦柑用 0.015 mm 厚，雪柑用 0.02 mm 厚，甜橙用 0.02～0.04 mm 厚。大袋包装用膜 0.03～0.06 mm 厚，每袋装果 2.5～12.5 kg。用薄膜包装时，果实要经预贮，然后单果包装，装箱贮藏。

②塑料薄膜大帐贮藏　将采后选果、预贮的柑橘，装箱后，封入 0.06 mm 厚聚乙烯薄膜大帐，按不同品种柑橘的贮温要求，控制适宜温度、湿度和气体（一般 CO_2 不要高于 3%，O_2 不要低于 18%）。

③气调袋冷藏　将无病、伤，并经预贮的柑橘装入椪柑硅窗袋、锦橙硅窗袋等专用柑橘保鲜气调袋，分别装柑橘 30 kg、6 kg。再装箱入冷库。袋内气体可分别维持 18% O_2、1.5% CO_2 和 19% O_2、1%～2% CO_2。贮藏效果较好。

(4)辐射贮藏保鲜

用 2%氯化钙溶液或用 1%托布津各浸果 10 min，晾干后用木板箱包装，分别

进行 ^{60}Co γ射线辐射处理。结果表明，应用 ^{60}Co γ射线处理的柑橘，自然损耗少，好果率增加。

(四)贮藏中出现的主要问题及预防

柑橘在贮藏中出现的主要问题是预防生理和病理性病害，及其造成的腐烂。

1. 生理病害

在较低温度下稍长时间容易引起冷害，出现水肿状或干疤状(褐斑病)。

(1)褐斑病(干疤)　在橙、柑中普遍发生，一般在贮藏初期(30 d后)出现，多发生在果蒂周围和果身上，病部果皮下陷皱缩，呈红褐色，严重时病疤处油胞破裂干缩。还有种是果面干疤，初为红褐色小斑点，后逐渐扩大成片状，形成大而深的褐色革质病斑。

发病原因：一是贮温低，属冷害；二是贮藏湿度较低；三是气体不适，氧低或二氧化碳高所致。防治方法：维持贮藏适宜温、湿度，调节环境气体。采取聚乙烯膜袋单果包装。

(2)水肿　发病初期，果皮无光泽，病斑很小，呈斑块状，病部组织变松，用手按稍感绵软，呈水渍状。后期病斑扩大连片，呈暗褐色，病部稍凸起，果皮浮肿，易剥皮，果肉苦而淡，无果香，有异味。发病原因：低温冷害；贮期通风不良，二氧化碳积累伤害；成熟度较低。

防治方法：控制适宜的贮藏温度、湿度，加强通风，防止二氧化碳积累伤害。

(3)枯水　柑橘贮藏后期普遍发生，在宽皮柑橘类表现果皮发泡，果肉淡而少汁；甜橙类表现果皮呈不正常饱满，油胞突出，果皮变厚，囊瓣与果皮分离，囊壁加厚，果汁细胞失水。

防治方法：适当提早采摘，采前20 d喷树冠20～50 mg/kg的赤霉素，或1 000～2 000 mg/kg 的 B9；采后用 50～150 mg/kg 赤霉素、1 000 mg/kg 多菌灵、200 mg/kg 2,4-D浸果。采后将果实在7～8℃温度、75%～80%相对湿度环境中处理20 d左右，使之失水达3%～4%后，再用薄膜袋单果包装贮藏。宽皮柑橘应调控较低湿度(80%～85%)，提高氧浓度(18%以上)，降低二氧化碳浓度(1%以下)。

2. 微生物病害

引起柑橘腐烂的主要病害是青霉病、绿霉病、蒂腐病和黑腐病。多数从伤口或果蒂部侵染。青霉病、绿霉病是柑橘贮运期间危害性很大的两种病害，一般低温下以青霉病为主，较高温度下以绿霉病为主。两种病症状相似，初期为水渍状淡褐色圆形病斑，软腐状。病部均先产生白色霉状物，很快转变为青色或绿色粉状霉层，此后病部不断扩大，很快全果腐烂。

做好贮藏库和用具消毒，切断侵染循环；适时采收和防止果实受伤；采前7～

10 d 对树冠喷药,可用 70%甲基托布津 1 000 倍液或 50%多菌灵 1 000 倍液,并加 50～200 mg/L 的 2,4-D。采后可用 500～1 000 mg/L 多菌灵＋200 mg/L 2,4-D 浸果 1～2 min,浸后稍晾干,再用塑料薄膜单果包装;单果包装或含药薄膜,控制贮藏环境条件。

五、干果类

(一)板栗

1. 贮藏特性

就地理环境和气候条件来说,北方品种较南方品种耐贮藏。南方栗子比北方栗子在贮藏期间易发芽和腐烂,耐贮性差。

就品种特性来说,一般中、晚熟品种较早熟品种耐贮藏。凡是 9 月中旬以前成熟的品种,如宜兴、溧阳的处暑红栗、魁栗、岭口大栗、油光栗、大红袍栗等均不耐贮藏;晚熟品种如重阳蒲栗、上光栗、札栗等成熟期在 9 月下旬以后,均耐贮藏。

2. 贮藏条件

一般栗子适宜的贮藏条件是温度 0～1℃,相对湿度 90%～95%,3%～5% O_2、1%～4% CO_2。

3. 贮藏技术及方法

(1)贮前处理　采收后苞果温度高水分多,呼吸强度大。应选择凉爽通风的场所,将苞果堆成 0.6～1 m 厚的堆,不可压实,每隔 5 m 插一把小竹子或高粱秆,以利通风降温。堆放 7～10 d,然后将坚果从栗苞中取出,剔除病虫果以及其他不合格果,再在室内摊晾 5～7 d 即可入贮。

用于贮藏的栗果,除注意品种选择、适时采收、脱落栗蓬和"发汗"外,在贮藏前还须做好防腐、防虫和防发芽等预处理。

(2)贮藏方法

①沙藏法　该法简便易行,投资少,是我国目前贮藏栗果的主要方法。

北方多用沟藏。一般沟深为 1 m 左右,宽 1～1.5 m,长度则视栗果的数量而定。挖好沟后用不含土的干净湿沙铺沟底 5～10 cm,然后栗果与沙分层入沟埋藏,或将沙与栗果混合放入沟内。南方普遍采用地面沙藏。一般在室内地面上先铺一层厚 3～4 cm 干净的湿沙,沙的湿度以手捏不成团为宜,其上堆放一层栗实铺一层沙,每层厚度为 3～6 cm,如此堆放,最后盖沙 3～6 cm,沙上再盖一层稻草或其他覆盖物,整个高度不超过 1 m,或 1 份栗加 2 份沙混合堆放。堆好后不要翻动,如果沙面显干燥,可喷少量水,使沙保持湿润。这种沙藏法一般从头年 9～10 月份采收可贮藏到次年 2～3 月份,有的地方用谷壳、锯末代替沙作填充料(填充料的含水量为30%～35%)，也有良好的效果。

②窑洞贮藏　贮藏前，先将窑洞消毒。入贮的栗果用10%食盐进行水洗，然后用50%的多菌灵悬浮液50～100倍液浸果1 h，或用0.11%高锰酸钾浸果0.5 h进行灭菌，以防栗果被病菌侵染引起腐烂。处理好的栗果装入筐内并加盖，在窑洞内分3层摆放贮藏。

③缸藏法　将缸洗净，缸底垫1个竹搭子，隔离缸底积水，缸中竖1个通气竹筒，竹筒高与缸面齐，然后倒入经挑选和预处理的板栗，一层板栗夹一层松针，最后以松针盖面，松针1个月换1次。为防止鼠害，缸面加盖1个竹搭子。

④冷藏法　最简单的冷藏方法是将栗果挑选后，装入纸箱、竹筐内或麻袋内，贮于上述温度、湿度条件下。麻袋包装每隔4～5 d在袋外喷水1次，用竹筐或包装箱处理则内部充填湿锯末，以保持栗子的湿度。改进的简易冷藏法是在麻袋内增衬0.06 mm厚的打孔聚乙烯薄膜以提高相对湿度，减少栗果失重，并通过打孔可大大减少二氧化碳的积累。

⑤气调贮藏　在冷藏条件下，配合硅窗气调(O_2 3%～5%，CO_2 1%～4%)，可将栗果的贮藏期进一步延长，栗果基本无发芽、生虫及霉烂等的发生。

4.贮藏中的主要问题及预防

(1)板栗霉烂变质　主要与品种的抗病性、采收成熟度及环境条件有着密切的关系。防止板栗霉烂变质的有效措施：

①适时、合理安排采收时间　当板栗的栗苞由绿转黄并自动开裂，坚果呈棕褐色，全树有1/3球果开裂后才采收。采收时应避开雨天，避开雨后初晴或晨露未干时采收。

②药剂熏蒸　将新脱粒的栗实放在密闭条件下，用药剂熏蒸。每立方米栗实用溴甲烷60 g，处理4 h，可有效把害虫杀死，减少因病虫害引起的霉烂。

(2)板栗失重风干　主要是由于贮藏环境温度过高而湿度太低造成的。防止的措施主要是提高贮藏环境的湿度、降低温度。如采用沙贮法，则要定期喷水增湿；冷库贮藏前要用清水浇果、不晾干装包或采用塑料薄膜包装，同时增加库房相对湿度，减少通风量，恰当低温。

(3)板栗发芽是在温度、湿度、通气的适宜条件下开始萌发　采用萘乙酸150～200 mg/kg或B9 1 500～2 000 mg/kg或青鲜素1 500～2 000 mg/kg加2 000倍液的甲基托布津浸果3 min可有效抑制板栗发芽及栗实霉烂。采收40～60 d后，经过休眠后快要发芽时，可用3%的食盐和2%的纯碱混合水溶液浸洗2 min左右，不阴干即装入筐内，也可防止发芽。

(二)核桃

1.贮藏特性

核桃为干果,较耐贮藏。核桃果实外有较厚的外果皮,必须达到完全成熟才能采收。核桃完全成熟的特征是果皮由青变黄,果顶出现裂缝或果皮自然开裂,容易剥离。当全树80%核桃成熟时为最佳采收期。

2.贮藏条件

较适宜的贮藏温度为0~5℃。相对湿度宜控制在50%~60%。在较低的氧,较高的二氧化碳或氮气下,可抑制呼吸,减少消耗,同时能抑制霉菌的活动,防止霉烂。

3.贮藏技术及方法

(1)贮前处理　核桃在采收后,在入贮之前,需要脱除外皮,干燥和防虫杀菌。

①采收后　核桃外皮开裂50%左右的可让其自然脱出,将外皮尚未开裂的核桃堆起,并注意翻动,经5~7 d外皮脱落后,用水清洗或用漂白粉漂洗。

②干燥　将脱除外皮后的核桃立即进行晒干(注意避免暴晒),晒到核仁皮色由白变为金黄、隔膜易于折断、内种皮不易和种仁分离,种仁切面色泽一致时为宜,一般晒4~5 d。

③防虫杀菌　将核桃放在密闭室(或容器)中,用溴甲烷40~56 g/m^3,熏蒸4~10 h。

(2)贮藏方法

①室内贮藏　选室内冷凉、干燥、通风的地方。贮藏期间应保持干燥,防止霉烂。

②机械冷藏库贮藏　将经贮前处理的核桃在室内预贮30 d后,用衬有聚乙烯薄膜袋的筐或箱包装,密封。堆码在冷库中,堆码时要留有适当的空隙。将温度控制在0~1℃贮藏。

③塑料薄膜帐贮藏　将干燥的核桃(含水量3%~4%)装袋或筐,然后堆码在干燥、低温的贮藏室中,罩上塑料薄膜帐密封。向帐内充入氮气或二氧化碳,降低帐内氧气。贮藏初期可使CO_2高达50%,后期维持O_2 2%,CO_2 7%~8%,并维持低温条件。

4.贮藏中的主要问题及预防

(1)贮藏期间防霉烂　主要原因是受微生物的侵染所致。防止方法:采后注意防止核桃干果受裂伤;贮藏前,要将核桃晾晒到适宜的干燥程度,避免因含水量过高而有利微生物的侵害;保持贮藏环境的低温、干燥条件,抑制微生物的生长繁殖;采用杀菌剂处理,减少病原菌。

(2)防止发生哈喇味　发生哈喇味的原因是核桃仁中含有较多的脂肪，脂肪在温度高、水分多及氧气充足时容易发生氧化变质而产生的。防止方法：将核桃在贮藏前晾晒到适宜的干燥程度；采用气调贮藏，降低贮藏环境中的氧气含量；尽量创造和维持贮藏环境中的适宜低温、低湿条件。

第二节　蔬菜贮藏

一、根菜类

(一)贮藏特性

萝卜和胡萝卜均为根菜类蔬菜，食用部分为地下部的肉质根；无生理休眠期。

1. 贮藏品种选择

贮藏萝卜以秋播的晚熟品种耐贮性较好，华北、东北地区谚语："头伏萝卜，二伏菜"，霜降前后采收的萝卜最耐贮藏。地上部分长的品种比地下部分长的品种耐贮藏，皮厚、质脆、含糖和水分多者耐贮藏。如北京的心里美、青皮脆，天津的卫青，济南的青园脆，沈阳的翘头青，吉林的大磨盘等品种较耐贮藏。不同色泽品种的耐藏性大致为：青皮种＞红皮种＞白皮种。

胡萝卜中皮色鲜艳的、根细小的、根茎小、心柱细的品种耐贮藏。如鞭杆红、小顶金红等品种。

2. 贮藏条件

低温、高湿是贮藏好根菜类(萝卜和胡萝卜)的关键。贮藏温度宜在0～5℃，相对湿度为95%左右。贮藏温度如低于0℃会造成冻害。

萝卜和胡萝卜具有适应土壤中生长的习性，组织特点是细胞和细胞间隙都很大，具有较强的耐低氧(O_2 1%)和耐高二氧化碳(CO_2 8%)的能力，因此，萝卜和胡萝卜适于采取气调贮藏，有利于抑制生长与衰老。

(二)贮藏方式

1. 沟藏法

沟开东西走向，一般宽1～1.5 m，沟的深度应比当地冬季的冻土层再稍深0.6～0.8 m，长度视贮藏量而定。萝卜和胡萝卜入沟的时间最好是在最冷凉的时间。萝卜和胡萝卜可以散堆在沟内，头朝下，根朝上，码3～4层，厚度一般不超过0.5 m，以免底层产品受热腐烂。最好是与湿沙层积。下沟后在产品表面覆上一薄层土，以后随气温下降分次添加，最后约与地面平齐。此法贮藏的萝卜和胡萝卜一般要一次出沟上市。

2.窖藏

萝卜和胡萝卜的窖藏可分为散堆贮藏和层积贮藏。散堆贮藏时，其高度不得超过1.5 m，以防温度升高引起腐烂，也可在堆中放几个通气把。层积贮藏方法为先在窖底放一层0.08～0.1 m厚的细沙，然后一层沙一层萝卜，共堆放0.8～1 m，中间每隔1 m放一通气筒，最上层放湿沙0.2 m。窖内温度控制在0～2℃，相对湿度为90%～95%。

3.塑料袋小包装贮藏

塑料袋小包装贮藏时，把萝卜和胡萝卜装入聚乙烯塑料薄膜袋中，每袋1 kg，扎紧袋口放在1℃条件下贮藏，此法保鲜效果很好。

4.塑料薄膜贮藏

这种方法是在普通大型窖内进行的。薄膜半封闭贮藏时，选取无病、无伤的萝卜和胡萝卜在窖内堆成长4～5 m，宽1～1.5 m，高1～1.2 m的长方体堆，当窖内温度下降到0℃时，套上薄膜帐子，堆底下铺塑料薄膜。应定时揭帐通气，此法可贮藏至第2年的5、6月份。

(三)贮藏中的主要问题及预防

1.非侵染性病害——萌芽和糠心

萝卜和胡萝卜在贮藏期间遇到适宜的条件便萌发抽薹，引起糠心。贮藏过程中的高温低湿环境及造成的机械伤会加剧糠心的发生，所以根菜类要在低温高湿条件下贮藏。萝卜和胡萝卜采后防止发芽可采前1周田间喷洒2 500 mg/L青鲜素(MH)，或采收当时用50～100 mg/L 2,4-喷洒，或采后1周用100～200 mg/L 2,4-喷洒。

2.侵染性病害

(1)菌核病　其症状为：萝卜和胡萝卜直根软腐，外部缠有大量白色絮状菌丝体和鼠粪状菌核，严重时可造成直根腐烂。贮藏期间接触传染是本病造成严重腐烂的主要途径。肉质根冻伤、擦伤是病害在库中大面积暴发的诱因。

(2)黑腐病　其症状为：萝卜和胡萝卜的肉质根上形成不规则或近圆形、微凹陷的黑斑，黑斑深入内部5 mm左右的烂肉发黑。病变组织稍坚硬，如环境湿度大，也会呈现软腐。

3.防治方法

(1)适时采收，尽量减少采前或采后运输时的各种机械损伤。贮藏萝卜一般采收的标准是肉质根已充分膨大、基部变圆、叶色变黄。胡萝卜采收的标准是肉质根已充分长大，心叶呈绿色，外叶稍枯黄，味甜且质地柔软。

(2)用库房消毒剂对库房和用具进行彻底的消毒。

(3)萝卜和胡萝卜对乙烯比较敏感,不宜与苹果、梨等乙烯释放量大的果蔬同库贮藏。

(4)贮藏前不要削去萝卜和胡萝卜直根的茎盘,这种处理会造成大面积的伤口,易使胡萝卜糠心。如果只拧缨而不削顶,也易使萝卜和胡萝卜萌芽和糠心。因此可以用刮去生长点而不切削的办法进行前期贮藏,到贮藏后期出库加工时再削去顶部,这样既可防止萌芽又可以预防糠心。

二、茎菜类

地下茎菜类的贮藏器官是变态的茎。马铃薯是块茎,洋葱、大蒜、大葱为鳞茎。

(一)马铃薯

1.贮藏特性

马铃薯具有不易失水和愈伤能力强的特性,而且在收获后一般有2～4个月的休眠期。所以,马铃薯是较耐贮藏和运输的一种蔬菜。晚熟品种休眠期短,早熟品种休眠期长。成熟度不同对休眠期的长短也有影响,尚未成熟的马铃薯块茎的休眠期比成熟的长。贮藏初期的低温对延长休眠期十分有利。

2.贮藏条件

适宜温度为3～5℃。当温度降至0℃时,淀粉水解酶活性增高,薯块内单糖积累,薯块变甜,食用品质不佳,加工时会褐变。如果贮藏温度升高,单糖又会合成淀粉。当温度高于30℃和低于0℃时,薯心容易变黑。

实践表明,马铃薯适宜的贮藏相对湿度应为80%～85%。

另外,光线能诱导马铃薯缩短休眠期而引起萌芽,并使芽眼周围组织中的茄碱甙含量急剧增加,大大超过中毒阈值0.02%。因此,马铃薯贮藏时应尽量避免光照。

3.贮藏方式

马铃薯的贮藏方式很多,以上海、南京等地的堆藏,山西的窖藏,东北的沟藏较为成熟。

(1)堆藏　一般每10 m^2 堆放7 500 kg,四周用板条箱、箩筐或木板围好,中间可放一定数量的竹制通气筒,以利通风散热。这种堆藏法只适于短期贮藏和秋马铃薯的贮藏。

(2)沟藏　7月中旬收获马铃薯,收获后预贮在阴棚或空屋内,直到10月份下沟贮藏。沟深1～1.2 m,宽1～1.5 m,沟长不限。薯块厚度为40～50 cm,寒冷地区厚度可达70～80 cm,上面覆土保温,要随气温下降分次覆盖。

(3)窖藏　用井窖或窖窑贮藏马铃薯，每窖可贮3 000～3 500 kg，由于只利用窖口通风调节温度，所以冬季保温效果较好。但入窖初期窖温不易降温，因此马铃薯不能装得太满，窖内薯堆高度不超过1.5 m。并注意窖口的开闭。

窖藏马铃薯易在薯堆表面“出汗”(凝结水)，在严寒季节可在薯堆表层铺放草帘，以转移出汗层，防止发芽与腐烂。马铃薯入窖后一般不用翻动，但在气温较高地区，因窖温也相对较高，可酌情翻动1～2次，去除病烂薯块，以防腐烂蔓延。

(4)通风库贮藏　一般薯堆高度不超过2 m，堆内设置通风筒。装筐码垛存放。

(5)冷藏　休眠期后的马铃薯转入冷库中贮藏可以很好地控制发芽和失水，在冷库中可以进行堆藏，也可以装箱堆码。将温度控制在3～5℃，相对湿度为85%～90%。

4. 贮藏中的主要问题及预防

马铃薯贮藏期间的主要问题是发芽和病害导致腐烂。

(1)发芽　氯苯胺灵(CIPC)是一种采后使用的抑芽剂，粉剂的使用量为1.4～2.8 g/kg，使用时将粉剂撒入马铃薯堆中，上面扣上塑料薄膜或帆布等覆盖物，24～48 h后打开，经处理后的马铃薯在常温下也不会发芽。但该抑芽剂必须在马铃薯愈伤后使用，否则，它会干扰马铃薯的愈伤，造成马铃薯贮藏中腐烂。休眠期前的马铃薯使用该抑芽剂效果更好。此外每10 t薯块用α-萘乙酸甲酯或α-萘乙酸乙酯0.4～0.5 kg与15～30 kg细土制成粉剂均匀地撒在薯堆中效果也不错。应在休眠中期进行。用射线辐照马铃薯，有明显的抑芽作用。

(2)微生物病害　主要有细菌引起的软腐病和环腐病以及真菌引起的干腐病和晚疫病等。此外，还可能由于管理不善而导致的生理病害，如黑心病和内部黑点病。

软腐病使感病组织变成褐色至黑色，边缘界线分明。常常内部溃烂而外部保持不变。

环腐病薯块表面可以见到芽眼附近皱缩下陷，切开薯块可以看见维管束变奶黄色，挤压时有黏稠的奶黄色菌液被挤出。病情严重时维管束变成黑褐色。病菌来自种薯。

马铃薯干腐病，初期块茎病斑较小，呈褐色，后缓慢扩展、凹陷并皱缩，有时病部出现同心轮纹，病斑下组织坏死，发褐变黑，严重者出现裂缝或空洞。此时若环境湿度大，极易使软腐细菌从干腐的病斑处侵入，迅速腐烂，甚至整个块茎烂掉。

马铃薯晚疫病使薯块出现紫褐色不规则病斑，稍为下陷。

防治以上马铃薯病害，要求做到3点：

①选用无病种薯，田间及时清除病苗，灌溉避免积水，临收获前停止浇水，贮藏前严格剔除有病薯块。这些都是减少环腐病与晚疫病的有效措施。

②收获及装卸时轻拿轻放，避免造成机械伤；收获前适当进行愈伤处理，在10～15℃，相对湿度95%，处理10～15 d。这是防治由伤口造成的干腐病与软腐病的最好对策。

③常温贮藏要注意适当通风，低温贮藏要避免低于0℃。这是减少黑心和黑色斑点等生理病的好办法。

(二)洋葱

1. 贮藏特性

洋葱属石蒜科，两年生蔬菜，具有明显的生理休眠期。洋葱的休眠期为1.5～2.5个月。

我国栽培的洋葱，按皮色可分为红皮种、黄皮种和白皮种。黄皮种是中熟或晚熟品种，其品质好，休眠期长，耐贮藏，但产量稍低；红皮种为晚熟品种，产量较高，辣味重，耐贮藏，但品质较差；白皮种为早熟品种，肉质柔软，容易抽薹。从形状可分为扁圆形和凸球形。一般来说，扁圆型的黄皮品种较耐贮藏。

2. 贮藏条件

最适贮温为0～3℃，适宜的空气相对湿度为70%～75%。洋葱采后应充分晾晒，使外层鳞片干燥，有利于贮藏。

3. 贮藏技术及方法

(1)采收　洋葱在采收前10 d应停止灌水，采收适期一般在植株的第一、二片叶枯黄、第三、四片叶部分变黄、地上部开始倒伏、外部鳞片变干时为宜。要选择晴天进行，避免机械损伤，收后要及时在田间晾晒，待叶片发黄变软、外层鳞片完全干燥时即可贮藏。

(2)贮藏方法

①挂藏和筐藏　挂藏要求选择阴凉、干燥、通风的房间或菜棚，将洋葱叶编辫挂于木架上，注意防雨，此法休眠结束时就会发芽，一般可贮至10月份。筐藏是将干燥的葱头装筐，置于凉棚内，这样只能贮至9月份。

②垛藏　选择地势高燥、排水良好的场地，在地面垫枕木，其上放一层秫秸或苇席，将洋葱辫纵横交错摆码其上，码成长5～6 m、宽1.5 m、高0.5～1 m的长方形小垛。垛顶盖3～4层苇席。四周围2层苇席并用绳子绑紧。贮藏期间要防日晒雨淋，保持干燥。封垛初期可视天气情况倒垛1～2次。10月份要加覆盖物保温，以防受冻。

③气调贮藏　将洋葱装箱码垛后，再用大帐封闭，每帐贮藏洋葱500～

5 000 kg。此法必须在洋葱休眠结束之前封帐，用自然降氧法调气，氧浓度维持在3%～6%，二氧化碳浓度保持在8%～12%，抑芽效果良好，至10月底发芽率可控制在5%～10%。用此法，贮前葱头应充分晾干，贮藏中尽量不开帐检查。同时，要在帐内放置无水氯化钙等有效的吸湿剂，也可开帐擦去结露水，还可通入氯气消毒灭菌。

④冷库贮藏　温度的调节是以洋葱入库时的体温为起点，每天下降0.5℃，直至库温降到－2℃时为止。以后每天通风，以降低热量，冷库贮藏效果较好。

4.贮藏中的主要问题及预防

洋葱贮藏中的主要问题是防止发芽和真菌病害。

为了防止洋葱在贮藏中发芽，可在洋葱收获前7～10 d，管状叶片仍为绿色时喷洒0.25%的青鲜素(MH)溶液，用药前3～4 d不可浇水，用药后如果遇雨应重新喷洒。

洋葱贮藏病害有球茎软腐病和洋葱干腐病。采前大量降雨的洋葱贮藏中易发生球茎软腐病。水分较大的洋葱在入库前要充分晾晒，入库后要多排风、排湿，及时降温预冷，也可用果蔬防腐保鲜剂熏蒸处理，以杀死病菌。

洋葱干腐病病状为收获期病株根盘部及鳞茎、根均变褐，枯死根盘部产生白霉，影响洋葱贮存性能。采收后洋葱鳞茎在贮藏前应充分干燥，入库后用果蔬防腐保鲜剂熏蒸处理杀死病菌。

三、叶菜类

(一)大白菜

1.贮藏特性

大白菜喜冷凉和湿润的贮藏环境。其心叶的冰点温度为－1.2℃，但在－0.6℃时其外叶就开始结冰，长期低于－0.6℃会产生冻害。因此最适宜的贮藏条件是：温度0℃，相对湿度95%以上。

2.采收和预贮

大白菜在入贮前如果含水量过高、组织过脆，就容易造成机械伤害并引发病害，因此在采收前10 d应停止浇灌。

适时收获是做好贮藏工作的基础。一般在东北地区，以霜降前后为宜；华北地区则为立冬前后。供应贮藏的大白菜应选择成熟度达到八成心左右的菜棵为宜。

采收后的大白菜需先在田间自然晾晒，至菜棵直立时其外叶下垂而不致折断为宜。晾晒后进行整修，摘除黄帮、烂叶，撕去外围叶片的叶耳和过头叶(叶长超过叶球的部分)，清除带有病虫的菜棵。如果外界气温尚高，应把待贮菜棵整齐地码放在贮藏设施附近的背阴处，注意做好日间防热和夜间防冻工作。等外界气温降到 1～2℃时方可入贮。

3. 贮藏方法

根据各地实际情况可以选择堆藏、沟藏、窖藏或冷库贮藏等不同方式。

(1)堆藏　华北地区南部以及长江中下游地区适宜选择堆藏。此法是在露地或棚内，把大白菜倾斜地堆放成两行，其底部两行相距 1 m 左右，向上堆码时要逐层向中间收缩，最后用一棵菜把这两行合在一起形成尖顶状。其高度 1.2～1.5 m。堆码时每层菜棵之间还可以叉放一些细架杆起支撑作用，使菜垛稳固。在菜垛的外部应覆盖苇帘或蒲席，两端悬挂草包片。通过开合两端的草片调节菜垛内部的温湿度。当外界气温降低时，应及时加盖防寒设施；当气温升高时，夜间可把顶层的菜棵掀开，以利通风散热。采用堆藏法须勤倒菜。一般每过 3～4 d 要倒动 1 次。这种方式的特点是简便、易行，但费工、损耗大，适于短期贮藏。

(2)沟藏　沟藏又称埋藏，也是一种简便易行的贮藏方式。应注意做到以下几点：埋藏沟要预先挖好、充分晾晒使之干燥。整修好的菜棵根朝下直立码放到埋藏沟内，每层菜棵之间用干草或菜叶隔开，入贮以后随着外界气温的降低而分次覆土保温。

(3)窖藏　在我国北方地区广为采用。菜窖可分为棚窖和通风贮藏窖两种。棚窖一般长 20～50 m、宽 2.5～3.0 m、高 2 m；每隔 2～3 m 留一个通风口，可以每年临时搭建。通风贮藏窖每间窖的容积比棚窖稍大一些。适时把经过晾晒、整修好的菜棵运入窖内，码成 1.5 m 高、1～2 棵菜宽的条形垛。菜垛之间保留一定的距离。管理人员可以通过开关天窗或气孔通风换气。还可增设风机，强制通风。贮藏期间应常翻倒菜棵，及时清除黄帮、烂叶或病棵。

前期：即 11～12 月份。应通过大量通风以及勤倒菜等措施来降温散热；中期即 12 月下旬至翌年 2 月上旬。应通过关闭通风孔道或适当控制通风量等措施做好防冻工作。每次倒菜相隔的时间也可相应延长一些；后期：即 2 月中旬以后，应以防热、防腐为主。窖内宜保持适度的低温和高湿。如调控得当，一般可以贮藏到第 2 年的 3、4 月再上市。

(4)冷库贮藏　多采取装筐、码垛的方法。入库应分批进行。筐、垛之间要预留空隙，以便于查看，每隔 20 d 左右倒菜 1 次。此法通过机械输送冷空气来调控库温，可长期贮藏、陆续上市，直到第 2 年的 5、6 月份。其优点是贮藏效果佳，操作简便。

4. 贮藏中的主要问题及预防

长期贮藏，大白菜的损耗量可达 30%～50%。其主要原因是脱帮，其次是腐烂和自然失重。

(1)脱帮　白菜贮藏期间的变质腐烂最初从脱帮开始。也就是最初由外层叶开始。当乙烯浓度超过 2.3×10^{-7} 时,即可导致脱帮。贮藏环境中的温度愈高,或菜体所受的机械伤愈重,其乙烯释放量愈多。此外,随着菜棵呼吸强度的增加也会加速脱帮和衰老,从而增加损耗。

防止可用 2,4-D 50 mL/L,在白菜收获前 3～5 d 喷洒,或晒菜后入贮前后在外叶柄的基部喷药,每株 2～5 mL。如能尽量做到轻拿轻放,并严格控制贮藏环境,效果更好。

(2)腐烂　发热是白菜腐烂的主要原因之一。在各种包装,不包装散热优于大包装,主体容器包装优于袋装。但在白菜的贮藏中,存在着散热和保湿的矛盾,在散热的同时还需要保湿。散热可通过贮藏方式和透风换气来实现。用多层支架或小袋包装等有利于散热,也可在包装内加入吸热材料。

(二)芹菜

1.贮藏特性

芹菜分为实心种和空心种两大类,每类中又有深绿色和浅绿色的不同品种。实心色绿的芹菜品种耐寒力较强,较耐贮藏。如天津的白高芹菜,陕西的实杆绿芹以及北京的棒儿芹、大糙皮者是丰产耐藏的品质。空心类型品种贮藏后叶柄变糠,纤维增多、质地粗糙,故不适宜贮藏。

芹菜喜冷凉湿润,比较耐寒。可以在－2～－1℃条件下微冻贮藏,低于－2℃时易遭受冻害,难以复鲜。芹菜也可在0℃恒温贮藏。芹菜贮藏要求高湿环境,相对湿度98%～100%为宜。一般认为适宜的气调条件是:温度为0～1℃,相对湿度为90%～95%,O_2 为2%～3%,CO_2 为4%～5%。

2.采收要求

要在霜冻之前收获芹菜,收获时要连根铲下。摘掉黄枯烂叶,入藏时一般是将预处理的芹菜成捆假植于沟、窖或冷库内。

3.贮藏方式

(1)假植贮藏　芹菜的假植贮藏方法各地不尽相同,冬季不很寒冷的地区多用深沟假植法。一般沟宽与深均为 0.7～1.5 m,长度不限,将修整好的芹菜假植于沟内。华北、西北大多数地区采用普通高畦假植。近年天津等地采用高 1.2～1.4 m,宽 3 m 的长形塑料薄膜拱棚。假植贮藏效果好,在寒冷的东北地区用温室或立壕进行假植贮藏。

捆间应留有一定空隙,以利通风,此法贮量大。还有采取单株或双株假植的,此法贮量小但贮期长。假植后立即浇水,水量要足,以确保整个贮期有充足的水分。

(2)窖藏　选择地势高燥、背风向阳的地方挖东西向菜窖，一般长 3.3 m、宽 1.3 m，深度应超过所贮芹菜 15 cm 左右。窖壁四周镶两圈棍棒隔潮，防止芹菜挨窖壁发生霉烂。

下霜前，将地里芹菜移入窖内。移栽前一天，菜畦要浇足水，第二天成墩掘下(尽量少伤根)，随即栽入窖内，一墩墩靠紧，空隙的地方撒湿土按实。待窖满后，立即浇足水，天黑前盖上草苫或再加一层塑料薄膜。

刚入窖时，因气温较高，早晨可揭开草苫，天黑前再盖好。如窖内土壤缺水，可趁晴好天气再浇一两次透水，始终保持湿润。天气转冷以后，一般应在 10～16 时揭开草苫晾晒窖菜。如遇大风、雨雪天气，则不揭草苫，以防冻害，但最长 3～4 d，也要抢时间晾晒一次，防止闷菜变黄。

(3)冷库贮藏　库温应控制在 0℃ 左右，相对湿度控制为 98%～100%。芹菜可装入有孔的聚乙烯膜衬垫的板条箱或纸箱内，也可以装入开口的塑料袋内。

(4)简易气调贮藏　近年来我国哈尔滨、沈阳等地，采用在冷库内将芹菜装入塑料袋中简易气调的方法贮藏芹菜，收到了较好的效果。方法是用 0.08 mm 厚的聚乙烯薄膜制成 100 cm×75 cm 的袋子，每袋装 10～15 kg 经挑选带短根的芹菜，扎紧袋口，分层摆在冷库的菜架上，库温控制在 0～2℃。当自然降氧使袋内氧含量降到 5%左右时，打开袋口通风换气，再扎紧。也可以松扎袋口，贮藏中则不需人工调气。这种方法可以将芹菜从 10 月份贮藏到春节，商品率达 85%以上。

(5)硅窗气调贮藏　用聚乙烯塑料薄膜制成长 100 cm、宽 70 cm 的包装袋，硅窗面积 96～110 cm^2，装量 15～20 kg，将挑选后的芹菜预冷 24 h，然后放入硅窗袋内，扎紧袋口，保持温度 0～1℃。贮期可达到 3 个月以上。该方法操作简便，效果良好。

芹菜比较容易贮藏，掌握好贮藏的温湿度和气体条件即能防腐烂和减缓退绿。

四、果菜类

果菜类包括茄果类的番茄、辣椒、茄子等，瓜果中的南瓜、冬瓜；豆类的菜豆、豌豆。

(一)番茄

1. 贮藏特性

番茄的成熟阶段分为：绿熟期、微熟期(转色期至顶红期)、半熟期(半红期)、坚熟期(红而硬)和软熟期(红而软)；绿熟期至顶红期的番茄果实耐贮性、抗病性较强。所以长期贮藏的番茄应在这时期采收，并且在贮藏中使果实尽可能滞留在这个阶段，实践中称为压青。到贮藏结束时，才使果实达到坚熟期的程度。压青时间越长，贮期就越长。

用于贮藏的番茄应选种子腔小、皮厚、肉致密、干物质和含糖量高、组织保水力强的品种。长期贮藏的番茄应选含糖量在3.2%以上的品种。

番茄品种不同，贮藏性和抗病性差异很大，晚熟品种如橘黄佳辰、满丝、苹果青、台湾红、可果美、特罗皮克、强力米寿、太原2号（佛罗里达）等适于贮藏。早熟品种以及皮薄的品种不耐贮藏。

2.贮藏条件

番茄原产于热带地区，是冷敏感作物，果实长时间低于8℃会发生冷害。番茄的贮藏温度与成熟度有关，红熟果实可在0～2℃下贮藏10～15 d，绿熟果在10～13℃下贮藏期为30～50 d。绿熟果在10～13℃加2%～4%的O_2和3%～6%的CO_2气调条件下，可贮藏45～60 d。番茄贮藏适宜的相对湿度为85%～90%。番茄成熟过程中会产生乙烯，及时脱出贮藏环境中的乙烯可以延缓番茄的转红和衰老。

3.采后处理

贮藏用的番茄采收前2 d不宜灌水，防止果实吸水膨胀和果皮产生裂痕，从而导致微生物感染和果实腐烂变质。应在早晨或傍晚无露水时采摘，采摘时轻拿轻放，避免造成伤口。包装容器不宜过大，以免上面的果实将下面的压伤。番茄采收后，应放在阴凉通风处散热，或放在冷库内预冷到13℃，然后挑选分级入库贮藏。

4.贮藏方法

(1)简易贮藏　夏秋季节可利用地窖、通风库、地下室等阴凉场所贮藏番茄，筐或箱存时，应内衬干净纸或垫上用0.5%漂白粉消毒的蒲包，防果实碰伤。将选好的番茄装入容器中，一般只装4～5层。包装箱码成4个高，箱底层垫枕木或空筐，箱间要留有空隙。入贮后，应加强夜间通风换气。贮藏期间每7～10 d检查一次，挑出病烂果，红熟果实应挑出销售或转入0～2℃库中继续贮藏。该法一般贮藏20～30 d后果实全部转红。

(2)冷藏　绿熟果的适宜温度为12～13℃，红熟果1～2℃，贮藏期可延长到30～45 d。

(3)气调贮藏　入贮前要进行严格挑选，剔除病伤果。气调贮藏温度应在10～13℃下，保持贮藏环境中有2%～4%的O_2和3%～6%的CO_2。

①塑料薄膜大帐气调贮藏　用0.1～0.2 mm厚的塑料膜做成密闭塑料帐，容量1 000～2 000 kg，用快速充氮降氧法或自然降氧法都行，帐内加消石灰（果重的

1%～2%)吸收多余的二氧化碳。氧不足时充入新鲜空气。由于帐内湿度较高,加防腐剂可控制病害发生,可通入0.2%氯气,每2～3 d施用一次;或将0.5%的过氧乙酸放在垛内,效果与氯气相仿;也可用漂白粉代替氯气,用量为果重的0.05%,有效期为10 d;还可用0.05～0.1 mL/L仲丁胺,也有良好效果,有效期20～30 d,每月使用一次。帐内加入浸透饱和高锰酸钾的砖块,吸收乙烯,效果更好。

②塑料薄膜袋小包装贮藏　将番茄放入0.06 mm厚的聚乙烯薄膜袋中,扎紧袋口,放入冷库,每隔两三天,开袋放风,果实转红后,袋口不必扎紧,每袋5 kg左右,防腐措施同上。

5.贮藏中的主要问题及预防

番茄贮藏期间最主要的问题是冷害和贮藏病害引起的腐烂。

番茄受冷害后,果实局部或全部呈现水浸状凹陷,蒂部开裂,表面出现褐色小圆斑,不能正常完熟,易感病腐烂。所以,严格控制番茄贮藏中的温度很重要。

常见的番茄病害有:

(1)番茄果腐病　多数发生在成熟果实的裂口或日烧的部位。感病的地方首先出现褐色水浸状圆形斑点,进一步发展为黑色凹陷斑,边缘清晰。斑点上长有短绒毛般的黄褐色或黑色霉层。

(2)番茄灰霉病　多数发生在果肩部位,病部果皮水浸状,皱缩,上面长出大量土灰色霉层。

(3)番茄根霉腐烂病　主要引起红熟番茄软化腐烂。感病部位不变色,果皮起皱褶,上面长出灰白色纤维状菌丝,严重时整个果腐烂成一泡水。这种病主要发生在采收。

(4)番茄软腐病　受害果实初期出现水渍状下陷斑,迅速扩展,病部与健部有明显界线。病菌能分解果实病部细胞,使感病组织迅速崩溃,并发出难闻的臭味。

防治以上病害:一种是用仲丁胺熏蒸,贮藏前用棉球或吸水纸蘸上仲丁胺药液,均匀放入箩筐或纸箱中,或放在包装外面,注意不接触果实,以免引起药害。用药量每千克果0.05 mL仲丁胺,或0.1～0.2 mL克霉灵(含50%仲丁胺),上盖薄膜,密封0.5～1 d,打开通风。贮藏后期可以再处理一次。另一种方法是利用漂白粉释放出氯气杀菌,漂白粉用量为番茄重量的1%～5%,用几层纱布或耐湿纸包成小包,分开放在四周,有效期10～15 d。

(二)辣椒

1.贮藏特性

辣椒的种类很多,多以甜椒、油椒耐贮,尖椒不耐贮。贮藏或长途运输的辣椒一般以角质层厚、肉质厚、色深绿、皮坚光亮的晚熟品种较耐贮藏。近年来的研究表明:麻辣三道筋、辽椒1号、世界冠军、茄门椒、巴彦、牟农1号、二猪嘴、冀椒1号等品种耐藏性较好。

辣椒果实的成熟度与耐贮性有很重要的关系。长期贮藏应选用果实已充分膨大,营养物质积累较多,果肉厚而坚硬,果面有光泽尚未转红的绿熟果;色浅绿,手按发软的未熟果及开始转色或完熟的果实均不宜长贮。

晚秋果最耐长期贮藏,在霜前采收,受霜冻或冷害的辣椒不能用于贮藏或长途运输。秋后的拉秧果不耐藏。

辣椒采后有后熟过程,可由青绿色逐渐转为红色或黄色,由硬变软。

2. 贮藏条件

(1)温度　辣椒果实对低温很敏感,低于9℃时易受冷害,而在高于13℃时又会衰老和腐烂,贮藏适温为9~12℃。一般夏季辣椒的贮藏适温为10~12℃,冷害温度9℃;秋季的贮藏适温为9~11℃,冷害温度为8℃。

(2)湿度　辣椒贮藏适宜的相对湿度为90%~95%。湿度过低,会使果实萎蔫。过高又会加快病原菌的活动和病害的发展。因此,装袋前需彻底预冷,保持湿度稳定,使用无滴膜和透湿性大的膜,可以控制结露和过湿。

(3)气体　适宜的气体指标一般为O_2 2%~7%,CO_2 1%~2%。包装内过高的二氧化碳积累会造成萼片褐变和果实腐烂。目前,国内外多采用PVC或PE塑料小包装进行气调冷藏,但贮藏中二氧化碳浓度往往偏高,需用二氧化碳吸收剂降低其浓度。

总之,保持适温,防止失水,控制病害,避免二氧化碳伤害是辣椒贮藏技术的关键。

3. 贮藏方法

(1)缸藏法　缸内需先用0.5%~1%的漂白粉溶液洗涤消毒,晾干后,把选好的甜椒果柄朝上摆放在缸内,直摆到近缸口处,上面用两层牛皮纸或塑料薄膜封口,然后将缸放在阴凉处或棚子里,在贮藏期每隔7~10 d揭开封口透气一次,时间以10~15 min为宜。如遇天气转冷,缸口加盖草苫,缸四周也裹草苫防寒。

(2)沙藏法　辣椒入贮前要先进行挑选,剔除病虫果和伤果。在室内地面铺6~9 cm的沙子,上面摆一层辣椒,再铺一层沙子,再摆一层辣椒,如此埋3~5层辣椒,如果贮量较大时可用砖块把沙和辣椒围起来,以免散落,也可在木箱或箩筐内用沙埋藏。沙埋藏10~15 d大翻动一次,发现烂果及时捡出,要注意室内温度变化,控制在10℃左右为宜。

(3)草木灰贮藏 霜降前,将成熟的辣椒摘下,晾干表面水分备贮。容器底面先铺一层 7 cm 厚的干草木灰,然后在灰上摆一层辣椒,果与果之间要有空隙,其四周用灰隔开,辣椒上面再覆灰 7 cm,依次重复装筐,最后上面再覆盖 7 cm 的草木灰,置于室内阴凉处,勿翻动,可将辣椒贮至立春前后。

(4)气调贮藏 方法同番茄的贮藏。

4. 贮藏中的主要问题及预防

辣椒在贮藏中的主要问题与番茄相似,也是预防病害,防止腐烂。

温湿度条件及管理不当造成的冷害和气体伤害等都是促成发病的因素。天津农产品保鲜中心研制的 CT-6 辣椒专用保鲜剂,可有效地抑制各种微生物生长繁殖,大大降低果实腐烂率。

五、花椰菜、蒜薹

(一)花椰菜

1. 贮藏特性

用于贮藏的花椰菜宜选择花球紧实、品质好、耐热或抗寒、适应性强的中、晚熟品种。春季可选用福农 10 号、瑞士雪球,秋季可选荷兰雪球等。

2. 贮藏条件

花椰菜较耐低温,温度过高则花球黄化,表面产生褐斑,遇凝聚水易引起腐烂。花椰菜如长期处于 0℃以下则易受冻害,适宜的贮藏温度为 0～1℃,贮藏的相对湿度以 95%左右为宜,如湿度偏低或通风量过大,花球失水萎蔫、松散,品质变差。同时在低氧(2%以下)、高二氧化碳(5%以上)环境中引起生理失调。

3. 贮藏技术及方法

(1)采收与采后处理 贮藏花椰菜应在花球茎部的花枝松散前收获,以色泽洁白、组织紧密、大小适中的晚熟品种耐贮性最好。收获应选在天气晴朗,土壤干燥的时候。收获时一般保留 2～3 轮外叶,以对内部花球起一定保护作用。花椰菜入贮前还须进行修整和挑选,切去大部分茎,剥去多余的外叶、散花和发黄的花球。剔除有机械损伤和被病虫侵害的花球。

(2)包装 将挑选和修整好的花椰菜根部朝下码在筐中,最上层菜椰花低于筐沿,为减少蒸腾凝结水滴落在花球上引起霉烂,也可将花球朝下放。为延长贮藏期,可用 0.015～0.03 mm 厚聚乙烯薄膜袋进行单花球套袋贮藏。

(3)贮藏方法 最好用机械冷藏库贮藏。为了保湿,在库内对未有内包装的花椰菜,堆垛的四周罩上塑料薄膜,帐边留有自然开缝,不全封闭。如果装筐码垛用塑料薄膜封闭，应控制 O_2 浓度为 2%～4%，CO_2 浓度为 1%～3%比较适宜。封闭薄膜帐时，要注意防止凝结水滴到花球上引起霉烂。花椰菜在贮藏过程中释放乙烯较多，在封闭帐内放置适量乙烯吸收剂，对外叶有较好的保绿作用，花球也较洁白。对于缺乏机械冷藏库的地区，在室温进行上述自然降氧气调贮存也能明显延长保鲜期。贮藏期间要注意每隔 10～15 d 检查一次，当 CO_2 大于 5%时向帐底部的塑料垫上放置一定量生石灰吸去多余的二氧化碳，同时在顶层要留出空间放置乙烯吸收剂，按 10 kg 花椰菜放 500 g 经过饱和高锰酸钾溶液浸泡的载体。

4.贮藏中的主要问题及预防

花椰菜贮藏期间主要的问题是花球发霉或产生褐斑。

防治方法：除保持恒定的低温，还应采取防止冻害、机械损伤、减少田间带病，为控制病害发生，可在采收前 2～7 d 用 500～800 mg/L 的扑海因溶液喷花，也可在花椰菜入贮前用 100 mg/L 的次氯酸钙处理，有利减少贮藏中的霉烂等措施。

(二)蒜薹

1.贮藏特性

河北的永年，黑龙江的阿城，陕西的岐山，甘肃的泾川等地均产蒜薹。但山东苍山等地的蒜薹品质最佳。薹条粗而长，适于作长期贮藏。蒜薹在常温下只能贮存 20～30 d，但应用冷藏气调贮藏方法可以将蒜薹贮藏 7～10 个月。

2.贮藏条件

蒜薹的贮藏温度为(0±0.5)℃，相对湿度为 85%～95%，氧气浓度为 2%～5%，二氧化碳浓度为 0%～8%。在贮藏过程中只要氧气和二氧化碳两项指标中有一项达极限标准时，就要立即开袋换气，每次换气时间为 2～3 h。袋内或帐内的氧气和二氧化碳浓度应每天或隔天进行测定（只测定代表袋），当二氧化碳浓度要超过上限时，可用生石灰吸收。

3.贮藏保鲜方法

(1)冰窖贮藏法　此法适合于北方产地。窖的四周用 70 cm×40 cm 的冰砖做成隔层。再将装入湿蒲包的蒜薹和冰砖隔层码放 3～5 层，最上面再压 1 层冰块，缝隙用碎冰砖填满，最上面用 1 m 厚的稻壳封顶。此法虽简便易行，但翌年的腐烂率达 20%～40%。

(2)塑料薄膜袋自然降氧冷藏　待薹温为 0℃时，将蒜薹薹梢向外，码放在 0.06～0.08 mm 厚、100～110 cm 长、70～80 cm 宽的聚乙烯或聚氯乙烯塑料袋内，每袋装蒜薹 18～20 kg，扎紧袋口，置于架上或包装容器内，当袋内的氧气降低到 1%～2%，二氧化碳约在 12%时，开袋通气，使袋内氧气上升到 18%以上，二氧化碳降至 1%～2%，然后重新封袋。在 0℃冷库中小包装贮藏的蒜薹，放风周期为 10～15 d。贮藏中、后期放风周期逐渐缩短到 7～10 d。

(3)硅窗袋封法　可用硅窗保鲜袋、硅窗保鲜帐、活动硅窗大帐等多种方法实现自由调节袋内气体成分到理想水平。将薹温为 0℃的蒜薹，置于菜架，薹梢向外装在厚、长、宽均与上述塑料薄膜袋相同，但嵌有面积为 9 cm×13 cm 硅橡胶窗的硅窗袋中。库温在－0.5～0.5℃，O_2 浓度为 2%～5%，CO_2 浓度为 3%～8%，蒜薹贮藏期为 8 个月，好薹率达 96%。

4.贮藏中的主要问题及预防

蒜薹贮藏中最主要的问题是薹梢长毛霉烂、二氧化碳中毒和冻害。

(1)薹梢霉变　薹梢变褐、潮湿，表层生长出不规则的黑绒状斑点和白色棉絮状物，随着时间的推移，霉斑扩展连片，薹梢腐烂。

防治办法：入库前剪掉薹梢严重褐变、腐烂部分；保持库内适宜低温和长期稳定；贮藏期内要保持足够的二氧化碳积累，以抑制霉菌的生长、发育；防止漏袋、袋口松或装量不同等因素造成的高氧环境；尽量消除风力、水流以及人手等霉菌的传播途径。

(2)二氧化碳中毒　高浓度二氧化碳可使薹茎和梗柄上出现大小不等的黄色干斑，防治方法是当袋内二氧化碳浓度高于 8%时及时放风。

(3)冻害　表现症状为薹条结冰，色泽发暗，解冻后迅速腐烂。防治方法是贮温不能低于－1℃，一旦发生冻害，立即采用缓慢升温的办法，使温度逐渐接近适宜贮温，切忌快速升温。

实验实训 6-1　果蔬贮藏及其管理

一、实训目的

通过实训，使学生了解果蔬不同种类、不同品种的耐贮藏性的差异，掌握主要的贮藏方式；贮藏期间温度、湿度、气体浓度的控制；贮藏病害的防治措施和各种贮藏方式下的贮藏期限等。

二、材料和用具

温度计、毛发湿度表、奥氏气体分析仪、塑料薄膜袋、硅窗集装、活性炭吸附器袋等。

三、方法步骤

(1)选择适量的苹果、梨、柑橘、香蕉等主要水果;番茄、马铃薯、茄子、花椰菜、蒜薹等常见蔬菜的不同品种,商品性状尽量一致,同一品种选择不同的采收时间。

(2)采后处理:对样品进行统一的分级、防腐、包装、预冷等处理。

(3)选用冷库贮藏、塑料薄膜贮藏、硅窗集装贮藏等果蔬的主要贮藏方式。

(4)保持果蔬在贮藏期间的温度、湿度和气体浓度适宜,利用温度计、湿度表、气体分析仪进行观测。要及时排出过量的二氧化碳和乙烯并剔除病果。

(5)每4～10人一组进行实训,详细记录同一品种不同的采收时间;不同品种、不同贮藏方式果蔬的贮藏期限。进行比较分析其贮藏期限的差异。见表6-1和表6-2。

表6-1 果蔬贮藏管理记录表

果蔬名称	品种名称	贮藏方式	贮藏条件	贮藏期限	贮藏中主要问题

表6-2 果蔬不同成熟度和贮藏方式的贮藏期限比较

果蔬名称	品种名称	成熟度	贮藏方式	贮藏条件	贮藏期限

四、实训作业

1. 将实训过程和结果进行分析,写出实训报告。要求有操作要点。
2. 总结各种果蔬贮藏中的主要问题,提出控制措施。

本章小结

- 果蔬贮藏技术
  - 果品贮藏
    - 仁果类：有苹果、梨。贮藏条件：温度0～-1℃，RH:95%。O_2 2%～4%，CO_2 3%～5%。贮藏方式有：简易贮藏、冷库贮藏、气调贮藏等。注意防止贮藏病害和失水
    - 核果类：主要有杏、桃、李等。一般不能长期贮藏。贮藏温度在-1～2℃，湿度90%～95%。O_2 1%～5%，CO_2 3%～5%。有冷藏和气体贮藏。注意防止贮藏病害和腐烂
    - 浆果类：主要有葡萄、草莓、香蕉等。不能长期贮藏。贮藏温度为0～1℃，湿度90%～95%，O_2 2%～5%，CO_2 3%～8%。有冷藏和气体贮藏等方式。注意防止贮藏病害和腐烂
    - 柑橘类：不同柑橘品种贮藏温度差异较大。湿度80%～85%，O_2一般高于18%，CO_2 1%～3%。有留树贮藏、地窖贮藏和冷库贮藏等。注意防止贮藏水肿病和腐烂
    - 干果类：主要有板栗、核桃等。贮藏温度在0～1℃，板栗贮藏湿度90%～95%，核桃为50%～60%；O_2 3%～5%，CO_2 3%～8%。有沙藏和硅窗气体贮藏等方式。注意防止变质
  - 蔬菜贮藏
    - 根菜类：主要有萝卜和胡萝卜。贮藏温度为0～1℃，贮藏湿度90%～95%；O_2 3%～5%，CO_2 3%～8%。有沟藏、窖藏和塑料袋贮藏等方式。注意防止发芽和糠心
    - 茎菜类：主要有马铃薯、洋葱等。贮藏温度为3～5℃，贮藏湿度80%～85%；O_2 2%～4%，CO_2 8%～12%。有窖藏、冷藏和通风库等贮藏方式。注意防止发芽和病害
    - 叶菜类：主要有大白菜、甘蓝等。贮藏温度为0～1℃，贮藏湿度85%～90%；O_2 1%～3%，CO_2大白菜为10%、甘蓝为2%～5%。有沟藏、窖藏和气体贮藏等方式。注意防止脱叶、失水和腐烂
    - 果菜类：种类较多，有番茄、辣椒、茄子、瓜类等。贮藏温度为10℃左右，湿度90%～95%，O_2 2%～5%，CO_2 3%～6%。有机械冷藏和硅窗气体贮藏等方式。注意防止病害和腐烂
    - 花菜类：主要有花椰菜、蒜薹等。贮藏温度为0～1℃，贮藏湿度90%～95%，O_2 2%～5%，CO_2花椰菜0～5%、蒜薹6%～8%。有机械冷藏和硅窗气体贮藏等方式。注意防止病害和腐烂

复习思考题

1. 简要说明苹果、柑橘、核桃的贮藏技术要点，贮藏中的主要问题及防止措施。
2. 梨的贮藏特性是什么？贮藏中的主要问题及防止措施是什么？
3. 简要说明如何对萝卜、马铃薯进行贮藏与管理。
4. 分析说明果蔬不同成熟度贮藏期限的差异原因。
5. 果菜类贮藏的主要问题是什么？防止措施又是什么？
6. 板栗、核桃贮藏的技术要点是什么？
7. 花椰菜比较适合用什么方法贮藏？蒜薹贮藏中的主要问题是什么？
8. 请你谈一谈如何贮藏好杏、桃、李？

第七章　果蔬加工基础知识

知识目标

- 理解果蔬不同加工手段的加工原理。
- 掌握果蔬加工对果蔬原料、水质的基本要求及处理方法。

技能目标

- 能针对果蔬特性及具体条件，灵活采用不同的分级、洗涤、去皮处理。
- 会对果蔬进行半成品保藏处理。
- 熟练掌握果蔬硬化、护色的主要方法。

第一节　果蔬加工原理

以新鲜果蔬为原料，根据各种果蔬的理化性质，通过不同的加工工艺，制成营养丰富、不易败坏的工业食品的过程称为果蔬加工，所得到的制品称为果蔬加工品。

一、果蔬加工品分类

果蔬加工品的种类很多，根据其保藏原理和加工工艺的不同，可以分为罐制品、汁制品、糖制品、酒制品、干制品、速冻制品、腌制品、果蔬脆片和鲜切果蔬等。

（一）罐制品

罐制品俗称罐头。是将原料进行预处理后装罐或装袋，经排气、封罐、杀菌等形成密封、真空和无菌状态，使制品能较长期保藏。果蔬罐头主要有糖水水果罐头和清渍蔬菜罐头，此外，糖渍蜜饯、果酱、果冻、果汁、盐渍蔬菜、酱渍蔬菜、糖醋渍蔬菜等，也可采用罐头包装的形式，制成罐头制品。

(二)汁制品

以新鲜果蔬为原料，经破碎、压榨或浸提等方法制成的汁液，装入包装容器内，再经密封杀菌而得到的产品，称为果蔬汁制品。例如，苹果汁、山楂汁、梨汁、柑橘汁、椰子汁、胡萝卜汁、多维果蔬汁等。这类产品酸甜可口，营养价值高，易被人体吸收，有的还有医疗效果，可以直接饮用，也可以制成各种饮料。

(三)糖制品

果蔬糖制品是以新鲜果蔬为原料，利用高浓度糖液的渗透脱水作用，将果蔬加工成高糖制品的加工技术。果蔬糖制品分为果脯蜜饯类和果酱类，如桃脯、杏脯、金丝蜜枣、山楂果冻、草莓果酱、果丹皮等，具有高糖高酸的特点。

(四)酒制品

果酒是果汁(果浆)经过酒精发酵酿制而成的含醇饮料。如白葡萄酒、红葡萄酒、苹果酒、山楂酒等。果酒具有色泽鲜艳、果香浓郁、醇厚柔和、营养丰富、酒精度数低等特点。

(五)干制品

干制又称干燥或脱水。是指采用自然条件或人工控制条件促使果蔬水分蒸发的过程。果蔬干制品能较好地保持果蔬原有的风味，且保藏期较长。例如，红枣、葡萄干、柿饼、杏干、苹果干、黄花菜、萝卜干、干辣椒等。并且具有体积小、重量轻、便于运输和携带等优点。

(六)速冻制品

果蔬速冻是将经过一定处理的新鲜果蔬原料采用快速冷冻的方法使之冻结，然后在−20～−18℃的低温中保藏。果蔬速冻制品主要有速冻蒜薹、速冻青椒、速冻豆角、速冻葡萄、速冻草莓等。速冻果蔬基本上保持了果品蔬菜原有的色香味和营养成分，保藏时间长，品质优良，是国内外很有发展潜势的果蔬加工品。

(七)腌制品

腌渍保藏是我国普遍而传统的蔬菜保藏法，是将新鲜的蔬菜经过适当处理后用食盐和香料等进行腌制，使其进行系列的生物化学变化，制成鲜香嫩脆、咸淡(或甜酸)适口且耐保存的制品的过程。腌制品分为发酵性和非发酵性，如东北的酸菜、四川泡菜、北京八宝菜、南方的霉干菜、南京糖醋萝卜、涪陵榨菜等都是全国有名的腌制品，是我国蔬菜加工量最大的一类加工品。

(八)果蔬脆片

果蔬脆片是以新鲜果蔬为原料，采用先进的真空油炸技术或微波膨化技术和速冻技术精制而成。产品形态平整,酥脆。主要品种有:苹果脆片、胡萝卜脆片、香蕉脆片、南瓜脆片、洋葱脆片、地瓜脆片和爆豌豆等几十种果蔬脆片。产品具有全天然和高营养的特点,不含化学添加剂和防腐剂,极少破坏果蔬中的维生素成分。被食品营养界称为"21世纪食品",是国际上的流行休闲食品。

(九)鲜切果蔬

鲜切果蔬,又称最少加工果蔬、切割果蔬、最少加工冷藏果蔬等。是新鲜果蔬原料经清洗、去皮、切分、包装而成的即食即用果蔬制品,所用的保鲜方法主要有微量的热处理、控制 pH 值、应用抗氧化剂、氯化水浸渍或各种方法的结合使用。

鲜切果蔬即食即用,食用方便,能最大限度保持产品原有的品质,但货架期短,甚至比新鲜果蔬更短,必须在冷藏条件下流通。

二、果蔬加工品败坏的原因

果蔬加工品败坏是指改变了果蔬加工品原有的性质和状态,而使质量劣变的现象。造成果蔬加工品败坏的原因主要是由于果蔬本身所含的酶及周围理化因素引起的物理、化学和生化变化;微生物活动引起的腐烂。

(一)微生物败坏

有害微生物的生长发育是导致果蔬加工品败坏的主要原因。由微生物引起的败坏主要表现为生霉、发酵、酸败、软化、产气、混浊、变色、腐烂等,对果蔬及其制品的危害最大。微生物在自然界无处不在,通过空气、水、加工机械和盛装容器等均能导致微生物的污染,再加上新鲜果蔬含有大量的水分和丰富的营养物质,是微生物良好的培养基,极易滋生微生物。引起果蔬及其制品败坏的微生物主要有细菌、霉菌和酵母菌。加工中,如原料不清洁、清洗不充分、杀菌不完全、卫生条件差、加工用水被污染等都能引起微生物感染。

(二)酶败坏

果蔬在自身酶的作用下或在微生物分泌酶的作用下引起蛋白质水解、果胶物质分解所导致的产品软烂和酶褐变的发生等,造成食品的变色、变味、变软和营养价值下降。

(三)理化败坏

物理性败坏是指由光线、温度、重力和机械创伤等物理因素引起的果蔬败坏;化学性败坏是指有不适宜的化学变化引起的败坏,如氧化、还原、分解、合成、溶解、晶析等;理化败坏程度较轻,一般无毒,但造成色、香、味和维生素等的损失。这类败坏与果蔬的化学成分密切相关。

三、不同果蔬加工手段及加工原理

(一)低温原理

将原料或成品在低温下保存,也就是冷藏。低温可以有效抑制微生物的活动,产品内部的各种生化反应速度也很缓慢,使产品得以较好的保藏。

(二)干制原理

水分是微生物生命活动的重要物质。干制原理就是利用热能或其他能源排除果蔬原料中所含的大量游离水和部分胶体结合水,降低果蔬的水分活度,微生物由于缺水而无法生长繁殖;果蔬中的酶也由于缺少可利用的水分作为反应介质,其活性也大大降低,使制品得到很好的保存。经干制的产品贮藏时应需注意适当包装和贮藏环境温湿度的管理,避免吸潮使制品发生霉变。

(三)高渗透压原理

利用高浓度的食糖溶液或食盐溶液提高制品渗透压和降低水分活性的原理来进行保藏。微生物对高渗透压和低水分活性都有一定的适应范围,超出这个范围就不能生长。食糖和食盐均可提高产品的渗透压。当制品中的糖液浓度达到60%～70%或食盐浓度达到15%～20%时,绝大多数微生物的生长受到抑制,所以常用高浓度的食糖和食盐溶液进行果蔬加工品或半成品的保藏。果脯蜜饯类、果酱类制品和一些果蔬腌制品就是利用此原理得以保藏的。

(四)速冻原理

将原料经一定的处理,利用－30℃以下的低温,将果蔬原料在30 min或更短的时间内使组织内80%的水迅速冻结成冰。并放在－18℃以下的低温条件下长期保存。低温可以有效地抑制酶和微生物的活动,冻结条件下产品的水活性值也大大降低,可利用的水分少,使制品得以长期保藏。解冻后产品能基本保持原有品质。

(五)发酵原理

又称生物化学保藏,是果蔬内所含的糖在微生物的作用下发酵,产生具有一定保藏作用的乳酸、酒精、醋酸等的代谢产物来抑制有害微生物的活动,使制品得到保藏。果蔬加工中的发酵保藏主要有乳酸发酵、酒精发酵、醋酸发酵,发酵产物乳酸、酒精、醋酸等对有害微生物的毒害作用十分显著。果酒、果醋、酸菜及泡菜等是利用发酵保藏的原理来保藏的。

(六)应用真空和密封原理

在果蔬加工及其制品的保藏中,真空处理不仅可以防止氧化引起的品质劣变,不利于微生物的繁殖,而且可以缩短加工时间,能在较低的温度下完成加工过程,使制品的品质进一步提高。

密封是保证加工品与外界空气隔绝的一种必要措施，只有密封才能保证一定的真空度。无论何种加工品，只要在无菌条件下密封保持一定的真空度，避免与外界的水分、氧气和微生物接触则可长期保藏。

（七）无菌原理

无菌原理是通过热处理、微波、辐射、过滤等工艺手段，使制品中腐败菌数量减少或消灭到能使制品长期保存所允许的最低限度，杀灭所有致病微生物，并通过抽空、密封等处理防止再污染，从而保证制品的安全性。果蔬罐制品就是典型的利用无菌原理保藏的。

（八）化学防腐原理

果蔬加工中利用化学防腐剂使制品得以保藏。化学防腐剂是一些能杀死或抑制食品中有害微生物生长繁殖的化学药剂，其主要用在半成品保藏上。化学防腐剂必须是低毒，高效，经济，无异味，不影响人体健康，不破坏食品营养成分。

第二节　果蔬加工对原辅料的基本要求及处理

一、果蔬加工对果蔬的要求及预处理

（一）果蔬加工对果蔬的要求

果蔬加工的方法较多，不同的加工方法和产品对原料的要求不同，高品质的加工制品，除受加工工艺和设备的影响外，与原料品质的好坏及原料的加工适应性密切相关。因此，要根据不同的加工品有目的的选择原料。同一种原料，因品种不同，加工效果有差异。如加工梨脯，就要选用含水少、石细胞少的洋梨系统中的品种。同一品种，产地区域不同，品质也不一样，如加工蜜枣，南方原料比北方好，制出的产品较酥松。不同的加工品，选择原料的成熟度也不同，如加工果脯、蜜饯要求果实生产成熟度在七八成（即果实坚熟期），要以肉质丰富，组织紧密，含单宁量较少，色泽鲜明时为好。果菜类罐藏一般要求坚熟，此时果实已充分发育，有适当的风味和色泽，肉质紧密而不软，杀菌后不变形，但叶菜类与大部分果实不同，一般要求在生长期采收，此时粗纤维较少，品质好。果蔬加工对原料总的要求是合适的种类、品种，适当的成熟度和新鲜完整的状态。

（二）果蔬加工原料的预处理

果蔬加工原料的预处理，包括挑选、分级、清洗、去皮、切分、修整、烫漂、硬化、护色、半成品保存等处理，尽管果蔬原料种类和品种不同，组织特性相差很大，加工

方法各不相同，但加工前的预处理过程基本相同。

1. 挑选、分级

为了保证原料质量相同，果蔬原料进厂后首先要进行挑选，剔除霉烂及病虫害和伤口大的果实，对残、次果及损伤不严重的原料要分别加工利用。挑选主要是通过人的感官检验，在固定的工作台或传送带上进行。

果蔬按大小、色泽和成熟度进行分级，根据原料的种类和加工产品的要求，分别采用一种或多种分级方法，以便于机械化操作，提高生产效率，保证产品质量，得到均匀的产品。

无须保持形态的制品如果蔬汁、果酒和果酱等，则不需要形态及大小的分级。其他的加工类型均需按大小分级，其方法有手工分级和机械分级两种。手工分级一般在生产规模不大或机械设备条件较差时使用，同时也可配以简单的辅助工具，如圆孔分级板、分级筛及分级尺等，以提高生产效率。机械分级法常用滚筒分级机（图 7-1）、振动筛及分离输送机。此外，果蔬加工中还有许多专用分级机，如蘑菇分级机、橘片专用分级机和菠萝分级机等。

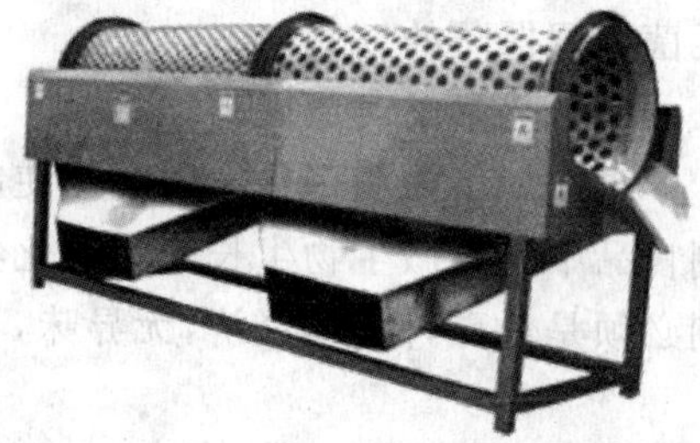

图 7-1 GFJ 型滚筒式果蔬分级机

成熟度与色泽的分级常用目视估测法进行。苹果、梨、桃、杏、樱桃、柑橘、黄瓜、豆类等常先按成熟度分级，大部分按低、中、高 3 级进行目视分级。色泽分级常按颜色深浅进行，除目测外，也可用灯光法和电子测定仪装置进行色泽分辨选择。除了在预处理前需要分级外，大部分罐藏果蔬在装罐前也要按色泽分级。

2. 清洗

清洗的目的是除去果蔬原料表面附着的灰尘、泥沙、大量的微生物及部分残留的化学农药，保证产品清洁卫生。

清洗用水应符合饮用水标准。清洗前应用水浸泡，必要时可用热水浸渍，但不适于成熟度高、柔软多汁的原料。原料上残留的农药，还须用化学药剂洗涤。一般常用的化学药剂有 0.5％盐酸溶液、1.5％氢氧化钠、0.1％高锰酸钾或 0.1％漂白粉等。浸泡数分钟再用清水洗去化学药剂。洗时必须用流动水或使原料震动及摩擦，以提高洗涤效果。除上述常用药剂外，近几年来，还有一些脂肪酸系列的洗涤剂如单甘酸酯、磷酸盐、糖脂肪酸酯、柠檬酸钠等也用于生产。清洗方法分为人工清洗和机械清洗。应根据生产条件、原料形状、质地、表面状态、污染程度、夹带泥土量及加工方法而定。常见的洗涤方法有水槽洗涤、滚筒式洗涤、喷淋式洗涤、压气式洗涤等。

3. 去皮

除叶菜类外，大部分果蔬的外皮都较粗糙、坚硬，对加工制品有一定的不良影响。因此，许多果蔬加工时都要进行去皮处理，以提高制品品质。只有加工某些果脯、蜜饯、果汁和果酒时，因为要打浆、压榨或其他原因才不用去皮。加工腌渍蔬菜也无需去皮。

果蔬去皮时，只要求去掉不可食用或影响产品质量的部分，不可过度，否则会增加原料消耗和生产成本。果蔬去皮的方法有以下几种。

(1)手工去皮　手工去皮是应用特别的刀、刨等人工工具削皮，应用较广。其优点是去皮干净，损失较少，并可有修理的作用，去心、去核、切分等也可以同时进行。在果蔬原料较不一致的条件下能显出其优点。但手工去皮费工、费时，生产效率低，大量生产时困难较多，一般作为其他去皮方法的辅助方法。

(2)机械去皮　采用专门的机械进行，常用的机械去皮机主要有旋皮机、擦皮机和特种去皮机 3 类。

①旋皮机　旋皮机是在特定的机械刀架下将果蔬皮旋去，适合于苹果、梨、柿、菠萝等大型果品。

②擦皮机　擦皮机是利用内表面有金刚砂、表面粗糙的转筒或滚轴，借摩擦力的作用擦去表皮。适用于马铃薯、胡萝卜、荸荠、芋头等原料的去皮，效率较高，但去皮后表皮不光滑。

③特种去皮机械　青豆、黄豆采用专用的去皮机械进行。菠萝可用菠萝去皮、切端通心机去皮，使去皮、切端、通心、挖去芽眼一次完成。

(3)碱液去皮　碱液去皮是果蔬原料中应用最广泛的去皮方法。将果蔬原料在一定浓度和温度的强碱溶液中处理一定的时间，果蔬表皮内的中胶层受碱液的腐蚀而溶解，使果皮分离。绝大部分果蔬如桃、李、苹果、胡萝卜等可以用碱液去皮。

常用的碱液为氢氧化钠或氢氧化钾溶液，因氢氧化钾较贵，也可用碳酸氢钠等碱性稍弱的碱。去皮时碱液的浓度、温度和处理的时间，随果蔬种类、品种、成熟度和大小不同而异，必须合理掌握。几种果蔬的碱液去皮参考条件见表 7-1。碱液浓度高、温度高，处理时间长会腐蚀果肉。一般要求只去掉果皮而不能伤及果肉，对每一批原料都应该做预备试验，确定处理的浓度、温度和时间。

表 7-1 几种果蔬的碱液去皮参考条件

果蔬种类	NaOH 浓度(%)	碱液温度(℃)	处理时间(min)	备 注
桃	1.5～3	90～95	0.5～2	浸碱或淋碱
李	5～8	90 以上	2～3	浸碱
杏	3～6	90 以上	0.5～2	浸碱或淋碱
猕猴桃	5	95	2～5	浸碱
苹果	20～30	90～95	0.5～1.5	浸碱
梨	0.3～0.75	30～70	3～10	浸碱
甘薯	8～10	90 以上	3～4	浸碱
番茄	15～20	85～95	0.3～0.5	浸碱
胡萝卜	3～6	90 以上	4～10	浸碱
马铃薯	2～3	90～100	3～4	浸碱

引自罗云波,蔡同一.园艺产品贮藏与加工学(加工篇).2001.

碱液去皮的方法有浸碱法和淋碱法两种。浸碱法将一定浓度的碱液装入特制的容器内,加热到一定的温度后,再将果实浸入并振荡或搅拌一定的时间,使浸碱均匀,取出后搅动、摩擦去皮。淋碱法是将加热的碱液喷淋于输送带上的果蔬上,淋过碱的果蔬进入转筒内,在冲水的情况下与转筒的边翻滚摩擦去皮,杏、桃等果实常用此法去皮。

经碱液处理后的果蔬必须立即在冷水中浸泡、漂洗,同时搓擦、淘洗除去果皮渣和黏附余碱,漂洗至果块表面无滑腻感,口感无碱味为止。漂洗必须充分,否则会使罐头制品的 pH 值偏高,导致杀菌不足,口感不良。为加速降低 pH 值,可用 0.1%～0.2%盐酸或 0.25%～0.5%的柠檬酸水溶液浸泡中和,同时可防止变色和抑制酶的活动。

碱液去皮的特点是均匀而迅速,耗损率低,省工省时,适应性广,几乎所有的果蔬都可应用此法去皮,但碱液腐蚀性强,使用时必须注意安全。

(4)热力去皮　果蔬在高温下处理较短时间,使之表皮迅速升温而松软,果皮膨胀破裂,果皮与果肉间的原果胶发生水解失去胶黏性,果皮与果肉组织分离而脱落。适用于成熟度高的桃、杏、枇杷、番茄、甘薯等的去皮。

热力去皮有蒸汽去皮和热水去皮。热水去皮时,少量的可用锅加热。大量生产时,采用带有传送装置蒸汽加热沸水槽进行。果蔬经短时间的热处理后,用手工剥皮或高压冲洗。如番茄即可在 95～98℃的热水中 10～30 s,取出冷水浸泡或喷淋,然后手工剥皮;桃可在 100℃的蒸汽中处理 8～10 min,淋水后用毛刷辊或橡皮辊冲洗;枇杷经 95℃以上的热水烫 2～5 min 即可剥皮。

蒸汽去皮时一般采用近 100℃蒸汽，可以在短时间内使外皮松软，以便分离。具体的热烫时间，可根据原料种类和成熟度而定。

热力去皮原料损失少，色泽好，风味好。但只用于皮易剥落的原料，要求充分成熟，成熟度低的原料不适用。

(5)酶法去皮　柑橘的囊衣，在果胶酶的作用下，使果胶水解，脱去瓤衣。如将橘瓣放在 1.5%的 703 果胶酶溶液中，在 35～40℃、pH 1.5～2.0 的条件下处理 3～8 min，可达到去囊衣的目的。

酶法去皮条件温和，产品质量好。其关键是要掌握酶的浓度及酶的最佳作用条件如温度、时间、pH 值等。

(6)冷冻去皮　将果蔬与冷冻装置的冷冻表面接触片刻，其外皮冻结于冷冻装置上，当果蔬离开时，外皮即被剥离。冷冻装置温度在－28～－23℃，这种方法可用于桃、杏、番茄等的去皮。去皮损失 5%～8%，质量好，但费用高。

(7)真空去皮　将成熟的果蔬先行加热，使其升温后果皮与果肉易分离，接着进入有一定真空度的真空室内，适当处理，使果皮下的液体迅速“沸腾”，皮与肉分离，然后破除真空，冲洗或搅动去皮。适用于成熟的桃、番茄。

4. 去核、去心

对于核果类的原料一般要去核，对于仁果类或其他种类的果品或蔬菜要去心。常用的工具有挖核器和捅核器。挖核器用于挖除苹果、梨、桃、杏、李等果实的果核或果心，捅核器用于去除枣、山楂等果实的核。生产时应根据果实的特点和大小选择适宜的去核去心工具。

5. 切分、修整

体积较大的果蔬原料在罐藏、干制、果脯蜜饯及蔬菜腌制加工时，需要适当地切分，以保持一定的形状。

切分的形状和方法根据原料的形状、性质和加工品的要求而定。桃、杏、李常对半切；苹果、梨常切成两瓣、三瓣或四瓣；许多果蔬切成片状、条状、块状等多种形式。常用刀、劈桃机或多功能切片机以及专用的切条(图 7-2)、切片机等工具或设备。

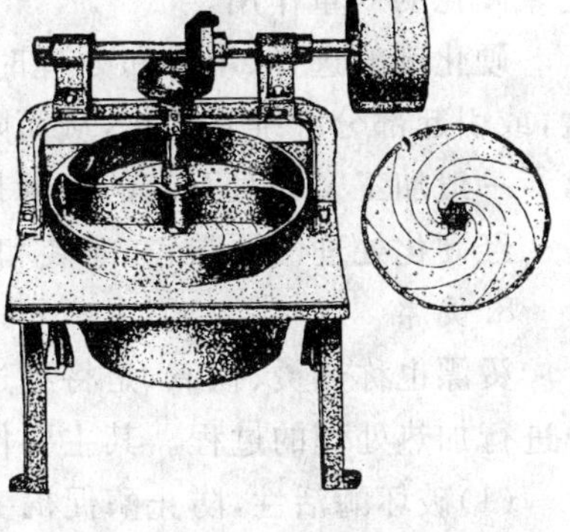

图 7-2　甘蓝切条机

(引自华中农学院.蔬菜贮藏加工学.1988)

罐藏或果脯加工时为了保持良好的形状，在装罐前需对果块进行修整，除去果蔬碱液未去净的皮或残留于芽眼或梗洼中的皮，除去部分黑色斑点和其他病变组织。

6.破碎、取汁

制作果酱、果泥等的原料需要适当破碎，以便煮制。制作果蔬汁、果酒时原料也需要破碎，以便于压榨或打浆。使用破碎机或打浆机，果实破碎粒度要适当，不同种类的原料，不同的压榨方法，破碎粒度是不同的，一般要求果浆的粒度在3～9 mm之间，但应注意果皮和种子不能被磨碎。破碎时，可加入适量的维生素C等抗氧化剂，以改善果蔬汁的色泽和营养价值。制作果酱时果肉的破碎也可用绞肉机进行。果泥可用胶体磨或磨碎机。

对于果胶含量丰富的核果类和浆果类水果，在榨汁前添加一定量的果胶酶可有效分解果肉组织中的果胶物质，使果汁黏度降低，容易榨汁、过滤，提高出汁率。李、葡萄、苹果等破碎后采用预热处理，可以软化果肉，水解果胶物质，降低汁液黏度，提高出汁率。

常用榨汁机有杠杆式压榨机、螺旋式压榨机、液压式压榨机、带式压榨机、切半锥汁机、柑橘榨汁机、离心分离式榨汁机、控制式压榨机、布朗400型榨汁机等。带式压榨机是国际常用的榨汁设备。用压榨方法难以取汁的果蔬如山楂、梅、酸枣等采用浸提工艺取汁。

7.硬化处理

对一些质地柔软的果蔬，在罐制或蜜饯加工前，需进行硬化处理，防止制品过度软化和提高耐煮性。常用的硬化剂有石灰、氯化钙、亚硫酸氢钙或明矾等稀溶液。所使用的盐类含有的钙和铝离子能与果胶性物质形成不溶性的盐类，使组织硬化耐煮。明矾还有触媒作用，使某些需要染色的制品容易着色与增加亮度。亚硫酸氢钙同时有护色、保脆与防腐作用。对于易变色的苹果、梨等制作果脯蜜饯，常用0.1%的$CaCl_2$与0.2%～0.3%的$NaHSO_3$混合液浸泡30～60 min，起着护色兼硬化的双重作用。

硬化剂的选择、用量和处理时间必须适当，用量过度会生成过多的果胶酸钙盐，或引起部分纤维素钙化，从而降低原料对糖的吸入量，并且使产品粗糙，品质低劣。一般加工蜜饯时石灰的用量是0.5%～1%，罐头中氯化钙的用量是0.05%。

经硬化处理的原料，在灌装和糖煮前应用清水充分漂洗，除去多余的硬化剂。

8.烫漂

烫漂也称热烫、预煮，是将经过适当处理的新鲜原料在温度较高的热水或蒸汽中进行加热处理的过程。其主要作用是：

(1)破坏酶活性，防止酶促褐变和营养损失　果蔬受热后氧化酶类被钝化，停止本身和生化活动，防止品质的进一步劣变，这在速冻和干制品中尤为重要。

(2)排除果蔬组织内的空气，稳定和改进制品色泽　排除果蔬组织内的空气，有利于防止制品酶褐变，有利于提高干制品的外观品质，有利于糖制品的渗糖，有利于罐头保持合适的真空度，减少马口铁内壁的腐蚀及避免罐头杀菌时发生跳盖或爆裂现象；对含叶绿素的原料，色泽更鲜绿；不含叶绿素的则呈半透明状态，色泽更鲜亮。

(3)软化组织，增加细胞膜透性　烫漂使果蔬细胞原生质变性，增加细胞膜透性，有利于水分蒸发，可缩短干燥时间，热烫过的干制品复水性也好。对于糖制原料，糖分易渗入，不易干缩。经过烫漂的原料质地变得柔韧，有利于装罐等操作。

(4)排除某些果蔬原料的不良气味　烫漂可适当排除原料中的苦味、涩味、辣味及其他不良气味，还可以除去部分黏性物质，提高产品品质。

(5)降低原料中的污染物和微生物数量　烫漂可杀死原料表面附着的部分微生物及虫卵等，减少原料的污染，提高制品卫生质量。

烫漂处理常用的方法有热水烫漂和蒸汽烫漂两种。

①热水烫漂　热水烫漂可以在夹层锅内进行，也可以在专门的连续化机械如链带式连续预煮机(图 7-3)和螺旋式连续预煮机内进行。在不低于90℃的温度下热烫 2～5 min，某些原料如制作罐头的葡萄和制作脱水蔬菜的菠菜及小葱只能在70℃左右的温度下热烫几分钟。有些绿色蔬菜为了保绿，在烫漂液中加入小苏打、氢氧化钙等，有时也用亚硫酸盐。制作罐头的某些果蔬也可以采用2%的盐水或1%～2%的柠檬酸液进行烫漂，有护色作用。

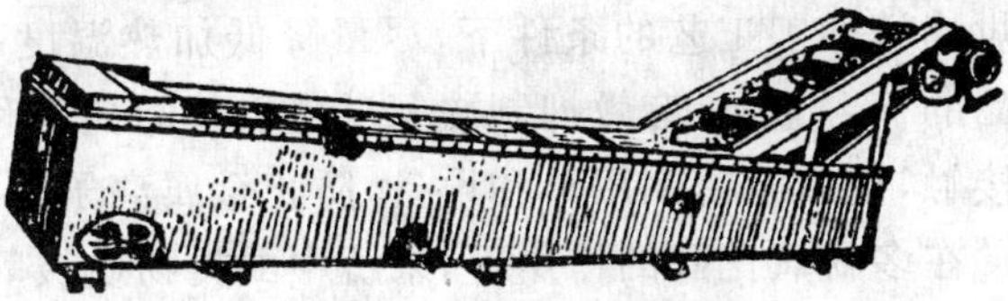

图 7-3　连续式预煮机

(引自华中农学院. 蔬菜贮藏加工学. 1988)

热水烫漂的优点是物料受热均匀，升温速度快，方法简便。缺点是部分维生素及可溶性固形物损失较多，一般损失 10%～30%。如果烫漂水重复使用，可减少可溶性物质的流失。

②蒸汽烫漂　将原料放入蒸锅或蒸汽箱中，用蒸汽喷射数分钟后立即关闭蒸汽并取出冷却。采用蒸汽热烫，可避免营养物质的大量损失，但必须有较好的设备，否则加热不均，热烫质量差。

烫漂后的原料，应立即冷却，防止热处理的余热对产品造成不良影响，并保持原料的脆嫩，一般采用冷水冷却或冷风冷却。

烫漂标准:原料一般烫至半生不熟,组织较透明,失去新鲜硬度,但又不像煮熟后的那样柔软,即达到热烫目的。烫漂程度通常以原料中过氧化物酶全部失活为标准。过氧化物酶的活性,可用0.1%愈创木酚酒精溶液或0.3%联苯胺溶液与0.3%双氧水检查,将热烫到一定程度的原料样品横切,滴上几滴愈创木酚或联苯胺溶液,再滴上几滴0.3%双氧水几分钟内不变色,表明过氧化物酶已破坏;若变色则表明过氧化物酶仍有活性,烫漂程度不够。用愈创木酚时变成褐色,用联苯胺时变成蓝色。

9.工序间的护色处理

果蔬原料去皮和切分后,放置于空气中,很快变成褐色,不仅影响制品外观品质,还破坏产品风味和营养价值。因而在加工中有必要进行护色处理,以保证成品质量。

果蔬原料及其制品发生褐变的原因主要有非酶褐变和酶促褐变。

(1)非酶褐变　没有酶参与而引起的颜色变化统称为非酶褐变。非酶褐变主要包括羰氨反应(美拉德反应)褐变、焦糖化褐变、抗坏血酸褐变和金属引起的褐变。羰氨反应褐变是糖类化合物中的羰基与氨基化合物中的氨基发生反应引起的颜色变化,焦糖化褐变是糖类加热到其熔点以上时由于焦糖化作用生成黑褐色的物质引起的,抗坏血酸褐变是抗坏血酸自动氧化生成的醛类物质聚合为褐色物质引起的,锡、铁、铝、铜等金属能促进褐变,并能与单宁类物质发生反应引起变色。

在满足糖煮、烘烤等加工工艺的条件下,尽量降低加热温度、缩短加热时间及烘烤时间、减少制品的糖含量,可有效抑制羰氨反应引起的褐变和焦糖化褐变。避免原料与铁、铜等接触,使用不锈钢用具和设备,防止金属离子引起的褐变。

(2)酶促褐变　在多酚氧化酶的作用下,果蔬中酚类物质被氧化呈现褐色的现象,称为酶促褐变。在果蔬加工过程中,工序间的变色主要是由酶促褐变引起的。必须有酚类物质、酶和氧气同时存在此反应才能进行,所以排除3者中任一条件,都可阻止此反应的发生,生产上常用隔绝氧气、钝化或抑制酶活性的方法来抑制酶促褐变的发生。

生产上常用的护色方法有:

①热烫护色　热烫的主要作用是杀死酶的活性。

②食盐溶液护色　食盐对氧化酶的活性有抑制和破坏作用,食盐溶于水后,能减少水中的溶解氧。一般采用1%～2%食盐溶液即可,苹果、梨、桃及食用菌均可用此法,但要注意洗净食盐,特别是水果原料。

为了增进护色效果,还可以在其中加入0.1%柠檬酸液。食盐溶液护色常在制作水果罐头和果脯中使用。同在制作果脯蜜饯时为了提高耐煮性,可以用氯化钙溶液浸泡，既有护色作用，又能增进果肉硬度。

③有机酸溶液护色　酸性溶液既可抑制多酚氧化酶活性，又由于氧气在酸溶液中的溶解度较小具有抗氧化作用，抑制酶褐变，同时也能抑制美拉德反应。生产上多采用浓度为0.5%～1%柠檬酸溶液浸泡，也可用抗坏血酸溶液浸泡，或用柠檬酸和抗坏血酸混合溶液浸泡，兼有提高制品营养价值的作用。

④亚硫酸溶液护色　SO_2 与有机过氧化物中的氧易化合，使其不能生成过氧化氢，则过氧化物酶失去氧化作用。SO_2 又能与单宁物质中的酮基结合，单宁物质不能被氧化。溶液中 SO_2 含量为0.000 1%时，能降低褐变率为20%，0.001%时完全不变色。但 SO_2 被解除后，单宁物质的反应又恢复。此法对各种加工原料工序间的护色都适用，但罐头加工时，SO_2 处理后，要进行脱硫处理，否则易造成罐头内壁产生硫化斑。

⑤抽真空护色　抽真空护色是将原料周围及果肉中的空气排除，渗入糖水或无机盐水，抑制氧化酶活性，防止酶褐变。某些果蔬如苹果、番茄等内部组织较疏松，含空气较多，对罐藏或制作果脯等不利，常用此方法护色。根据实验，不易变色果蔬，可用2%食盐溶液作抽空母液；易变色的果蔬（如长把梨），可用2%食盐、0.2%柠檬酸、0.02%～0.06%偏重亚硫酸钠混合溶液作抽空母液；一般果品可用糖水作抽空母液。在87～93 kPa的真空度下抽空5～10 min，护色后果蔬组织色泽更加鲜艳。

10.半成品保存

果蔬原料成熟期采收集中，为了延长加工期限，除了进行原料的鲜贮外，还可以将原料加工处理成半成品进行保存。半成品保存一般是将处理的原料用食盐腌制、SO_2 处理及大罐无菌保藏等办法保存起来。

(1)盐腌处理　某些果脯、蜜饯、凉果，如广东的凉果、江苏和福建的青梅蜜饯、广西的应子及蔬菜的腌制品，需要用高浓度的食盐将原料腌渍成盐坯进行半成品保存，然后进行脱盐、配料等后续工艺加工制成成品。

食盐可以使半成品得以长期保存，是因为食盐的高渗透压和降低水分活性的作用，抑制大多数微生物的繁殖，也迫使新鲜果蔬的生命活动停止，避免了果蔬的自身溃败。

食盐腌制有干腌和湿腌两种方法。

①干腌　适合成熟度高，含水量大，容易渗透原料的腌制。一般用盐量为原料的14%～15%，腌制时，应分批拌盐，搅拌均匀，分层入池，铺平压紧，下层用盐较少，由下而上逐层加多，表面用盐覆盖隔绝空气，便能保存不坏。也可盐腌一段时间后，取出晒干做成干坯保存。

②湿腌　适合成熟度低，水分含量少，不易渗透的原料的腌制。一般配制10%～13%食盐溶液将果蔬淹没，便能保存。但食盐溶液腌制时一些耐盐性细菌活动造成败坏，可采取将原料全部浸没于溶液中，加以密封，降低 pH 值，降低温度等措施防止。

盐腌的半成品再加工成成品时要经过脱盐处理，尽可能地将盐分脱去，但不可完全脱除，一方面会影响到制品的风味，因而盐腌的半成品只适合于某些制品的加工；另一方面果蔬中的可溶性固形物大量流失，大大降低了产品的营养价值。

(2)硫处理　新鲜果蔬用 SO_2 或亚硫酸盐类处理，可以保持原料不腐烂败坏，是亚硫酸在起作用。亚硫酸可以减少溶液中或植物组织中氧的含量，杀死好气性微生物；未解离的亚硫酸还能抑制氧化酶的活性，可以防止果蔬中维生素 C 的损失。

亚硫酸盐类在一定的条件下可解离出 SO_2，所以也具有保藏作用。生产上常以 SO_2 的浓度来表示亚硫酸及其盐类的含量。

SO_2 还能与许多有色化合物结合变成无色的衍生物，使红色果蔬退色，色泽变淡，经脱硫后色泽复显。SO_2 对花青素作用明显。SO_2 能杀灭害虫，防止制品生虫，延长保藏期。

硫处理常用的方法有浸硫法和熏硫法两种。浸硫法是用一定浓度的亚硫酸盐溶液浸泡原料一定时间。亚硫酸(盐)的浓度以有效 SO_2 计，一般要求为果实及溶液总重的0.1%～0.2%。熏硫法是将原料放在密闭的室内或塑料帐内，燃烧硫磺生成 SO_2 气体，或者由钢瓶直接将 SO_2 通入室内。熏硫室或帐内 SO_2 浓度宜保持在1.5%～2%，可按每立方米空间燃烧硫磺 200 g 或者每吨原料用硫磺 2～3 kg 计。熏硫程度以果肉色泽变淡，核窝内有水滴，并带有浓厚的 SO_2 气味，果肉内含有 SO_2 达0.1%左右为宜。熏硫结束，将门打开，待空气中的 SO_2 散尽后，才能入内工作。

亚硫酸在酸性环境条件下作用明显，一般应在 pH 3.5 以下，对于一些酸度偏小的原料处理时，应辅助加一些柠檬酸，以提高作用效果。亚硫酸盐类溶液易于分解失效，最好是现用现配。经硫处理的原料应在密闭容器中保藏。

一些水果经硫处理后会使果肉变软，为防止这种现象，可在亚硫酸中加入部分石灰，这对一些质地柔软的水果如草莓、樱桃等适用。

硫处理时应避免接触金属离子，会显著促进已被还原色素的氧化变色。

亚硫酸和 SO_2 对人体有毒。国际上规定为每人每日允许摄入量为 0～0.7 mg/kg 体重。因此，硫处理的半成品不能直接食用，必须经过脱硫处理再加工制成成品。

经硫处理的原料，只适宜干制、糖制、果汁、果酒或片状罐头，而不宜制作整形罐头。因为残留过量的亚硫酸盐会释放出 SO_2 腐蚀马口铁，生成黑色的硫化铁或生成硫化氢。

(3)大罐无菌保藏　大罐无菌保藏是将经过巴氏杀菌的浆状果蔬半成品在无菌条件下装入已灭菌的密闭大金属罐内，保持一定的气体内压，以防止产品内的微生物发酵变质的一种保藏方法。常用于保藏再加工用的各种果蔬汁和番茄酱。这种保藏方法是一种先进的贮存工艺，虽然设备一次性投资较高，但经济、卫生，对绝大多数的果蔬加工企业的周年生产具有重要意义。

二、果蔬加工对水质的要求及处理

(一)果蔬加工用水要求

果蔬产品的加工厂用水量要远远大于一般食品加工厂，如生产 1 t 果蔬类罐头，需水量 40～60 t，1 t 糖制品消耗 10～20 t 的水。所以，水的卫生、水质的好坏等直接影响加工品的质量。

凡是与果蔬原料及其制品接触的水，均应符合 GB 5749—1985 生活饮用水卫生标准。水的硬度对加工品质量有很大影响。水的硬度过大，钙、镁与蛋白质等物质结合，使罐头汁液或果汁发生混浊或沉淀；还与果蔬中的果胶酸结合生成果胶酸钙，使果肉表面粗糙，加工制品发硬；镁盐如果含量过高，加工产品有苦味。水的硬度决定于水中钙、镁盐的含量，我国常用德国度即 CaO 含量表示水的硬度的大小，硬度 1°相当于 1 L 水中含 10 mg CaO。凡是硬度在 8°以下的水为软水，硬度在 8°～16°的水为中度硬水，硬度在 16°以上的水为高度硬水。

不同的加工品对水的硬度有不同的要求，制作果脯蜜饯、蔬菜腌制品及半成品的保存时应以硬水为好，以增进制品的脆度和硬度，以防止煮烂和软烂；脱水干制品加工可用中度硬水，使组织不致软化；罐头制品、速冻制品、果蔬汁、果酒等加工品均要求使用软水。而锅炉用水硬度高，容易造成水垢，不仅影响锅炉的传热，严重时还易发生爆炸。

(二)加工用水处理

无论是江河、湖泊、水库、海水中的水或是深井水、自来水等均可作为加工用水源。深井水和自来水符合加工用水的水质要求，可以直接使用。对不符合要求的，需进行一定的处理，其目的是保持水质的稳定性和一致性；除去水中的悬浮物和胶体；去除有机物、异臭、异味、脱色；将水的碱度降到标准以下；去除微生物，使微生物指标符合规定标准。若需要，还要去除水中的铁、锰化合物和溶解于水中的气体。

1. 水中悬浮物质、胶体物质的去除

除去原水中的悬浮物质和胶体物质，通常采用混凝和过滤两种方法。

(1)混凝　常用的混凝剂有铝盐和铁盐两类。铝盐有明矾、硫酸铝、碱式氯化铝等；铁盐有硫酸亚铁、硫酸铁及三氯化铁等。明矾的用量一般为 0.001%～0.02%，$Al_2(SO_4)_3 \cdot 18H_2O$ 的有效剂量为 20～100 mg/L。

为提高混凝效果，常加入所谓助凝剂。常用的有活性硅酸、海藻酸钠、羧甲基纤维素钠、黏土以及聚丙烯、聚丙烯胺、聚丙烯酰胺(PMA)等高分子物质。助凝剂还可保证在较大的 pH 值范围内获得良好的混凝效果，也有助于消除沉淀池出水时携带针絮状体。

(2)过滤　原水通过滤料层时，一些悬浮物和胶体物被截流在孔隙中或介质表面，这种通过粒状介质层分离不溶性杂质的方法称为过滤。

①砂过滤　过滤介质是石英砂，含有悬浮物的水经过砂滤层时，悬浮物等被截留，使水澄清。砂滤层可用细砂、中砂和粗砂，也可用卵石，有时上面放滤砂，下面放卵石和碎石作垫层。在使用过程中，当水的净化效果变差或出水量变小时，需要定期将水反向流动或进行清洗。

②砂滤棒过滤　当用水量较少，原水中硬度、碱度指标基本符合要求，只含有少量的有机物、细菌及其他杂质时，可采用砂滤棒过滤器。砂滤棒又名砂芯，采用细微颗粒的硅藻土和骨灰等可燃性物质，在高温下焙烧，使其熔化，可燃性物质变为气体逸散，形成直径 0.000 16～0.000 41 mm 的小孔，待处理水在外压作用下，通过砂滤棒的微小孔隙，水中存在的少量有机物及微生物被微孔吸附截留在砂滤棒表面。

砂滤棒过滤外壳是用铝合金或不锈钢铸成锅形的密封容器，分上、下两层，中间以隔板隔开，隔板上(或下)为待滤水，隔板下(或上)为砂滤水，容器内安装 1 至数十根砂滤棒。长时间连续过滤后，杂质吸附会使过滤速度下降，应进行冲洗、消毒；消毒通常用 10%的漂白粉溶液或其他氯化物溶液浸泡 30 min，也可用 75%的酒精浸泡杀菌。

③活性炭过滤　为了去除水中的有机垢、色度和余氯，或作为离子交换的预处理工序，可用活性炭过滤。用氯处理过的水会损害产品的风味，须用活性炭脱氯。另外，当水质较差，出现异味时，也可用活性炭过滤。

活性炭是一种多孔性物质，能吸附水中的气体、臭味、氯离子、有机物、细菌及铁、锰等杂质，一般可将水中 90%以上的有机物质除去。

此外，还有微孔膜过滤器和精滤等。

2. 水中溶解杂质的去除

为满足生产用水的水质要求，不仅要除去水中的悬浮杂质，还要降低水中的溶解性杂质，也就是降低水的硬度。常用的软化方法有化学软化法、离子交换法、电渗析法、反渗透法等。

(1)化学软化法 化学法软化水质一般多采用石灰软化法或石灰-纯碱软化法及石灰-纯碱-磷酸三钠法。

①石灰软化法 适应于碳酸盐硬度较高，非碳酸盐硬度较低，而且对水质不要求高度软化的情况。先将石灰(CaO)调成石灰乳，再加到原水中搅拌，即可消除原水的暂时硬度。实践证明，每降低 1 t 水的暂时硬度 1°，需加 CaO(纯度 70%)约 15 g。用石灰处理水的硬度常同水的凝聚处理同时进行。此法不能使水彻底软化。

②石灰-纯碱软化法 此法既加石灰也加纯碱，同时除去水中碳酸盐硬度和非碳酸盐硬度。

(2)离子交换软化法 离子交换法是用离子交换剂(离子交换树脂)吸附水中所含的钙、镁离子，使水质软化。离子交换树脂分阳离子交换树脂和阴离子交换树脂两类，前者在水中以氢离子与水中的金属离子或其他阳离子发生交换，后者在水中以 OH^- 与水中的阴离子发生交换。

通过阳离子交换树脂与水的交换反应，水中的钙、镁离子被吸附在树脂上，所以水中的 $Ca(OH)_2$，$Mg(HCO_3)_2$，$MgCl_2$，$CaSO_4$，$MgSO_4$ 可形成水质硬度的金属离子被除去，留在水中的阴离子如 Cl^-，HCO_3^-，SO_4^{2-} 等，又可被阴树脂所交换，见图 7-4。

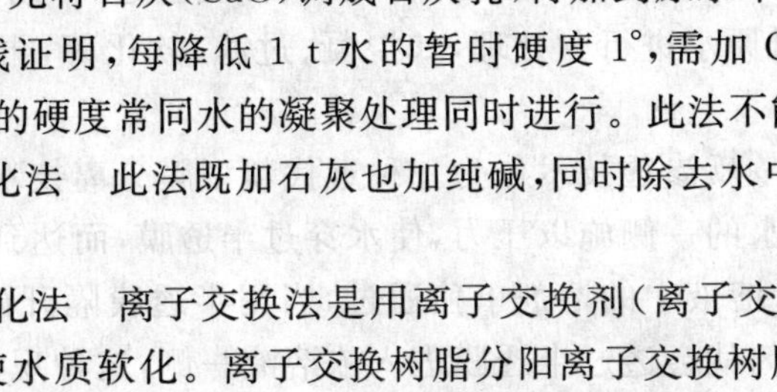

图 7-4 离子交换树脂净化水的原理

(引自高愿军. 软饮料工艺学. 2002)

阴、阳离子树脂交换后留在水中的 H^+ 和 OH^- 结合成水，水的硬度被解除，水的酸度和碱度也可控制。

离子交换树脂软化法在实际运用中是采用固定床进行的。固定床可分为单床、多床、复床和混合床等形式。加工用水一般采用多床或复合床处理，水质即可达到用水质量的要求。如果对水质硬度要求不十分严格则用单床处理即可。若对水质硬度要求很严格，则须用混合床式处理。

(3)电渗析法　电渗析技术常用于海水和咸水的淡化，或用自来水制备初级纯水。它是通过具有选择透过性和良好导电性的离子交换膜，在外加直流电场，根据同性相斥、异性相吸的原理，使原水中阴、阳离子分别通过阴离子交换膜和阳离子交换膜达到净化作用。

如果原水中悬浮物较多，水质污染严重或含盐量过高，则不能直接用电渗析法处理。此时应先对原水进行预处理，如混凝、过滤、软化等，再进行电渗析，方能收到良好效果。

(4)反渗透法　反渗透技术作为一种近代新型膜分离技术，其原理是以半透膜为介质，对被处理水的一侧施以压力，使水穿过半透膜，而达到除盐的目的。

半透膜只能让溶液中的溶剂单独通过，当用半透膜隔开两种不同浓度的溶液时，稀溶液中的溶剂就会透过半透膜进入浓溶液一侧，这种现象叫渗透。由于渗透的作用，膜两侧的液面最后会形成高度差，由液面的高度差产生一种压力叫渗透压。如果在浓溶液的一侧施加大于渗透压的压力时，溶剂就会由浓溶液的一侧通过半透膜进入稀溶液，这种现象称为反渗透。

通常把这种半透膜称为反渗透膜。当把盐水换成要处理的原水，并施加一定的压力，此时大多数水分子通过反渗透膜，汇集后就得到脱盐的淡水，这就是反渗透在水处理应用上的基本工作原理，见图7-5。反渗透膜对Ca^{2+}和Mg^{2+}的去除率达92%～99%，对Cl^-和HCO_3^-的去除率达80%～95%，对Na^+和K^+的去除率

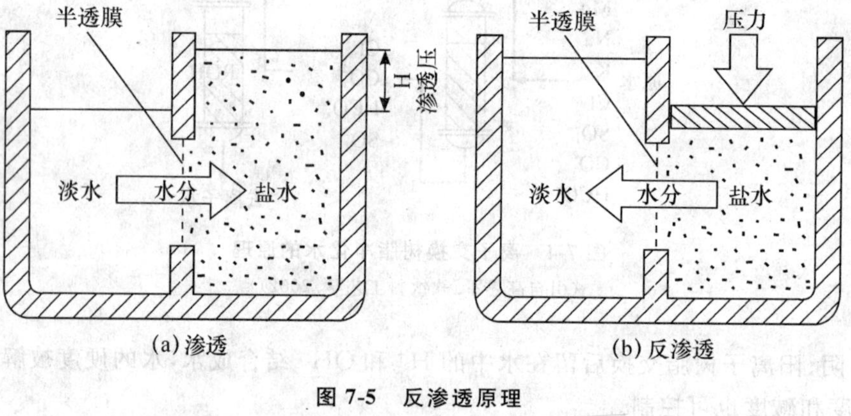

图 7-5　反渗透原理

(引自高愿军.软饮料工艺学.2002)

达 75%～95%，Mn^{2+}、Al^{3+} 的去除率达 95%～99%，对细菌的去除率达 99%。

反渗透膜器在使用一段时间后，水中悬浮物、微生物、有机物等杂质易在膜表面结成一层薄垢，影响膜的透水性和操作压力，要对膜及时清洗。

3. 水的消毒

在水质处理过程中，绝大多数微生物由于经过混凝、过滤、软化已被除去。但是仍有部分微生物留在水中，为了确保饮食卫生，还应进行严格消毒。

(1)氯消毒　水中加氯消毒，是当前世界各国最普遍使用的饮用水消毒法。

根据水质不同，采用滤前加氯和滤后加氯的方法进行水体消毒。滤前加氯，当原水水质差，有机物多时，可在原水处理前加氯，防止沉淀物中微生物繁殖，且氯的量要加得多。滤后加氯，原水经沉淀过滤后加氯，加氯量可以比滤前加氯少，且消毒效果好。常用的药物有杀菌氯气或其他有效氯的化合物，如漂白粉、氯胺、次氯酸钠、二氧化氯等药物。

我国水质标准规定，管网末端自由余氯应保持在 0.1～0.3 mg/L，小于 0.1 mg/L 时不安全，大于 0.3 mg/L 时水有明显的氯臭。

(2)臭氧消毒　臭氧(O_3)是特别强的氧化剂，极不稳定，很容易离解出活泼的、氧化性极强的新生态原子氧，原子氧可以最终导致微生物的死亡。臭氧的瞬间杀菌作用优于氯，比氯的作用快 15～30 倍。同时可以除去水臭、水色以及铁和锰等，不产生二次污染。利用高压放电产生 O_3 用于水的消毒，采用臭氧发生器生产臭氧。

(3)紫外线消毒　紫外线消毒的原理是微生物经紫外线照射后，微生物细胞内的蛋白质和核酸的结构发生裂变而引起死亡，因紫外线对水有一定的穿透能力，故能杀灭水中的微生物，使水得以消毒。

紫外线的杀菌效果对原水的水质要求较高。原水必须无色，浊度在 1.6°以下，微生物数量很少，否则影响杀菌的效果。

目前使用的紫外线杀菌设备主要是紫外线饮水消毒器。

三、果蔬加工对其他辅料的要求

为了改善果蔬制品的色、香、味，提高制品品质，延长保质期及加工工艺的需要而添加的天然物质或人工合成的化学物质等辅料，统称为食品添加剂。食品添加剂的使用，必须遵循《食品添加剂使用卫生标准》(GB 2760—96)的要求，不能破坏加工品的营养和性质，也不能掩盖加工品本身的变质。

食品添加剂的种类很多，按照其来源的不同可分为天然食品添加剂和化学合成食品添加剂两大类，目前使用化学合成食品添加剂较多，为了食品安全和人们身体健康提倡使用天然食品添加剂。在果蔬加工中常用以下几种食品添加剂。

(1)甜味剂　甜味剂是以赋予食品甜味为主要目的的食品添加剂。甜味剂通常指一些具有甜味但并非糖类的化学物质，蔗糖、淀粉糖浆等通常不作为食品添加剂看待，而称为食品原料。甜味剂主要包括糖醇类，如山梨糖醇、木糖醇、麦芽糖醇；非糖天然甜味剂，如甜叶菊苷、甘草苷、甘茶叶素、二氢查耳酮等；人工合成甜味剂如甜蜜素、阿斯巴甜(蛋白糖)等。人工合成甜味剂有一定的毒性和副作用，在生产中的使用有一定限制。糖醇类甜味剂和非糖天然甜味剂是低热能甜味剂和非营养型甜味剂，对肥胖病、高血压、糖尿病和龋齿等患者有积极作用，近年来日益受到重视和发展。

(2)酸味剂　酸味剂是以赋予食品酸味为主要目的的一类食品添加剂。酸味剂除了赋予食品酸味外，还有调节食品的 pH 值、防止食品败坏和褐变、用作抗氧化剂的增效剂以及抑制微生物生长，防止食品腐败等作用。我国允许使用的酸味剂主要是有机酸、柠檬酸、苹果酸、酒石酸、乳酸等，无机酸使用较多的仅有磷酸等。

(3)增稠剂　增稠剂是指在水中溶解或分散，能增加流体或半流体食品的黏度，并能保持所在体系的相对稳定的亲水性食品添加剂，又称稳定剂、糊料或乳化稳定剂。具有稳定、增稠、凝胶和保水等作用，广泛地应用于食品中。在果蔬食品中常用的增稠剂有天然增稠剂，如酪蛋白酸钠、阿拉伯胶、海藻酸钠、卡拉胶、果胶、黄原胶、β-环状糊精等；化学合成增稠剂，如羧甲基纤维素钠(CMC-Na)等。

(4)着色剂　食品着色剂是以食品着色为目的的一类食品添加剂，又称食用色素，其功能是提高商品价值，促进食欲。食品着色剂按其来源和性质可分为合成着色剂和天然着色剂。合成着色剂，也称为食品合成染料，用人工方法合成的有机着色剂。合成着色剂的着色力强，色泽鲜艳，不易退色，稳定性好，易溶解，易调色，成本低，但安全性低。常用的食用合成着色剂有苋菜红、胭脂红、柠檬黄、日落黄和亮蓝等几种，一般在食品中的最大用量不能超过 0.05 g/kg。天然着色剂主要是由动、植物和微生物中提取的，常用的食用天然着色剂有红花黄、β-胡萝卜素、姜黄、红曲米、叶绿素铜钠和焦糖色素等。

(5)增香剂　增香剂是在食品加工过程中改善或增强食品的香气和香味的香

精或香料，需要的量一般很少，但对于人的感官是很重要的。通常用几种香料经配制成香精使用。有水溶性和油溶性两种，如橘子香精、柠檬香精、香草香精、杨梅香精、香蕉香精、乳化香精和奶油香精等。

(6)防腐剂　为了防止食品腐败变质而添加到其中的化学物质，称为防腐剂。理想的防腐剂应具有：性质稳定，在一定时期内有效，使用中和分解后无毒；在低浓度下仍有抑菌作用；本身无刺激性和异味；价格合理，使用方便。常有的食品防腐剂有苯甲酸及其钠盐、山梨酸及其钾盐、对羟基苯甲酸乙酯、对羟基苯甲酸丙酯、脱氢醋酸、SO_2 及亚硫酸盐类等。

实验实训 7-1　果蔬加工中的护色

一、实训目的

酶褐变是引起果蔬产品原料、半成品及成品变色的主要原因，通过本实验，了解果蔬产品原料的变色过程，掌握果蔬加工工序间护色的方法。

二、材料和用具

苹果、梨、马铃薯等；电炉、不锈钢锅、水果刀、漏勺、搪瓷盘、烘箱、分析天平；0.1%愈创木酚溶液、0.3%双氧水、0.5%柠檬酸、1.0% NaCl、2% $NaHSO_3$。

三、方法步骤

(1)酶褐变观察　苹果、梨、马铃薯人工去皮，切成 5 mm 厚薄片，裸露于空气中，观察颜色变化，为对照。

(2)护色方法

①清水护色　将已经去皮切分成 5 mm 厚的苹果、梨、马铃薯片分别放入清水中，护色 10 min，取出观察其颜色变化。

②盐水护色　将经过同样处理的苹果、梨、马铃薯片分别放入 1.0% NaCl 溶液中，护色 10 min，取出观察其颜色变化。

③柠檬酸护色　将经过同样处理的苹果、梨、马铃薯片分别放入 0.5%柠檬酸溶液中，护色 10 min，取出观察其颜色变化。

④亚硫酸盐护色　将经过同样处理的苹果、梨、马铃薯片分别放入 2%

$NaHSO_3$ 溶液中，护色 10 min，取出观察其颜色变化。

⑤热烫护色　将经过同样处理的苹果、梨、马铃薯片分别投入沸水即开始计时，每隔 1 min，取出一片苹果（梨、马铃薯），滴上几滴 0.1%愈创木酚溶液，再滴上几滴 0.3%双氧水，观察其变色程度和速度，直至取出的果片不再变色为止，将剩余果片投入冷水中及时冷却，再观察颜色变化。

表 7-2　不同处理原料颜色变化情况

原料名称	处理方法					
	对照	清水护色	1.0% NaCl	0.5%柠檬酸	2% $NaHSO_3$	热烫护色
苹果片						
梨片						
马铃薯片						

(3)干燥　将上述 3 类果蔬片同时放入 55～60℃烘箱中，恒温干燥，观察经过处理和未经过处埋果片干燥前后色泽变化，并记录。

表 7-3　不同处理原料干燥后颜色变化情况

原料名称	处理方法					
	对照	清水护色	1.0% NaCl	0.5%柠檬酸	2% $NaHSO_3$	热烫护色
苹果片						
梨片						
马铃薯片						

四、实训作业

试比较不同处理的护色效果？试分析本次实训针对不同原料哪种护色方法效果最好？

本章小结

- 果蔬加工基础
  - 果蔬加工原理
    - 果蔬加工品分类
      - 罐制品
      - 汁制品
      - 糖制品
      - 酒制品
      - 干制品
      - 速冻制品
      - 腌制品
      - 果蔬脆片
      - 鲜切果蔬
    - 果蔬加工品败坏的原因
      - 微生物败坏
      - 酶败坏
      - 理化败坏
    - 不同果蔬加工手段加工原理
      - 低温原理
      - 干制原理
      - 高渗透压原理
      - 速冻原理
      - 发酵原理
      - 应用真空和密封原理
      - 无菌原理
      - 化学防腐原理
  - 果蔬加工对原辅料的基本要求及处理
    - 果蔬加工对果蔬的要求及预处理
      - 果蔬加工对果蔬的要求
      - 预处理包括：挑选、分级、清洗、去皮、去核、去心、切分、修整、破碎、取汁、硬化处理、烫漂、工序间的护色处理、半成品保存
    - 果蔬加工对水质的要求及处理
      - 果蔬加工用水要求
      - 水处理
        - 水中悬浮物质、胶体物质的去除（混凝、过滤）
        - 水中溶解杂质的去除（化学软化法、离子交换软化法、电渗析法、反渗透法）
        - 水的消毒（氯消毒、臭氧消毒、紫外线消毒）
    - 果蔬加工对其他辅料的要求
      - 甜味剂
      - 酸味剂
      - 增稠剂
      - 着色剂
      - 增香剂
      - 防腐剂

复习思考题

1. 简述果蔬加工品分类及其加工原理。
2. 果蔬加工对果蔬原料有何要求？有哪些预处理方法？如何处理？
3. 引起果蔬加工品败坏的原因有哪些？
4. 果蔬加工对水质有何要求？常用的水处理方法有哪些？各有什么优劣？
5. 简述果蔬加工中常用的食品添加剂的种类及选用原则。
6. 果蔬加工过程中有哪些护色处理？
7. 果蔬烫漂的目的是什么？如何进行？如何检测烫漂效果？
8. 果蔬进行硬化的目的是什么？如何进行？

第八章　果蔬加工技术

知识目标

- 了解目前果蔬加工的新技术。
- 掌握不同果蔬制品加工的工艺流程和工艺要点。
- 掌握不同果蔬制品加工过程中质量控制点及预防措施。

技能目标

- 能够运用所学知识制作罐制品、汁制品、糖制品、干制品、速冻品、腌制品、果酒等。
- 会解决不同果蔬制品加工中的常见问题。
- 熟练掌握不同果蔬制品的加工技术。

第一节　果蔬罐制品

果蔬罐制品是果蔬原料经前处理后，装入能密封的容器内，再进行排气、密封、杀菌，最后制成别具风味、能长期保存的食品。罐头食品具有耐贮藏、易携带、品种多、食用卫生的特点。果蔬罐制品按包装容器分为玻璃瓶罐制品、铁盒罐制品、软包装罐制品、铝合金罐制品以及其他(如塑料瓶装罐头)。罐藏对果蔬原料的基本要求是具有良好的营养价值，感官品质，新鲜，无病虫害，完整无外伤，收获期长，收获量稳定，可食部分比例高，加工适应性强，并有一定的耐藏性。

一、工艺流程

罐头工艺流程如图 8-1 所示。

原料选择→分级→洗涤→去皮、切分、去核、去心及整理→预煮、漂洗→装罐→排气→密封→杀菌→冷却→保温或商业无菌检查→贴标→包装

图 8-1　罐头工艺流程图

二、工艺要点

(一)原料选择

果蔬罐头的原料总的要求是水果罐藏原料要求新鲜,成熟适度,形状整齐,大小适当,果肉组织致密,可食部分大,糖酸比例恰当,单宁含量少;蔬菜罐藏原料要求色泽鲜明,成熟度一致,肉质丰富,质地柔嫩细致,纤维组织少,无不良气味,能耐高温处理。

罐藏用果蔬原料均要求有特定的成熟度,这种成熟度即称罐藏成熟度或工艺成熟度。不同的果蔬种类品种要求有不同的罐藏成熟度。如果选择不当,不但会影响加工品的质量,而且会给加工处理带来困难,使产品质量下降。如青刀豆、甜玉米、黄秋葵等要求幼嫩、纤维少;番茄、马铃薯等则要求充分成熟。

罐藏用果蔬原料越新鲜,加工品的质量越好。因此,从采收到加工,间隔时间越短越好,一般不要超过 24 h。有些蔬菜如甜玉米、豌豆、蘑菇、石刁柏等应在 2～6 h 内加工。

(二)原料前处理

包括挑选、分级、洗涤、去皮、切分、去核(心)、抽空以及热烫。

1. 果蔬原料的挑选、分级

果蔬原料在投产前须先进行选择,剔除不合格的和虫害、腐烂、霉变的原料,再按原料的大小、色泽和成熟度进行分级。

2. 果蔬原料的洗涤

其目的是除去其表面附着的尘土、泥沙、部分微生物及可能残留的农药等。洗涤果蔬可采用漂洗法,一般在水槽或水池中用流动水漂洗或用喷洗,也可用滚筒式洗涤机清洗。对于杨梅、草莓等浆果类原料应小批淘洗或在水槽中通入压缩空气翻洗,防止机械损伤及在水中浸泡过久而影响色泽和风味。有时为了较好地去除附在果蔬表面的农药或有害化学药品,常在清洗用水内加入少量的洗涤剂,常用的有 0.1%的高锰酸钾溶液,0.06%的漂白粉溶液,0.1%～0.5%的盐酸溶液,1.5%

的洗洁剂和0.5%～1.5%的磷酸三钠混合液。

清洗用水必须清洁，符合饮用水标准。

3.去皮、切分、去核(心)及整理

果蔬的种类繁多，其表皮状况不同，有的表皮粗厚、坚硬，不能食用；有的具有不良风味或在加工中容易引起不良后果，这样的果蔬必须去除表皮。去皮的方法已在第七章第二节中讲述过。

手工去皮常用于石刁柏、莴苣、整番茄、甜玉米、荸荠等产品；机械去皮常用于马铃薯、甘薯的擦皮，石刁柏的削皮，豌豆和青豆的剥皮等；热力去皮常与手工和机械去皮法连用；经碱液处理的原料，应立即投入冷水中清洗搓擦，以除去外皮和黏附的碱液。此外，也可以用0.25%～0.5%的柠檬酸或盐酸来中和，然后用水漂洗。

切分的目的在于使制品有一定的形状或统一规格。如胡萝卜等需切片，荸荠、蘑菇也可以切片。甘蓝常切成细条状，黄瓜等可切丁。

很多果蔬在去皮、切分后需进行整理，以保持一定的外观。

4.抽空

可排除果蔬组织内的氧气，钝化某些酶的活性，抑制了酶促褐变。抽空效果主要取决于真空度、抽空的时间、温度与抽空液4个方面。一般要求真空度大于79 kPa以上。按照抽空操作的程序不同，抽空法可分为干抽法和湿抽法两种。

(三)热烫

热烫又称预煮、烫漂。已在第七章第二节中讲述过。生产上为了保持产品的色泽，使产品部分酸化，常在热烫水中加入一定浓度的柠檬酸。

热烫的温度和时间需根据原料的种类、成熟度、块形大小、工艺要求等因素而定。热烫后须迅速冷却，不需漂洗的产品，应立即装罐；需漂洗的原料，则于漂洗槽(池)内用清水漂洗，注意经常换水，防止变质。

(四)装罐

1.空罐的准备

不同的产品应按合适的罐型、涂料类型选择不同的空罐。一般来说低酸性的果蔬产品，可以采用未用涂料的铁罐(又称素铁罐)。但番茄制品、糖醋、酸辣菜等则应采用抗酸涂料罐。花椰菜、甜玉米、蘑菇等应采用抗硫涂料铁，以防产生硫化斑。

空罐在装罐前应清洗干净，蒸汽喷射，清洗后不宜堆放太久，以防止灰尘、杂质再一次污染。装罐前要对空罐进行清洗和消毒以及空罐的检查。

2. 灌注液的配制

(1)果蔬罐头　所用的糖液主要是蔗糖溶液，我国目前生产的糖水果品罐头，一般要求开罐糖度为14%～18%。每种水果罐头装罐糖液浓度，可根据装罐前水果本身的可溶性固形物含量、每罐装入果肉重量及每罐实际注入的糖液重量，按下式计算：

$$Y=\frac{W_3 Z- W_1 X}{W_2}$$

式中：W_1——每罐装入果肉重量(g)；

W_2——每罐加入糖液重(g)；

W_3——每罐净重(g)；

X——装罐前果肉可溶性固形物含量(%)；

Z——要求开罐时的糖液浓度(%)；

Y——需配制的糖水浓度(%)。

糖液的配制方法有直接法和稀释法。直接法就是根据装罐所需要的糖液浓度，直接按比例称取砂糖和水，置于溶糖锅中加热搅拌溶解并煮沸5～10 min，以驱除砂糖中残留的二氧化硫并杀灭部分微生物，然后过滤、调整浓度。

(2)蔬菜罐头　很多蔬菜制品在装罐时加注淡盐水，浓度一般为1%～2%。目的在于改善制品的风味；加强杀菌、冷却期间的热传递；能较好地保持制品的色泽。

配制盐液的水应为纯净的饮用水，配制时煮沸，过滤后备用。有时，为了操作方便，防止生产中因盐水和酸液外溅而使用盐片，盐片可依罐头的具体用量专门制作，内含酸类、钙盐、EDTA钠盐、维生素C以及谷氨酸钠和香辛料等。盐片使用方便，可用专门的加片机加入每一罐中或手工加入。

(3)调味液的配制　蔬菜罐头调味液的种类很多，但配制的方法主要有两种：一种是将香辛料先经一定的熬煮制成香料水，再与其他调味料按比例制成调味液；另一种是将各种调味料、香辛料(可用布袋包裹，配成后连袋去除)一起一次配成调味液。

3. 装罐

原料应根据产品的质量要求按不同大小、成熟度、形态分开装罐，装罐时要求重量一致，符合规定的重量；质地上应做到大小、色泽、形状一致，不混入杂质；装罐时应留有适当的顶隙。

所谓顶隙即食品表面至罐盖之间的距离。顶隙过大则内容物常不足，且由于有时加热排气温度不足、空气残留多会造成氧化；顶隙过小内容物含量过多，杀菌时食物膨胀而使压力增大，造成假胖罐。一般应控制顶隙 4～8 mm。装罐时还应注意防止半成品积压，特别是在高温季节，注意保持罐口的清洁。

装罐可采用人工方法或机械方法进行。

(五)排气

排气即利用外力排除罐头产品内部空气的操作。它可以使罐头产品有适当的真空度，利于产品的保藏和保质。防止氧化，防止罐头在杀菌时由于内部膨胀过度而使密封的卷边破坏，防止罐头内好气性微生物的生长繁殖，减轻罐头内壁的氧化腐蚀，真空度的形成还有利于罐头产品进行打检和在货架上确保质量。

我国常用的排气方法有加热排气法和真空抽气密封法。

1.加热排气法

方法是将装好的原料和注入填充液的罐头，送入排气箱加热升温，使罐头中内容物膨胀，排出原料中含有或溶解的气体，同时使顶隙的空气被热蒸汽取代。当封罐、杀菌、冷却后，蒸汽凝结成水，顶隙内就有一定的真空度。这种方法设备简单，费用低，操作方便，但设备占地面积大。

2.真空抽气法

此法是在真空封罐机特制的密封室内减压下完成密封，抽去存在于罐头顶隙中的部分空气。此法需真空封罐机，投资较大，但生产效率高，对于小型罐头特别适用且有效。

排气影响真空度的因素有：

(1)排气时间与温度　加热排气时的温度越高，密封时的温度也越高，罐头的真空度也就高。一般要求罐头中心温度达到 70～80℃。

(2)顶隙大小　顶隙大的真空度高；否则，真空度反而低。

(3)其他　原料的酸度、开罐时的气温、海拔高度等均在一定程度上影响真空度。真空度太高，则易使罐头内汤汁外溢，造成不卫生和装罐量不足，因而应掌握在汤汁不外溢时的最高真空度。

(六)密封

密封是保证真空度的前提，它也防止了罐头食品杀菌之后被外界微生物再次污染。罐头密封应在排气后立即进行，不应造成积压，以免失去真空度。密封需借助于封罐机。金属罐封口的结构为二重卷边，其结构和密封过程等可参见《罐头工业手册》；玻璃罐有卷封式和旋开式两种。可根据制品要求而定。复合塑料薄膜袋采用热熔合方式密封。

(七)杀菌

罐头杀菌的主要目的在于杀灭绝大多数对罐内食品起腐败作用和产毒致病的微生物,使罐头食品在保质期内具有良好品质和食用安全性,达到商业无菌。其次是改进食品的风味。

生产上常采用加热杀菌。其条件依产品种类、卫生条件而定,一般采用杀菌公式表示。杀菌公式如下:

$$(T_1 - T_2 - T_3)/t$$

式中:t ——杀菌锅的杀菌温度(℃);

T_1——升温至杀菌温度所需时间(min);

T_2——保持杀菌温度不变的时间(min);

T_3——从杀菌温度降至常温的时间(min)。

如某种罐头的杀菌式为(10′- 40′-15′)/115℃,即该罐头的杀菌温度为115℃,从密封后罐头温度升至115℃需10 min,升温后应在115℃保持40 min,然后在15 min内降至常温。

1.杀菌方法

依杀菌加热的程度分,果蔬罐头的杀菌方法有下述3种:

(1)巴氏杀菌法　一般采用65～95℃,用于不耐高温杀菌而含酸较多的产品,如一部分水果罐头、糖醋菜、番茄汁、发酵蔬菜汁等。

(2)常压杀菌法　所谓常压杀菌即将罐头放入常压的热沸水中进行杀菌,凡产品pH<4.5的蔬菜罐头制品均可用此法进行杀菌。常见的如去皮整番茄罐头、番茄酱、酸黄瓜罐头。一些含盐较高的产品如榨菜、雪菜等也可用此法。

(3)加压杀菌法　将罐头放在加压杀菌器内,在密闭条件下增加杀菌器的压力,由于锅内的蒸汽压力升高,水的沸点也升高,从而维持较高的杀菌温度。大部分蔬菜罐头由于含酸量较低,杀菌需较高的温度,一般需115～121℃。特别是那些富含淀粉、蛋白质及脂肪类的蔬菜,如豆类、甜玉米及蘑菇等,必须在高温下较长时间处理才能达到目的。

2.杀菌设备

罐头杀菌设备根据其密闭性可以分成开口式和密闭式两种,常压杀菌使用前者,加压则使用后者。按照杀菌器的生产连续性又可分为间歇式和连续式。目前我国大部分工厂使用的为间歇式杀菌器,这种设备效率低,产品质量差。

3. 杀菌操作

(1)常压杀菌　在小型的立式开口锅或水槽内进行。开始时注入水，加热至沸后放入罐头，这时水温下降。加大蒸汽，当升温至所要求的杀菌温度时，开始计算保温时间。达到杀菌时间后，进行冷却。常压杀菌也采用连续设备，在进、出罐头运动中杀菌。

(2)高压杀菌　高压杀菌的一般操作要点如下：

①将装筐或装篮的罐头放入杀菌锅内，然后关闭盖或门，关紧。

②关闭进水阀和排水阀，打开排气阀及溅气阀。

③打开蒸汽进口阀，并将蒸汽管上的控制阀及旁通阀全部打开，使高压蒸汽迅速进入杀菌锅内，驱走锅内的空气，即杀菌锅排气。

④充分排气后，将溢水阀及排气阀关闭，继续开放溅气阀。

⑤温度开始上升，至预定杀菌温度后，关闭旁通阀，以保持杀菌温度不发生变化至杀菌有效时间。期间检查各调节控制设备的正常情况，检查压力与温度的变化。

4. 影响杀菌效果的因素

(1)产品在杀菌前的污染状况　污染程度越高，同一温度下，杀菌所需的时间越长。

(2)细菌的种类和状态　细菌的种类不同，耐热性相差很大，细菌在芽孢状态下比营养体状态下要耐热，细菌的数量很多时，杀菌就变得困难。

(3)蔬菜的成分　果蔬中的酸含量对微生物的生长和抗热性影响很大，常以pH 4.5为界，高于pH 4.5的称低酸性食品，需进行高温高压杀菌，低于pH 4.5的称酸性或高酸性产品，可以采用常压杀菌或巴氏杀菌。

另外，产品中的糖、盐、蛋白质、脂肪含量或洋葱、桂皮等植物中含有的植物杀菌素，对罐头的杀菌效果也有一定的影响。

(4)罐头食品杀菌时的传热状况　总的来说传热好，杀菌容易。对流比传导和辐射的传热速度快，所以加汤汁的产品杀菌较容易，而固体食品则较难，甜玉米糊等稠厚的产品也难杀菌；另外小型罐的杀菌效果比大型罐好，马口铁罐好于玻璃瓶制品，扁形罐头好于高罐，罐头在杀菌锅内运动的好于静止的。

5. 杀菌操作时的注意事项

(1)罐头装筐或装篮时应保证每个罐头所有的表面都能经常和蒸汽接触，即注意蒸汽的流通。

(2)升温期间，必须注意排气的充足，控制升温时间。

(3)严格控制保温时间和温度，此时要求杀菌锅的温度波动不大于±0.5℃。

(4)注意排除冷凝水,防止它的积累,降低杀菌效果。

(5)尽可能保持杀菌罐头有较高的初温,因此不要堆积密封之后的罐头。

(6)杀菌结束后,杀菌锅内的压力不宜过快下降,以免罐头内外压力差急增,造成密封部位漏气或永久膨胀。对于大型罐和玻璃瓶要注意反压,需加压缩空气或高压水后,关闭蒸汽阀门,使锅内温度下降。

(八)冷却

罐头杀菌完毕,应迅速冷却,防止继续高温使产品色泽、风味发生不良变化,质地软烂。冷却用水必须清洁卫生。

常压杀菌后的产品直接放入冷水中冷却,待罐头温度下降。高压杀菌的产品待压力消除后即可取出,在冷水中降温至 38~40℃取出,利用罐内的余热使罐外附着的水分蒸发。如果冷却过度,则附着的水分不易蒸发,特别是罐缝的水分难以逸出,导致铁皮锈蚀,影响外观,降低罐头保藏寿命。玻璃罐由于导热能力较差,杀菌后不能直接置于冷水中,否则会发生爆裂,应进行分段冷却,每次的水温不宜相差 20℃以上。

某些加压杀菌的罐头,由于杀菌时罐内食品因高温而膨胀,罐内压力显著增加。如果杀菌完毕迅速降至常压,就会因为内压过大而造成罐头变形或破裂,玻璃瓶会"跳盖"。因此,这类罐头要采用反压冷却,即冷却时加外压,使杀菌锅内的压力稍大于罐内压力。加压可以利用压缩空气、高压水或蒸汽。

(九)保温与商业无菌检查

为了保证罐头在货架上不发生因杀菌不足引起的败坏,传统的罐头工业常在冷却之后采用保温处理。具体操作是将杀菌冷却后的罐头放入保温室内,中性或低酸性罐头在 37℃下最少保温 1 周,酸性罐头在 25℃下保温 7~10 d,然后挑选出胀罐,再装箱出厂。但这种方法会使罐头质地和色泽变差,风味不良。同时有许多耐热菌也不一定在此条件下发生增殖而导致产品败坏。因而,这一方法并非万无一失。

目前推荐采用所谓的"商业无菌检验法",此法首先基于全面质量管理,其方法要点如下:

(1)审查生产操作记录如空罐检验记录、杀菌记录、冷却水的余氯量等。

(2)按照每杀菌锅抽 2 罐或千分之一的比例进行抽样。

(3)称重。

(4)保温。低酸性食品在(36±1)℃下保温 10 d,酸性食品在(30±1)℃下保温 10 d。预定销往 40℃以上热带地区的低酸性食品在(55±1)℃下保温 10 d。

(5)开罐检查。开罐后留样、涂片、测 pH 值、进行感官检查。此时如发现 pH

值、感官质量有问题即进行革兰氏染色，镜检。显微镜观察细菌染色反应、形态、特征及每个视野菌数，与正常样品对照，判别是否有明显的微生物增殖现象。

(6)结果判定

①通过保温发现胖听或泄漏的为非商业无菌。

②通过保温后正常罐开罐后的检验结果可参照表 8-1 进行。

表 8-1　正常罐保温后的结果判定

pH 值	感官检查	镜检	培养	结　果
—	—	\	\	商业无菌
+	+	\	\	非商业无菌
+	—	+	+	非商业无菌
+	—	+	—	商业无菌
—	+	+	+	非商业无菌
—	+	+	—	商业无菌
—	+	—	\	商业无菌
+	—	—	\	商业无菌

注：—代表正常，+代表不正常，/代表未检。

(十)贴标签、贮藏

经过保温或商业无菌检查后，未发现胀罐或其他腐败现象，即检验合格，贴标签。标签要求贴得紧实、端正、无皱折。

合格的产品贴标、装箱后，贮藏于专用仓库内。要求罐头的贮存条件为温度 10～15℃，相对湿度 70%～75%。

三、质量控制点及预防措施

(一)罐头胀罐

罐头底或盖不像正常情况下呈平坦状或向内凹、而出现外凸的现象称为胀罐，也称胖听。根据底或盖外凸的程度，又可分为隐胀、轻胀和硬胀 3 种情况。根据胀罐产生的原因又可分为 3 类，即物理性胀罐、化学性胀罐和细菌性胀罐。

1. 物理性胀罐

(1)胀罐原因　罐制品内容物装得太满，顶隙过小；加压杀菌后，降压过快，冷却过速；排气不足或贮藏温度过高等。

(2)预防措施　严格控制装罐量，装罐时顶隙控制在 3～8 mm，提高排气时罐内中心温度，排气要充分，封罐后能形成较高的真空度；加压杀菌后反压冷却速度不能过快,控制罐制品适宜的贮藏温度。

2.化学性胀罐(氢胀罐)

(1)胀罐原因　高酸性食品中的有机酸与罐藏容器(马口铁罐)内壁起化学反应,产生氢气,导致内压增大而引起胀罐。

(2)预防措施　空罐宜采用涂层完好的抗酸全涂料钢板制罐,以提高罐对酸的抗腐蚀性能;防止空罐内壁受机械损伤,以防出现露铁现象。

3.细菌性胀罐

(1)胀罐原因　杀菌不彻底或密封不严使细菌重新侵入而分解内容物,产生气体,使罐内压力增大而造成胀罐。

(2)预防措施　罐藏原料充分清洗或消毒,严格注意加工过程中的卫生管理,防止原料及半成品的污染;在保证罐制品质量的前提下,对原料进行热处理,以杀灭产毒致病的微生物;在预煮水或糖液中加入适量的有机酸,降低罐制品的 pH 值,提高杀菌效果;严格封罐质量,防止密封不严;严格杀菌环节,保证杀菌质量。

(二)玻璃罐头杀菌冷却过程中的跳盖现象以及破损率

1.跳盖及破损率高原因

罐头排气不足,罐头内真空度不够,杀菌时降温、降压速度快;罐头内容物装得太多,顶隙太小;玻璃罐本身的质量差,尤其是耐温性差。

2.预防措施

罐头排气要充分,保证罐内的真空度;杀菌冷却时,降温降压速度不要太快,进行常压冷却时,禁止冷水直接喷淋到罐体上;罐头内容物装的不能太多,保证留有一定的空隙;定做玻璃罐时,必须保证玻璃罐具有一定的耐温性;利用回收的玻璃罐时,装罐前必须认真检查罐头容器,剔除所有不合格的玻璃罐。

(三)果蔬罐头加工过程中发生变色现象

1.变色原因

果蔬中固有化学成分引起的变色。如果蔬中的单宁、色素、含氮物质、抗坏血酸氧化引起的变色;加工罐头时,原料处理不当引起;罐头成品贮藏温度不当。

2.预防措施

控制原料的品种和成熟度,采用热烫进行护色时,必须保证热烫处理的温度与时间;采用抽空处理进行护色时,应彻底排净原料中的氧气,同时在抽空液中加入防止褐变的护色剂,可有效地提高护色效果;果蔬原料进行前处理时,严禁与铁器接触。

绿色蔬菜罐头罐注液的 pH 值调至中性偏碱并选用不透光的包装容器。

(四)果蔬罐头固形物软烂及汁液混浊

1. 果蔬罐头固形物软烂及汁液混浊产生原因

果蔬原料成热度过高；原料进行热处理或杀菌的温度高，时间长；运销中的急剧震荡、内容物的冻溶、微生物对罐内食品的分解。

2. 预防措施

选择成熟度适宜的原料，尤其是不能选择成熟度过高而质地较软的原料；热处理要适度，特别是烫漂和杀菌处理，要求既起到烫漂和杀菌的目的，又不能使罐内果蔬软烂；原料在热烫处理期间，可配合硬化处理；避免成品罐头在贮运与销售过程中的急剧震荡、冻溶交替以及微生物的污染等。

第二节　果蔬汁制品

果蔬汁制品保存了新鲜原料所含的糖分、氨基酸、维生素、矿物质等。它属于生理碱性食品。从20世纪60年代开始，第三世界各国的果蔬汁饮料的产量迅速增加。在这一段时期里，现代果蔬汁浓缩工艺能够把浓缩制品的体积缩小到初始果蔬原汁体积的1/7，这样可以大大节约运输费用和半成品的贮存费用。

一、果蔬汁制品的分类及特点

(一)按工艺不同分类

1. 澄清汁

也称透明汁，不含悬浮物质，都是澄清透明的汁液。

2. 混浊汁

也称不澄清汁，带有悬浮的细小颗粒。这类汁一般是用橙黄色的果实榨取的。

3. 浓缩汁

将新鲜果蔬汁进行浓缩，去除一部分水而形成的汁液。

(二)按成分分类

1. 原汁

未经稀释、发酵、浓缩的菜汁，是由果蔬肉直接榨出的汁。含100％原果蔬汁，可分澄清原汁和混合原汁两种。

2. 鲜汁

原汁或浓缩汁经过稀释，用砂糖、柠檬酸等调整，其含原汁的量在40％以上。

3. 果蔬汁饮料

原汁含量为10％～39％。

4. 浓缩汁

原汁按重量计浓缩 1～6 倍。

5. 果蔬汁糖浆

原汁稀释后或肉浆直接加入砂糖和柠檬酸，调整其含糖量为 40%～65%，含柠檬酸量 0.9%～2.5%，经加热溶解、过滤而成。其中含原汁（重量计）应不低于 30%。

6. 果蔬浆

将果蔬肉打浆、磨细加入适量糖水、柠檬酸进行调整，经脱气、装罐、杀菌而成。原浆含量在 40%～45%或以上，糖度为 13%。

7. 复合果蔬汁

以水果和蔬菜为原料榨取的汁液为果蔬汁。复合果蔬汁是由两种或两种以上的果蔬汁复配而成。

8. 发酵果蔬汁饮料

果蔬汁经乳酸发酵后制成的汁液中加入水、食盐、糖液等调制而成的制品。

9. 其他

如食用菌饮料、藻类饮料、蕨类饮料等。

二、工艺流程

果蔬汁工艺流程如图 8-2 所示。

原料选择→洗涤→破碎（打浆）→（预煮）→榨汁（浸提）粗滤→

原果汁→
- 澄清、过滤→调配→杀菌→装瓶→澄清果蔬汁
- 均质、脱气→调配→杀菌→装瓶→混浊果蔬汁
- 浓缩→调配→装罐→杀菌→浓缩果蔬汁

图 8-2 果蔬汁工艺流程图

三、工艺要点

(一)原料的选择

1. 制汁果实的质量要求

选择含汁液丰富、糖酸比适度，具有良好风味和香气，色泽稳定的品种，要求原料新鲜，成熟度高。剔除过生、过熟以及虫、病、烂果和蔬菜。

(1)果蔬的新鲜度　加工用的原料越新鲜完整，成品的品质就越好。采摘存放时间太长的果蔬由于水分蒸发损失，新鲜度降低，酸度降低，糖分升高，维生素损失

较大。

(2)果蔬的品质 选用汁液丰富、提取果蔬汁容易,糖分含量高,香味浓郁的果蔬是保证出汁率和风味的另一重要因素。

(3)果蔬的成熟度 果蔬汁加工要求成熟度在九成左右,酸低糖高,榨汁容易。

2. 适宜加工果蔬汁的原料种类

大部分果品及部分蔬菜适合于制汁,如苹果、葡萄、菠萝、柑橘、柠檬、葡萄柚、杨梅、桃、山楂、番石榴、番茄、胡萝卜、芹菜、菠菜以及野生果品沙棘、刺梨、醋栗、酸枣、猕猴桃等均能用来制作果蔬汁。

(二)原料洗涤

采用流动水或喷水对果蔬原料进行充分漂洗,以免杂质进入汁中。对于农药残留量较多的果实,可用稀酸溶液或洗涤剂处理后再用清水洗净。果实原料的洗涤方法,可根据原料的性质、形状和设备条件加以选择。

(三)破碎或打浆

破碎粒度要适当,粒度过大,出汁率低,榨汁不完全;如果粒度过小,压榨时外层汁液很快榨出,形成厚层,会阻碍内层果汁榨出,降低汁液滤出速度。通过压榨取汁的果蔬,如苹果、梨、菠萝、芒果、番石榴以及某些蔬菜,其破碎粒度以 3～5 mm 为宜,草莓和葡萄以 2～3 mm 为宜,樱桃为 5 mm 为宜。

果蔬汁加工使用的破碎设备要根据果实的特性和破碎的要求进行选择。如对于葡萄、草莓等浆果可选用桨叶型破碎机,使破碎与粗滤一起完成;对于肉厚且致密的苹果、梨、桃等,可选用锤碎机、辊式破碎机;生产带果肉果蔬汁时可选择磨碎机等,桃和杏等水果,可以用磨碎机将果实磨成浆状,并将果核、果皮除掉。对于山楂果汁,按工艺要求,宜压不宜碎,可以选用挤压式破碎机,将果实压裂而不使果肉分离成细粒时最合适;葡萄等浆果也可选用挤压式破碎机,通过调节辊距大小,使果实破裂而不损伤种子。果实在破碎时常喷入适量的氯化钠及维生素 C 配成的抗氧化剂,防止或减少氧化作用的发生,以保持果蔬汁的色泽和营养。破碎时还要注意避免压破种子,否则种子含糖苷物质进入汁液,给制品带来苦味。

许多种类的蔬菜如番茄可采用打浆机加工成碎末状再行取汁,打浆机是由带筛眼的圆筒体及打浆器构成,原料进入打浆机内,由于打浆器的桨或刷子的旋转,使果肉浆从筛眼中渗出,而种子、皮、核从出渣口中出去,筛眼的大小可根据产品要求调节。

有一些原料在破碎后须进行预煮,使果肉软化,果胶物质降解,以降低黏度,便于后续榨汁工序,如桃、杏、山楂等。

(四)榨汁或浸提

榨汁的方法依果实的结构、果汁存在的部位、组织性质以及成品的品质要求而异。对于大多数水果来说,一般通过破碎就可榨取果汁,但对于柑橘类果实和石榴来说,其表皮很厚,榨汁时外皮中的不良风味和色泽的可溶性物质会一起进入到果汁中,影响产品的风味,应先去除后再进行榨汁。

榨汁机主要有螺旋榨汁机、带式榨汁机等,一般原料经破碎后即可用榨汁机进行压榨,对于汁液含量少的原料,须采用浸提法取汁,即将原料用水浸泡,使原料中的可溶性营养成分以及色素等溶解于水中,然后滤出浸提液即可,如山楂、枣等。

果实的出汁率取决于果实的质地、品种、成熟度、新鲜度、加工季节、榨汁方法和榨汁效能等。一般情况下,浆果类出汁率最高,柑橘类和仁果类略低。榨汁的工艺过程尽可能短,要防止和减轻果汁色、香、味的损失,要最大限度地防止空气的混入。

(五)粗滤

粗滤或称筛滤。粗滤可除去果(菜)汁中的粗大果肉颗粒及其他一些悬浮物质。对于混浊果汁要求保存色粒以获得色泽、风味和香气,除去分散在果汁中的粗大颗粒或悬浮颗粒。对于透明果汁,粗滤后还需精滤。

粗滤一般采用筛滤机,所以也称筛滤,滤孔大小为 2 mm 左右。生产上粗滤常安排在榨汁的同时进行,也可在榨汁后独立操作。如果榨汁机设有固定分离筛或离心分离装置时,榨汁与粗滤可在同一台机械上完成。单独进行粗滤的设备为筛滤机,如水平筛、回转筛、圆筒筛、振动筛等,此类粗滤设备的滤孔大小为 0.5 mm 左右。此外,框板式压滤机也可以用于粗滤。

(六)精滤

这是生产澄清汁必经的一道工序。粗滤后的汁液还含有大量的微细果肉、果皮、色粒、胶体物质等。精滤的目的就是要除去这些物质,它通过澄清和过滤两个步骤完成。澄清的方法有自然澄清法、明胶单宁澄清法、加酶澄清法、加热凝聚澄清法、冷冻澄清法;常用的过滤设备有袋滤器、纤维过滤器、板框压滤机、离心分离机,滤材有帆布、不锈钢丝布、纤维、硅藻土等。

(七)脱气

脱气是生产混浊汁必经的一道工序,其目的是为了减少汁液中所含的空气。这些气体的存在,特别是大量的氧气,不仅会使果蔬汁中的维生素 C 破坏,而且与果蔬汁中的各种成分反应使香气和色泽发生变化,还会引起马口铁罐内壁腐蚀;附于悬浮微粒上的气体,会导致微粒上浮而影响制品的外观;气体的存在还会造成装罐和杀菌时产生气泡,从而影响杀菌效果。生产中常采用的去氧法有真空法、氮气交换法、酶法脱气法和抗氧化剂法等。果蔬加工一般常采用真空脱气罐进行脱气，真空度为 90.7～93.3 Pa。

(八)均质

均质是混浊汁必经的另一道工序，其作用是使果蔬汁中的悬浮微粒进一步破碎，减小粒度，保持均匀的混浊状态，增强混浊汁的稳定性。均质设备有高压式、回转式和超声波式等。高压均质设备主要有高压均质机，根据实验，混浊果蔬汁饮料的均质压力一般为 18～20 MPa，果肉型果蔬汁饮料宜采用 30～40 MPa 的均质压力。果蔬汁在均质前，必须先进行过滤除去其中的大颗粒果肉、纤维和砂粒，以防止均质阀间隙堵塞。高压均质机磨碎力大，均质时空气不会混入物料，操作结束后宜清洗。但物料在高压下通过狭小的间隙容易引起均质阀的磨损，因而应注意保持正常的工作状态。另外，也可以考虑采用超声波均质机和胶体磨进行均质。

(九)糖酸调整

果蔬汁饮料的糖酸比例是决定其口感和风味的主要因素。果蔬汁的糖酸调整是为了改善制品的风味，使之更适宜于人们口味的需要，但调整范围不宜过大。不浓缩果汁适宜的糖分和酸分的比例在(13～15)∶1 范围内，适宜于大多数人的口味。因此，果蔬汁饮料调配时，首先需要调整含糖量和含酸量。一般果蔬汁中含糖量为 8%～14%，有机酸的含量为 0.1%～0.5%。调整时一般使用砂糖和柠檬酸。

(十)浓缩

浓缩是生产浓缩汁的关键工序。浓缩果汁体积小，可溶性物质含量达到 65%～68%。浓缩方法主要有真空浓缩法、冷冻浓缩法、反渗透浓缩法以及超滤浓缩法。

(十一)杀菌

果蔬汁热敏性较强。为了保持制品的色、香、味，采用高温瞬时杀菌法，即采用(93±2)℃保持 15～30 s 杀菌，特殊情况下可采用 120℃以上温度保持 3～10 s 杀菌。实验证明，对于同一杀菌效果而言，高温瞬时杀菌法得到了普遍应用。果蔬汁杀菌后须迅速冷却，避免余温对制品的不良影响。

四、质量控制点及预防措施

(一)果蔬汁的败坏

果蔬汁败坏常表现为表面长霉、发酵，同时产生二氧化碳、醇或因产生醋酸而败坏。

1.败坏原因

引起果蔬汁败坏的原因主要是微生物活动所致。

主要是细菌、酵母菌、霉菌等。酵母能引起胀罐，甚至会使容器破裂；霉菌主要侵染新鲜果蔬原料，造成果实腐烂，污染的原料混入后易引起加工产品的霉味。它们在果蔬汁中破坏果胶引起果蔬汁混浊，分解原有的有机酸，产生新的异味酸类，使果蔬汁变味。

2.预防措施

采用新鲜、健全、无霉烂、无病虫害的原料取汁；注意原料取汁打浆前的洗涤消毒工作，尽量减少原料外表微生物数量；防止半成品积压，尽量缩短原料预处理时间；严格车间、设备、管道、容器、工具的清洁卫生，并严格加工工艺规程；在保证果蔬汁饮料质量的前提下，杀菌必须充分，适当降低果蔬汁的 pH 值，有利于提高杀菌效果等。

（二）果蔬汁的变味

1.变味原因

果蔬汁饮料加工的方法不当以及贮藏期间环境条件不适宜，原料不新鲜，加工时过度的热处理，调配不当，加工和贮藏过程中的各种氧化和褐变反应，微生物活动所产生的不良物质也会使果蔬汁变味。

2.预防措施

（1）选择新鲜良好的原料，合理加热，合理调配，同时生产过程中尽量避免与金属接触，凡与果蔬汁接触的用具和设备，最好采用不锈钢材料，避免使用铜、铁用具及设备。

（2）柑橘类果汁比较容易变味，特别是浓度高的柑橘汁变味更重。柑橘果皮和种子中含有柚皮苷和柠檬苦素等苦味物质，榨汁时稍有不当就可能进入果汁中，同时果汁中的橘皮油等脂类物质发生氧化和降解会产生萜味。

因此，对于柑橘类果汁可以采取以下措施防止变味：用锥形榨汁机或全果榨汁机压榨时分别取油和取汁，或先行磨油再行榨汁，同时改变操作压力，不要压破种子和过分压榨果皮，以防橘皮油和苦味物质进入果汁，杀菌时控制适当的加热温度和时间；将柑橘汁于 4℃条件下贮藏，风味变化较缓慢；在柑橘汁中加少量经过除萜处理的橘皮油，以突出柑橘汁特有的风味。

（三）果蔬汁的色泽变化

果蔬汁色泽的变化比较明显，包括色素物质引起的变色和褐变引起的变色两种变化。

1. 色素物质引起的变色

主要由于果蔬中的叶绿素、类胡萝卜素、花青素等色素在加工中极不稳定造成。

预防措施：加工、运输、贮藏、销售时尽量低温、避光、隔氧、避免与金属接触。叶绿素只有在常温下的弱碱中稳定；此外，若用铜离子取代卟啉环中的镁离子，使叶绿素变成叶绿素铜钠，可形成稳定的绿色。

2. 褐变引起的变色

主要是由非酶褐变和酶褐变引起。

预防措施：果蔬汁加工中应尽量降低受热程度，控制 pH 值在 3.2 或以下，避免与非不锈钢的器具接触，延缓果蔬汁的非酶褐变。防酶促褐变采用低温、低 pH 值贮藏外，还可添加适量的抗坏血酸及苹果酸等抑制酶褐变，减少果蔬汁色泽变化。

(四)果蔬汁饮料的混浊与沉淀

澄清果蔬汁要求汁液清亮透明，混浊果蔬汁要求有均匀的混浊度，但果蔬汁生产后在贮藏销售期间，常达不到要求，易出现异常，例如，苹果和葡萄等澄清汁常出现混浊和沉淀；柑橘、番茄和胡萝卜等混浊汁常发生沉淀和分层现象。

1. 原因

(1)加工过程中杀菌不彻底或杀菌后微生物再污染。微生物活动会产生多种代谢产物，因而导致混浊沉淀。

(2)澄清果蔬汁中的悬浮颗粒以及易沉淀的物质未充分去除，在杀菌后贮藏期间会继续沉淀；混浊果蔬汁中所含的果肉颗粒太大或大小不均匀，在重力的作用下沉淀，果蔬汁中的气体附着在果肉颗粒上时，使颗粒的浮力增大，混浊果蔬汁也会分层。

(3)加工用水未达到软饮料用水标准，带来沉淀和混浊的物质。

(4)金属离子与果蔬汁中的有关物质发生反应产生沉淀。

(5)调配时糖和其他物质质量差，可能会有导致混浊沉淀的杂质。

(6)香精水溶性低或用量不合适，从果蔬汁分离出来引起沉淀等。

2. 预防措施

要根据具体情况进行预防和处理。在加工过程严格澄清和杀菌质量，是减轻澄清果蔬汁混浊和沉淀的重要保障。在榨汁前后对果蔬原料或果蔬汁进行加热处理，破坏果胶酶的活性，严格均质、脱气和杀菌操作，是防止混浊果蔬汁沉淀和分层的主要措施。

另外，针对混浊果蔬汁添加合适的稳定剂增加汁液的黏度也是一个有效的措施。生产中通常使用混合稳定剂，稳定剂混合使用的稳定效果比单独使用好。如果汁液中钙离子含量丰富，则不能选用海藻酸钠、羧甲基纤维素（CMC）作稳定剂，因为钙离子可以使此类稳定剂从汁液中沉淀出来。

第三节 果蔬糖制品

果蔬糖制品是以果蔬为原料，与糖或其他辅料配合加工而成。我国糖制品加工的历史悠久，制品种类繁多，风味独特，是我国名特食品中的重要组成部分。其中以北京、苏州、广州、潮州等地的产品，如苹果脯、海棠脯、蜜枣、橘饼、糖梅、糖姜片、冬瓜条以及各种凉果和果酱，在国内外市场上享有很高的信誉。

食糖的保藏作用在于高浓度糖液会形成较高的渗透压，微生物在高渗压下会发生细胞脱水而生理干燥直至质壁分离而无法活动；糖具有较强的保水力，束缚水分子，高浓度的糖液使水分活度大大降低，可被微生物利用的有效水分减少；糖制时氧在糖液中的溶解度降低，也使微生物的活动受阻，有利于制品保存。糖制加工还结合干燥、包装、杀菌，加酸、盐、防腐剂等措施，延长制品保存期。

总之，今后糖制品的生产应提高产品的科技含量，开发低糖低热量、原果蔬风味浓，具有营养和保健作用，适应国内外市场需要的新型果脯蜜饯产品。

一、糖制品分类及特点

（一）果脯蜜饯产品的分类及特点

蜜饯类按产地可分为京式蜜饯、苏式蜜饯、广式蜜饯、闽式蜜饯等。一般按产品加工方式和风味形态特点可分为以下 3 类：

1. 干态蜜饯

糖制后经干燥处理，传统上又分为果脯和返砂蜜饯两类产品。果脯产品表面干燥，不粘手，呈半透明状，色泽鲜艳，含糖高，柔软而有韧性，甜酸可口，有原果风味。代表品种有苹果脯、梨脯、桃脯、杏脯等。

返砂蜜饯产品表面干燥，有糖霜或糖衣，入口甜糯松软，原果风味浓。代表品种有橘饼、蜜枣、冬瓜条等。

目前，果脯蜜饯向低糖方向发展，这两类产品没有严格区分，有的产品既可称果脯，又可称蜜饯。

2. 湿态蜜饯

糖制后不经干燥，产品表面有糖液，果形完整、饱满，质地脆或细软，味美，呈半透明状。如糖渍板栗、蜜饯樱桃、蜜金橘等。

3. 凉果

凉果是用糖制过或晒干的果蔬为原料，经清洗、脱盐、干燥，浸渍调味料，再干燥而成。因以甘草为甜味剂，所以称为甘草制品。这类产品表面干燥或半干燥，皱缩，集酸、甜、咸味于一体，且有回味。代表品种有话梅、九制陈皮、橄榄制品等。

(二)果酱类产品的分类及特点

果酱类产品是先把原料打浆或制汁，再与糖配合，经煮制而成的凝胶冻状制品。由于原料细胞组织完全被破坏，因此其糖分渗入与蜜饯不同，不是糖分的扩散过程，而是原料及糖液中水分的蒸发浓缩过程。

按原料初处理的粗细不同(即基料不同)可分果酱、果泥、果糕、果冻及果丹皮等。

1. 果酱

基料呈稠状，也可以带有果肉碎片(块)的果酱，成品不成形，如番茄酱、草莓酱等。

2. 果泥

基料呈糊状，即果实必须在加热软化后要打浆过滤，使酱体细腻，如苹果酱、山楂酱等。

3. 果糕

将果泥加糖和增稠剂后加热浓缩而制成的凝胶制品。

4. 果冻

将果汁和食糖加热浓缩而制成的透明凝胶制品。

5. 果丹皮

将果泥加糖浓缩后，刮片烘干制成的柔软薄片。如山楂片是将富含酸分及果胶的一类山楂制成果泥，刮片烘干后制成的干燥的果片。

二、果脯蜜饯类

(一)果脯蜜饯类加工工艺

蜜饯类是在不改变果蔬原有组织状态下进行加工，利用食糖的性质完成原料组织中水分与糖分的交换。蜜饯生产中常用食糖的种类有白砂糖、饴糖、淀粉糖浆、果葡糖浆及蜂蜜。煮制方法包括常压煮制和真空煮制。一般要求糖分渗入组织越多，形态越饱满，制品质量越好。

1. 干态蜜饯工艺流程

干态蜜饯工艺流程如图 8-3 所示。

原料选择→清洗→原料预处理→糖制→干燥→整形(上糖衣)→包装→干态蜜饯(糖衣蜜饯)

图 8-3　干态蜜饯工艺流程图

2.湿态蜜饯工艺流程

湿态蜜饯工艺流程如图8-4所示。

原料选择→清洗→原料预处理→糖制→装罐→密封→杀菌→湿态蜜饯

图8-4 湿态蜜饯工艺流程图

(二)工艺要点

1.原料选择、分级

果蔬原料应选择大小和成熟度一致的新鲜原料,剔除霉烂变质、生虫的次果。在采用级外果、落果、劣质果、野生果等时,必须在保证质量的前提下加以选择。

2.洗涤

原料表面的污物及残留的农药必须清洗干净。洗涤方式有人工洗涤和机械洗涤,常用的机械洗涤有喷淋冲洗式、滚筒式和毛刷刷洗式等。

3.原料预处理

(1)去皮、去核、切分、划线等处理　如第七章第二节所述。有些原料不用去皮、切分,但需擦皮、划线、打孔或雕刻处理,一方面以便糖分更好渗透,另一方面使产品更美观。

(2)护色、硬化处理　为防止褐变和糖制过程中不被煮烂,糖制前需对原料进行护色、硬化处理。

护色处理是用亚硫酸盐溶液(使用浓度为0.1%～0.15%)浸泡处理或用硫磺(使用量为原料的0.1%～0.2%)进行浸渍或熏蒸处理,防止褐变,使果块糖制后色泽明亮。并有防腐、增加细胞透性以及利于溶糖等作用。

硬化处理是为了提高原料的硬度,其操作是将原料放在石灰、氯化钙、明矾等硬化剂(使用浓度为0.1%～0.5%)溶液中浸渍适当时间,使果块适度变硬,糖煮时不易煮烂。

如果采用浸硫护色处理,通常可与硬化处理同时进行,即配护色、硬化混合溶液同时浸渍处理。溶液用量一般与原料等量,浸泡时上压重物,防止原料上浮。果块硬化护色处理后,需经漂洗,除去多余硬化剂和硫化物。

(3)预煮　如第七章第二节所述。然而蜜饯加工热烫的目的还能使糖制时糖分易渗透。

预煮时把水煮沸,用水量为原料的1.5～2倍,投入原料,预煮时间一般为5～8 min,以原料达半透明并开始下沉为度。热烫后马上用冷水冷却,防止热烫过度。

无不良风味的部分原料可结合糖煮直接用30%～40%糖液预煮,省去单独预煮工序。

4.糖制

糖制是蜜饯加工的主要操作,大致分为糖渍、糖煮和两者相结合3种方法。也可利用真空糖煮或糖渍,这样可加速渗糖速度和提高制品质量。

(1)糖渍(蜜制)方法

①分次加糖,不行加热,逐步提高糖浓度。

②在糖渍过程中取出糖液,经加热浓缩回加于原料中,利用温差加速渗糖。

③在糖渍过程中结合日晒提高糖浓度(凉果类)。

④真空糖渍,抽真空降低原料内部压力,加速渗糖。

糖渍由于不加热或加热时间短,能较好地保持原料原有质地,形态及风味,缺点是制作时间长,初期容易发酵变质,凉果的制作多用此法,加工过程主要果坯脱盐、加料蜜制和曝晒或烘制等。

(2)糖煮方法　糖煮前多有糖渍的过程。在煮制过程中,组织脱水吸糖,糖液水分蒸发浓缩,糖液增浓,沸点提高。由于原料不同,糖煮要求也不同,可分一次煮制、多次煮制、快速煮制和真空煮制等。

①一次煮制　适宜组织结构疏松、含水量较低的原料。将原料与30%～40%糖液混合,一次煮制成功,快速省工。但因加热时间长,原料易被煮烂,糖分不易达到内部,失水过多而干缩。生产上不常采用,一般把原料糖渍到一定程度后才煮制。

②多次煮制　分2～5次进行煮制,第一次煮制时糖液浓度约为35%,煮至原料转软为度,放冷8～24 h。以后糖煮时每次增加糖浓度,如此重复直至糖浓度达到要求为止。对不耐煮的原料,可单独煮沸糖液再行浸渍。这样冷热交替,有利糖分渗透,组织不至干缩。缺点是时间长,不能连续生产。

③快速煮制　将原料在糖液中煮沸,然后捞起立即投入高一档浓度的糖液中,这样反复加热和冷却,糖浓度依次递增,很快完成透糖过程。此法时间短,可连续生产,但所用糖量较多。

④真空煮制　利用一定的真空条件,一方面促进糖分向原料内部渗透,另一方面由于沸点下降,从而使原料在较低温度下只用加热较短时间即可达到要求的糖浓度。因此,产品能较好地保持果蔬原有的色、香、味、质地、营养成分。但需要减压设备,投资大,操作麻烦,实际生产应用较少。

掌握糖制时糖液的浓度、温度和时间是蜜饯加工的3个重要因素。蜜饯品种虽多，但其生产工艺基本相同，只有少数产品、部分工序、造型处理上有些差异。

5.装筛干燥

糖制达到所要求的含糖量后，捞起沥去糖液，可用热水淋洗，以洗去表面糖液、减低黏性和利于干燥。干燥时温度控制在60～65℃，期间还要进行换筛、翻转、回湿等控制。烘房内的温度不宜过高，以防糖分结块或焦化。

6.整理包装

干态蜜饯成品含水量一般为18%～20%。达到干燥要求后，进行回软、包装。干燥过程中果块往往由于收缩而变形，甚至破裂，干燥后需要压平。如蜜枣、橘饼等。包装以防潮、防霉为主，可采取果干的包装法，用PE(聚乙烯)袋或PA/PE(尼龙/聚乙烯)复合袋作50 g、100 g、250 g等零售包装，再用纸箱外包装。

(三)质量控制点及预防措施

在果脯蜜饯加工过程中，由于操作方法的失误或原料处理不当，往往会出现一些问题，造成产品质量低劣，成本增加，影响经济效益。为尽量减少或避免这方面损失，对加工中出现的一些问题，可相应地采取一些预防或补救措施。

1.返砂产品不返砂

返砂蜜饯，其质量应是产品表面干爽，有结晶糖霜析出，不黏不燥。但是，由于原料处理不当或糖煮时没有掌握好正确的时间，因而使转化糖急剧增高，致使产品发黏，糖霜析不出。

(1)造成不返砂的主要原因　原料处理时，没有添加硬化剂；原料本身的果酸或果胶较多；糖渍时，半成品有发酵现象，糖液发黏；糖煮时间太短，糖液的浓度不足。

(2)预防措施　处理原料时，应适当添加一定数量的硬化剂；延长烫漂时间，尽量除去果胶、果酸；在糖煮时掌握好时间，防止蔗糖过度转化，尽量采用新糖液；调整糖液的pH值应在7～7.5之间，对含果酸较丰富的果实，在原料前处理时，应添加适量的碱性物质，进行中和；密切注意糖渍的半成品，防止发酵。

2.果脯的返砂与流汤

达到质量标准的果脯，应为质地柔软，鲜亮而呈透明感。

(1)造成返砂或流汤原因　主要是转化糖占总糖的比例问题。

如果在糖煮过程中转化糖含量不足，就会造成产品表面出现结晶糖霜。这种现象，称为返砂。实践证明，果脯中的总糖含量为68%～70%，含水量为17%～

19%，转化糖占总糖的30%以下时，容易出现不同程度的返砂；果脯如果返砂，则质地变硬而且粗糙，表面失去光泽，容易破损，品质降低。相反，如果果脯中的转化糖含量过高，特别是在高温高湿季节，又容易产生流汤现象，使产品表面发黏，容易变质。转化糖占总糖的50%时，在良好的条件下产品不易返砂；当转化糖达到占总糖的70%以上时，产品易发生流汤。

(2)预防措施　掌握好蔗糖与转化糖比例，即严格掌握糖煮的时间及糖液的pH值(糖液的pH值应保持在2.5～3.0之间)，促进蔗糖转化，可加柠檬酸或酸的果汁调节。

3. 煮烂与干缩现象

(1)产生原因　煮烂原因主要是品种选择不当，果蔬的成熟度过高，糖煮温度过高或时间过长，划纹太深(如金丝蜜枣)等；干缩原因主要是果蔬成熟度过低，糖渍或糖煮时糖浓度差过大；糖渍或糖煮时间太短，糖液浓度不够，致使产品吸糖不饱满等。

(2)预防措施　选择成熟度适中的原料；组织较柔软的原料应糖渍；为防止产品干缩，应分批加糖，使糖浓度逐步提高，并适当延长糖渍时间，吸糖饱满后再进行糖煮，糖煮时间要适当。

4. 变色

在加工中，由于操作不当，就可能产生褐变现象或色泽发暗的情况。

(1)变色原因　主要是原料发生酶褐变和非酶相变或原料本身色素物质受破坏退色。糖煮时间越长、温度越高和转化糖越多，干燥时的条件及操作方法不当等都会加速变色。

(2)预防措施　原料去皮切分后及时护色处理(硫处理、热烫等)，减少与氧气接触；缩短糖煮时间和尽量避免多次重复使用糖煮液；改善干燥的条件，干燥湿度不能过高，一般控制在55～65℃；抽真空或充氮气包装；避光、低温(12～15℃)贮存等。

5. 发酵、长霉

(1)产生原因　主要是产品含糖量太低和含水量过大。在贮藏中通风不良，卫生条件差，微生物污染造成。

(2)预防措施　控制成品含糖量和含水量，加强加工和贮藏中的卫生管理，适当添加防腐剂。

三、果酱类

(一)工艺流程

果酱类制品工艺流程如图 8-5 所示。

原料选择→洗净→
- 切分、破碎→预煮→加糖浓缩→装罐→密封→杀菌→冷却→果酱
- 打浆→过滤→加糖浓缩→装罐→密封→杀菌→冷却→果泥
- 榨汁→过滤→加糖浓缩→入盘冷却成型→果冻
- 打浆→过滤→加糖浓缩→入盘冷却成型→果糕
- 打浆→加糖浓缩→刮片→烘烤→揭皮→整形→包装→果丹皮

图 8-5 果酱类制品工艺流程图

(二)工艺要点

1. 果酱、果泥

(1)原料选择　要求原料具有良好的色、香、味，成熟度适中，含果胶及含酸丰富。一般成熟度过高的原料，果胶及酸含量降低；成熟度过低，则色泽风味差，且打浆困难。

原料含果胶及含酸量均为 1%左右，不足时需添加和调整。含酸量主要是通过补加柠檬酸来调节，果胶可用琼脂、海藻酸钠等增稠剂取代，也可通过加入另一种富含果胶的果实来弥补。

(2)原料处理　剔除霉烂、成熟度过低等不合格原料，清洗干净，有的原料需要去皮、切分、去核、预煮和破碎等处理，再进行加糖煮制。

果泥要求质地细腻，在预煮后进行打浆、筛滤，或预煮前适当切分，在预煮后捣成泥状再打浆，有些原料还需经胶体磨处理。

以果汁加糖、酸制造果冻产品，其取汁方法与果蔬汁生产相同，但多数产品宜先行预煮软化，使果胶和酸充分溶出。汁液丰富的果蔬，预煮时不必加水，肉质紧密的果蔬需加原料重 1～3 倍水预煮。

(3)加热软化　处理好的果块根据需要加水或加稀糖液加热软化，也有一小部分果实可不经软化而直接浓缩(如草莓)。加热软化时升温要快，沸水投料，每批的投料量不宜过多，加热时间根据原料的种类及成熟度控制，防止过长时间的加热影响风味和色泽。

(4)配料

①配方　糖的用量与果浆(汁)的比例为1∶1,主要使用砂糖(允许使用占总糖量20%的淀粉糖浆)。低糖果浆与糖的比例约为1∶0.5。低糖果浆由于糖浓度降低,需要添加一定量的增稠剂,常用的增稠剂是琼脂。

成品总酸量:0.5%～1%(不足可加柠檬酸)。

成品果胶量:0.4%～0.9%(不足可加果胶或琼脂等)。

果肉(汁)40%～50%,砂糖45%～60%,成品含酸量0.5%～1%,果胶0.4%～0.9%。

②配料准备　所用配料如糖、柠檬酸、果胶或琼脂等,均应事先配制成浓溶液备用。砂糖应加热溶解过滤,配成70%～75%的浓糖浆;柠檬酸应用冷水溶解过滤,配成50%溶液;果胶粉或琼脂等按粉量加2～6倍砂糖,充分拌匀,再以10～15倍的温水在搅拌下加热溶解过滤。

(5)加热浓缩　将处理好的果酱投入浓缩锅中加热10～20 min,这样可蒸发一部分水分,然后分批加入浓糖液,继续浓缩到接近终点时,按次加入果胶液或琼脂液、淀粉糖浆、最后加柠檬酸液,在搅拌下浓缩至可溶性固形物含量达到65%即可。浓缩方法和设备有常压浓缩和真空浓缩。注意加热时要不断搅拌,防止焦底和溅出。

①常压浓缩　常压浓缩的主设备是带搅拌器的夹层锅。工作时通过调节蒸汽压力控制加热湿度。为缩短浓缩时间,保持制品良好的色、香、味和胶凝强度,每锅下料量以控制出成品50～60 kg为宜,浓缩时间以30～60 min为好。时间过长,影响果酱的色、香、味和胶凝强度;时间太短,会因转化糖不足而在贮藏期发生蔗糖结晶现象。

浓缩过程要注意不断搅拌,出现大量气泡时,可洒少量冷水,防止汁液外溢损失。

常压浓缩的主要缺点是温度高,水分蒸发慢,芳香物质和维生素C损失严重。制品色泽差,欲制优质果酱,宜选用减压浓缩法。

②真空浓缩　真空浓缩又称减压浓缩。分单效、双效浓缩装置。单效浓缩装置是一个带搅拌器的夹层锅,配有真空装置。工作时先抽真空,当锅内真空度大于0.05 MPa时,开启进料阀,使物料被吸入锅中,达到容量要求后,开启蒸汽阀和搅拌器进行浓缩。浓缩时锅内真空度为0.085～0.095 MPa,温度为50～60℃。浓缩过程若泡沫上升剧烈,可开启空气阀,破坏真空抑制泡沫上升,待正

常后再关闭。浓缩过程应保持物料超过加热面，防止煮焦。当浓缩接近终点时，关闭真空泵，开启空气阀，在搅拌下使果酱加热升温至90～95℃，然后迅速关闭空气阀出锅。

番茄酱宜用双效真空浓缩锅，该机是由蒸汽喷射泵使整个设备装置造成真空，将物料吸收锅内，由循环泵进行循环，加热器进行加热，然后由蒸发室蒸发，浓缩泵出料。整个设备由仪表控制，生产连续化、机械化、自动化，生产效率高，产品质优，番茄酱浓度可高达22%～28%。

③浓缩终点的判断　主要靠取样用折光计测定可溶性固形物浓度，达65°Bx左右时即为终点；或凭经验控制，用匙取酱少许，倾泻时果酱难以滴下，粘着匙底，甚至挂匙边（称挂片），或滴入水中难溶解即为终点；常压浓缩可用温度计测定酱体温度，达104～105℃时，即为终点。

(6)装罐密封　装罐前容器先清洗消毒。果酱类大多用玻璃瓶或防酸涂料铁皮罐为包装容器，也可用塑料盒小包装；果丹皮、果糕等干态制品采用玻璃纸包装。酱类制品属于热灌装产品，出锅后，应及时快速装罐密封，密封时的酱体温度不低于80℃，封罐后应立即杀菌冷却。

(7)杀菌、冷却　果酱在加热浓缩过程中，微生物大多数被杀死，加上果酱高糖高酸对微生物也有很强的抑制作用。在工艺卫生条件好的生产厂家，可在封罐后倒置数分钟，利用酱体余热进行罐盖消毒。但为了安全，在封罐后还进行杀菌处理，在90～100℃下杀菌5～15 min，依罐型大小而定。杀菌后马上冷却至38℃左右，玻璃瓶罐头要分段冷却，每段温差不要超过20℃，以防炸瓶。然后用布擦去罐外水分和污物，送入仓库保存。

2. 果冻

(1)原料处理　原料进行洗涤、去皮、切分、去心等处理。

(2)加热软化　目的是便于打浆和取汁。依原料种类加水或不加水，多汁的果蔬可不加水。肉质致密的果实如山楂、苹果等则需要加果实重量1～3倍的水。软化时间为20～60 min，以煮后便于打浆或取汁为原则。

(3)打浆、取汁　果酱可进行粗打浆，果浆中可含有部分果肉。取汁的果肉打浆不要过细，过细反而影响取汁。取汁可用压榨机榨汁或浸提汁。

(4)加糖浓缩　在添加配料前，需对所制得的果浆和果汁进行pH值和果胶含量测定，形成果冻凝胶的适宜pH值为3～3.5，果胶含量为0.5%～1.0%，如含量不足，可适当加入果胶或柠檬酸进行调整。一般果浆与糖的比例是1∶(0.6～

0.8)。浓缩达可溶性固形物含量65%以上，沸点温度达103～105℃。

(5)冷却成型　将达到终点的黏稠浆液倒入容器中冷却成果冻。

(三)质量控制点及预防措施

果酱加工中容易出现的质量问题及防止措施如下：

1.变色

(1)果酱变色的原因　有单宁和花色素的氧化，金属离子引起的变色，糖和酸及含氮物质的作用引起的变色，糖的焦化等。

(2)预防措施　加工操作迅速，碱液去皮后务必洗净残碱，迅速预煮，破坏酶的活性；加工过程中防止与用铜、铁等金属接触；尽量缩短加热时间，浓缩中不断搅拌，防止焦化。浓缩结束后迅速装罐、密封、杀菌和冷却，贮藏温度不宜过高，以20℃左右为宜。

2.糖结晶

(1)果酱产品出现糖结晶原因　主要是含糖量过高，酱体中的糖过饱和。也可能是由于果酱中转化糖含量过低造成。

(2)预防措施　生产中要严格控制含糖量不超过63%，并使其中转化糖不低于30%。也可用淀粉糖浆代替部分砂糖，一般为总加糖的20%。

3.液汁分泌

(1)产生原因　主要有果块软化不充分、浓缩时间短或果胶含量低未形成良好的胶凝。影响凝胶强度的因素有：果胶相对分子质量、果胶甲酯化程度、pH值以及温度等。高甲氧基果胶凝胶形成的条件为糖65%～70%，pH值2.8～3.3，果胶0.6%～1%。

(2)预防措施　原料软化充分，使原果胶水解而溶出果胶；对果胶含量低的可适当增加糖量，添加果胶或其他增稠剂增强凝胶作用。

4.发霉变质

(1)果酱产品出现发霉变质原因　主要有原料霉烂严重，加工、贮藏中卫生条件差，装罐时瓶口污染，封口温度低、不严密，杀菌不足等。

(2)预防措施　严格分选原料，剔除霉烂原料，原料库房要严格消毒，通风良好防止长霉；原料要彻底清洗，必要时进行消毒处理；车间、工器具、人员要加强卫生管理；装罐中严防瓶口污染，瓶子、盖子要严格消毒，果酱装罐后密封温度要大于80℃并封口严密，杀菌必须彻底。合理选用杀菌、冷却的方式。

第四节 果酒酿造

果酒是以果品为原料经过发酵、陈酿、调配而制成的低度酒精饮料；或将发酵的果酒经蒸馏而成蒸馏酒。果酒一是营养丰富；二是果酒的生产符合我国酒类发展的政策，使酒类由高度酒向低度酒转变，粮食酒向果酒转变，低档酒向高档酒转变，蒸馏酒向发酵酒转变；三是果酒在色、香、味上别具风韵，可以满足不同消费者的饮酒享受；四是果酒以各种栽培或山野果实为原料，河滩山地均可发展，具有广阔的发展前景。

一、果酒的分类及特点

(一)以酒中酒精含量分类

1. 低度果酒

酒精含量为17%以下，即俗称的17°。

2. 高度果酒

酒精含量为18%以上(含18%)，即俗称的18°。

(二)以酒中含糖量来分类

1. 干酒

含糖量小于或等于4 g/L葡萄酒。

2. 半干酒

含糖量大于干酒，最高为12 g/L葡萄酒。

3. 半甜酒

含糖量大于半干酒，最高为45 g/L葡萄酒。

4. 甜酒

含糖量大于45 g/L葡萄酒。

(三)以制作方法分类

1. 发酵果酒

将果实经过一定处理，取其汁液，经酒精发酵和陈酿而制成。发酵果酒的酒精含量较低，酒度一般在8°～22°之间，风味醇和、协调，是酒中的上品。目前我国生产的红葡萄酒、白葡萄酒、苹果酒、猕猴桃酒、橘子酒、广柑酒、山楂酒等都属于此类。

2. 蒸馏果酒(又称果子白酒)

将果品(果汁或果渣)进行酒精发酵后再经蒸馏而得到的酒，包括用苹果酒、葡萄酒、樱桃酒等蒸馏得到的白兰地；用果皮、果核或果渣发酵后经蒸馏得到的水果烧酒以及将淀粉含量高的水果或干果经糖化，发酵后蒸馏得到的水果白酒。

3.配制果酒（又称果露酒）

将果实或果皮、鲜花等用酒精或白酒浸泡取露，或在果汁中加入酒精、糖和其他配料，经调配色、香、味仿拟发酵果酒而制成的饮料酒。如青梅酒、樱桃酒、桂花酒、柑橘酒、刺梨酒等，此酒名与发酵果酒相同，而制法实异，其品质和风味相差甚远。

4.起泡果酒

以果酒或果子露为酒基，酒中含有大量的二氧化碳，饮用时有明显的杀口感。根据制法分：

(1)香槟酒(大)　葡萄酒为酒基，酒中二氧化碳由发酵而来。

(2)小香槟　酒中二氧化碳有由发酵产生的，也有由人工充入。

(3)汽酒　酒中二氧化碳由人工充入。

5.加料果酒

以发酵果酒为酒基，加入植物性芳香物质等增香物质或药材等制成。常见的加料果酒也以葡萄酒为多。还有将人参、丁香、五味子和鹿茸等名贵药材加入葡萄酒中，使酒对人体具有滋补和防治疾病的功效，如味美思、人参葡萄酒、丁香葡萄酒、参茸葡萄酒等。

(四)以二氧化碳含量分类

1.静止葡萄酒

酒内溶解的二氧化碳含量极少，其气压≤0.05 MPa(20℃)。开瓶后不产生泡沫，国内生产的葡萄酒大多属于静止葡萄酒类型。

2.起泡葡萄酒

由酿造葡萄酒再加糖进行密闭二次发酵产生二氧化碳而成，20℃时瓶内气压(以 250 mL 瓶计)≥0.35 MPa，开瓶后会发生泡沫或泡珠，如香槟酒。

3.加气葡萄酒

与起泡葡萄酒相似，但二氧化碳是用人工法加进葡萄酒中的。20℃时瓶内气压为 0.051～0.25 MPa 。

(五)按原料颜色深浅或成品葡萄酒的颜色分类

1.红葡萄酒

以皮红肉白或皮肉皆红的葡萄为原料发酵而成，酒色呈自然深宝石红、宝石红、紫红或石榴红色。酒体丰满纯厚，略带涩味，具有浓郁的果香和优雅的葡萄酒香。

2. 白葡萄酒

用白葡萄或皮红肉白的葡萄,经皮肉分离发酵而成。酒色近似无色或浅黄微绿、浅黄、淡黄、禾秆黄色。外观澄清透明,果香芬芳,幽雅细腻,滋味微酸爽口。

3. 桃红葡萄酒

酒色介于红、白葡萄酒之间,主要有淡玫瑰红、桃红、浅红色。酒体晶莹悦目,具有明显的果香及和谐的酒香,新鲜爽口,酒质柔顺。

本节只重点介绍发酵果酒的生产工艺和操作要点。

二、发酵果酒

(一)加工工艺

1. 红葡萄酒工艺流程

红葡萄酒工艺流程如图 8-6 所示。

原料→采收→分选→破碎、除梗→成分调整→发酵→压榨过滤→后发酵→添桶→换桶→陈酿→调配→澄清→包装→杀菌→成品

图 8-6 红葡萄酒工艺流程图

2. 白葡萄酒工艺流程

白葡萄酒工艺流程如图 8-7 所示。

原料→采收→分选→破碎、压榨→取汁澄清→成分调整→发酵→添桶→换桶→陈酿→调配→澄清→包装→杀菌→成品

图 8-7 白葡萄酒工艺流程图

(二)工艺要点

1. 原料选择

对酿酒的葡萄原料要求是:

(1)红葡萄酒　原料要求色泽深,风味浓郁,果香典型,含糖量高,酸度适中,完全成熟,糖分、色素积累到最高时采收。最适宜品种有赤霞珠、法国兰、晚红蜜、蛇龙珠等。

(2)白葡萄酒　原料要求宜稍早采收,以充分成熟、果实含糖量接近最高时为宜,具有较高的糖分和浓郁的香气,出汁率高。最适宜的品种有龙眼、白雅、意斯林雷司令等。

2. 发酵液的制备与调整

包括葡萄的选别、破碎、除梗、压榨、澄清及汁液的调整等工序。

(1)酿造前的准备工作　在开始生产前,加工车间要彻底清理和杀菌。检查所有设备和工具,并进行预处理。

(2)发酵液的制备

①原料分选　是将不同品种、不同质量分别存放。分选工作最好在田间采收时进行。分选后立即送往果酒酿造厂,洗净后用破碎机破碎。

②破碎与除梗　要求每粒葡萄都要破裂,但尽量避免撕碎果皮或压破葡萄籽,防止碾碎果梗。以免籽、梗的不利成分进入汁液中;在破碎过程中,葡萄及其汁液不得接触铁、铜等金属。红葡萄酒的酿造过程中,葡萄破碎后,应尽快地去除果梗。果梗在葡萄汁中停留时间过长,会给酒带来一种青梗味,使酒液过涩、发苦。白葡萄酒生产过程中,葡萄破碎后即行压榨,最后,将果梗与果渣一并除去。

③压榨与渣汁的分离　在白葡萄酒生产中,破碎后的葡萄浆提取自流汁后,还必须经过压榨操作。在破碎过程中自流出来的葡萄汁叫自流汁,而加压之后流出来的葡萄汁叫压榨汁。为了增加出汁率,压榨时一般用2～3次压榨。第一次压榨后,将残渣疏松,再做二次压榨。当压榨汁的口味明显变劣时,为压榨终点。

用自流汁酿制的白葡萄酒,酒体柔和、口味圆润、爽口。一次压榨汁酿制的葡萄酒虽也爽口,但酒体已欠厚实。二次压榨汁酿制的酒一般酒体粗糙,不适合酿造白葡萄酒,可用于生产白兰地。

传统的压榨方法是将破碎葡萄入池,利用醪液自身的压力淋出自流汁。此法制得的自流汁较清,出汁率在40%左右。目前用于葡萄酒酿造工业的压榨机有筐式压榨机、果汁分离机。

为了提高白葡萄酒的质量,通常对葡萄汁进行“前净化”的澄清处理。方法有添加二氧化硫静置澄清法、皂土澄清法、机械离心法及果胶酶法等。

在红葡萄酒酿造中,使用葡萄浆带皮发酵或用葡萄浆经热浸提、压榨取汁进行发酵。压榨则是从前发酵后的葡萄浆中制取初发酵酒。出池时将自流原酒由排汁口放出,清理皮渣进行压榨即得压榨酒。

(3)葡萄汁成分的调整　优良品种的葡萄,如果栽培季节一切条件适宜,常常可以得到满意的葡萄汁,但如果气候失调,葡萄未能充分成熟,果汁中含酸高而糖分低时,则不适合酿造,需对其进行成分调整。

①糖分调整　常用纯度为98.0%～99.5%的结晶白砂糖。调整糖分要以发酵后的酒精含量作为主要依据,理论上,葡萄汁含17%的糖,才能酿成10%(体积分数)酒精的葡萄酒。但实际加糖量应略大于该值,一般每1 L果汁的加糖量可用230～240 g减去果汁原含糖量来计算。加糖也不宜过高,以免发酵后残糖过高导致发酵失败。

加糖操作要点：加糖时，应将糖先溶解于部分果汁中，再加到大批果汁里。同时结合酸分含量情况，如酸分含量过高，则制成糖浆加入；反之，宜加干糖，且要充分搅拌，溶解。生产上酿造高酒度的葡萄酒常用分次加糖法，即先加适量的糖，以适应酵母旺盛地繁殖发酵，等发酵降低了糖浓度后，再加剩余的糖。

世界上很多葡萄酒生产国家，不允许加糖发酵，或限制加糖量。葡萄含糖量低时，只添加浓缩葡萄汁。

②酸度调整　为了抑制细菌繁殖，保证酵母数量的绝对优势和发酵的正常进行，要求葡萄汁有适宜的酸度。葡萄汁在发酵前一般酸度调整到 6 g/L，pH 3.3～3.5。

提高酸度的方法可添加未熟的葡萄压榨汁、酒石酸和柠檬酸，以酒石酸为好。加酸时，先用葡萄汁与酸混合，缓慢均匀地加入葡萄汁中，并搅拌均匀。操作中不可使用铁质容器。

降低酸度的方法：可添加碳酸钙等降酸剂。如 1 L 汁液中加 1 g $CaCO_3$，则降酸量（以 H_2SO_4 计）为 1 g/L。

(4)二氧化硫的添加

①二氧化硫的作用　其杀菌一般用在酿造场所和容器，用量每 1 m^3 空间一般需要 20～30 g 硫磺。在葡萄汁中用量为 1 500 mg/kg 以上；能使葡萄汁很快获得澄清，这对生产白葡萄酒、淡红葡萄酒有很大的好处；可促进浸渍作用，有利于色素物质和单宁物质的溶解；增加了不挥发酸的含量，使葡萄酒的酸度增多；能防止葡萄醪与葡萄酒的氧化作用；能抑制多酚氧化酶的活性。虽然其与色素物质结合，可使色素暂时失去颜色，但当二氧化硫慢慢消失后，色素又重游离，从而起到保护色素的作用。

②二氧化硫的用量　具体用量如下：无破损、霉变，成熟度中等，含酸量高，一般用量为 30～50 mg/L；无破损、霉变，成熟度中等，含酸量低，一般用量为 50～80 mg/L；破损、霉变，一般用量为 80～150 mg/L。

③二氧化硫加入时间　二氧化硫处理应在发酵之前进行，对于酿造红葡萄酒的原料，应在葡萄除梗破碎后泵入发酵罐时立即进行，并且一边装罐一边加入二氧化硫，加入二氧化硫一定要均匀。

3. 葡萄酵母及其培养

(1)葡萄酒酵母的特征　葡萄酒酵母在微生物学分类上属于子囊菌纲的酵母属，啤酒酵母种。葡萄果皮上除了葡萄酒酵母外，还有其他酵母，如尖端酵母、巴氏酵母，圆酵母属等，统称野生酵母。野生酵母发酵力弱，生成酒精少，不利于发酵。通常可通过添加适量的二氧化硫来控制野生酵母。

葡萄酒酿造所需酵母，主要来源于葡萄皮和果梗上附着的野生酵母和发酵前添加到葡萄汁中纯粹培养的葡萄酒酵母。

(2)葡萄酒酵母的培养与添加　葡萄酒生产一般采用人工添加酵母进行发酵。

我国使用的酵母一般为试管斜面菌种。从斜面试管菌种到生产使用的酒母，需经过数次扩大培养。其工艺流程各厂不一，现举一例。见图 8-8 葡萄酒酵母的培养。

斜面试管菌种→麦芽汁斜面培养→液体试管培养→三角瓶培养→
玻璃瓶培养(或卡氏罐)→酒母罐培养→酒母

图 8-8　葡萄酒酵母的培养

①斜面试管菌种　由于长时间保藏于低温下，细胞已处于衰老状态，需转接于麦芽汁制成的新鲜斜面培养基上，25℃培养 4～5 d。

②液体试管培养　取灭过菌的新鲜澄清葡萄汁，分别装入经干热灭菌的试管中，每管约 10 mL，用 0.1 MPa 的蒸汽灭菌 20 min，放冷备用。在无菌条件下接入斜面试管活化培养酵母，25℃培养 1～2 d 接入三角瓶。

③三角瓶培养　向 500 mL 三角瓶中注入新鲜澄清的葡萄汁 250 mL，用 0.1 MPa 蒸汽灭菌 20 min，冷却后接入 2 支液体培养试管，25℃培养 24～30 h，发酵旺盛时接入玻璃瓶。

④玻璃瓶(或卡氏罐)培养　向洗净的 10 L 细口玻璃瓶(卡氏罐)中加入新鲜澄清的葡萄汁 6 L，常压蒸煮 1 h 以上，冷却后加入亚硫酸，使其二氧化硫含量达 80 mg/L。经 4～8 h 后接入 2 个发酵旺盛的三角瓶培养酵母，摇匀，20～25℃培养 2～3 d，其间需摇瓶数次，至发酵旺盛时接入酒母培养罐。

⑤酒母罐培养　一些小厂可用 200～300 L 带盖木桶(或不锈钢罐)培养酒母。木桶洗净并经硫磺烟熏杀菌，4 h 后向一桶中注入新鲜成熟的葡萄汁至 80%的容量，加入 100～150 mg/L 的亚硫酸，摇匀，静置过夜。吸取上层清液至另一桶中，随即添加 1～2 个玻璃瓶培养酵母，25℃培养，每天搅动 1～2 次，经 2～3 d 至发酵旺盛即可使用。每次取培养量的 2/3，留下 1/3，然后再放入处理好的澄清葡萄汁继续培养。

⑥酒母使用　培养好的酒母，一般应在葡萄醪中加二氧化硫，4～8 h 后再加入酒母，以减少游离二氧化硫对酵母的影响。酒母用量一般为 1%～10%，视具体情况而定。

4. 葡萄酒的发酵及管理

(1)红葡萄酒发酵工艺　红葡萄酒可带皮进行前发酵或纯汁发酵，后者产品口味较轻些。整个发酵期分为前发酵和后发酵两个阶段,发酵期分别为 4～8 d 和 30 d。

①入池　发酵容器清洗后,用亚硫酸杀菌(20 mL/m^2),装好压板、压杆。泵入葡萄浆,充满系数为 75%～80%。按规定量添加二氧化硫,然后加盖封口。在葡萄浆入池几小时后,有害微生物已被二氧化硫杀伤。这时,在醪液循环流动状态下,将酒母加入。添加酵母最好使用人工培养的纯种酵母,或使用天然酵母,也可使用上一次的酒脚。

②前发酵　主要目的是进行酒精发酵、浸提色素物质和芳香物质。

前发酵的管理:

温度管理:红葡萄酒发酵的最适温度范围为 26～30℃,温度过低,红葡萄皮中的单宁、色素不能溶解到酒里,影响成品酒的颜色和口味;发酵温度过高,葡萄的果香会受到损失,影响成品酒香味。入池后每天早晚各测量 1 次品温,记录并画出温度变化曲线。若品温过高,需及时降温;无冷却设备,可每天早晚循环倒汁各一次,每次约 30 min。

成分管理:每天测定糖分下降情况,并记录于表中,画出糖度变化曲线。按品温和糖度变化情况,通常可判断发酵是否正常。

观察发酵液面状况:通常在入池后 8 h 左右,液面即有发酵气泡。若入池后 24 h 仍无发酵迹象,应分析原因,并采取相应措施。

发酵期的确定:一般当酒液残糖量降至 0.5%左右,发酵液面只有少量二氧化碳气泡,"酒盖"已经下沉,液面较平静,发酵温度接近室温,并且有明显酒香,此时表明前发酵结束。一般时间为 4～8 d。

发酵后期的酒液质量要求为:呈深红色或淡红色;混浊而含悬浮酵母;有酒精、二氧化碳和酵母味,但不得有霉、臭、酸味;酒精含量为 9%～11%(体积分数),残糖≤0.5%,挥发酸≤0.04%。

③酒醪固液分离　通常在酒液相对密度降为 1.020 时进行皮渣分离。如果葡萄的糖度高达 22%～24%,且富含单宁及色素,则皮渣的浸提时间应适当缩短。有时在酒液相对密度降至 1.030～1.040 时,即可进行皮渣分离。如果要求生产色泽很深或单宁含量高的酒,应推迟除渣。使用质量较差的葡萄酿酒,则应提前除渣。

先将自流酒液从排出口放净,然后,清理出皮渣进行压榨,得压榨酒。前发酵结束后的醪液中各组分比例为皮渣占 11.5%～15.5%,自流酒占 52.9%～64.1%,压榨酒液占 10.3%～25.8%,酒脚占 8.9%～14.5%。自流酒液的成分与压榨酒液相差很大,若酿制高档酒,应将自流酒液单独贮存。

④后发酵　其目的是继续发酵至残糖降为 0.2 g/L 以下；澄清的作用在低温缓慢的后发酵中，前发酵原酒中残糖的部分酵母及其他果肉纤维等悬浮物逐渐沉降，形成酒泥，使酒逐步澄清；排放溶解的二氧化碳，氧化还原及酯化作用，苹果酸-乳酸发酵作用。

后发酵管理：尽可能在 24 h 之内下酒完毕；酒液品温控制为 18～20℃，每天测量品温和酒度 2～3 次，并做好记录；定时检查水封状况，观察液面，注意气味是否正常，有无霉、酸、臭等异味，液面不应呈现杂菌膜和斑点。

(2)白葡萄酒发酵工艺　工艺要点：前发酵温度以 16～22℃，发酵期为 15 d 左右；后发酵温度应控制在 15℃以下，发酵期为 1 个月。发酵期间的操作、各项管理、酒液的成分调整以及异常发酵现象的处理措施等，均同红葡萄酒发酵工艺。

5. 葡萄酒的老熟(陈酿)

(1)贮存目的　在贮存过程中，由于葡萄酒中的物理化学及生物学特性均发生变化，蛋白质、单宁、酒石酸、酵母等沉淀析出，结合添桶、换桶、下胶、过滤等工艺操作达到澄清；陈酿过程中，因有空气或氧化剂存在，酒液进行氧化还原作用、酯化作用以及聚合沉淀作用，使葡萄酒中的不良风味物质减少，芳香物质得到增加和突出，从而改善了酒的风味，使口味由单调、生硬、粗糙、淡薄变得和谐、柔顺、细腻、醇厚，并表现出各种酒的典型风格。

(2)贮存条件　贮存温度通常在 15℃左右，因酒而异。一般白葡萄酒的酒窖温度为 8～11℃，干红葡萄酒的酒窖温度为 12～15℃，新干白葡萄酒及酒龄在 2 年以上的老干红葡萄酒，酒窖温度为 10～15℃，浓甜葡萄酒的酒窖温度为 16～18℃。贮存相对湿度以 85%为宜。贮存环境应空气清新，不积存二氧化碳，故须经常通风，且宜在清晨进行。

(3)贮存中的管理

①隔绝空气、防止氧化　罐内充入惰性气体；补加二氧化硫，以达到防止氧化、防腐和保持葡萄酒香味的目的。

②添桶　为了防止葡萄酒氧化和被外界的细菌污染，必须随时保持贮酒桶内的葡萄酒装满。由于酒液的蒸发，气温变化使酒液体积收缩或膨胀，以及盛器的吸收、渗透等原因，桶内酒液出现不满或溢出现象，故需添加同质量的酒液或排出少量的酒液。

③换桶　将酒从一个容器换入另一个容器，同时采用最佳方式将酒液与沉淀分离的操作。换桶的目的：调整酒内溶解氧的含量，避免出现饱和二氧化碳；分离酒脚，使桶(池)中澄清的酒和底部酵母、酒石等沉淀物质分离；调整二氧化硫的含量，二氧化硫的补加量，视酒龄、成分、氧化程度、病害状况等因素而定，但一般不超

过 100 mg/L。换桶的次数,因酒的质量和酒龄及品种等因素而异。酒质粗糙、浸出物含量高、澄清状况差的酒,倒酒次数可多些。贮存前期倒桶次数多些,随着贮存期的延长而次数逐渐减少。一般干红葡萄酒在发酵结束后 8～10 d,进行第 1 次倒桶,去除大部分酒脚。再经 1～2 个月,即当年的 11～12 月,进行第 2 次开放式倒桶,使酒接触空气,以利于成熟。再经约 3 个月,即翌年春天,进行第 3 次密闭式的倒桶,以免氧化过度。白葡萄酒的倒桶,必须采用密闭的方式,以防止氧化、保持酒的原有果香。国外大部分佐餐酒在第 1 次倒桶后即散装销售。

6. 葡萄酒的下胶澄清、冷处理、过滤

(1)葡萄酒的下胶澄清　葡萄酒经过较长时间的贮存和多次换桶,一般是能达到稳定的透明度,如仍达不到要求。常采用下胶处理。添加亲水性胶体如明胶、蛋白、血清、鱼胶、干酪素等使酒中的悬浮物相互作用而沉淀称为下胶。

①下胶前必须先进行小样试验,以确定胶体和单宁的最佳用量。方法是先用少量果酒(200～500 mL)加入不同量的明胶与单宁溶液(约 0.4%)进行试验,容器可用 200 mL 量筒或刻度烧瓶。加入的单宁逐渐增多,而明胶逐渐减少。每次添加后震荡、静置 48 h,观察其澄清情况,最后选择出澄清最好、下胶剂量最少者作为下胶依据。

②下胶方法　明胶:将应加单宁提前加入酒中,搅拌均匀。将明胶用少量清水浸泡 12 h,使明胶浸透膨胀弃去浸泡水,再用 80℃的热水溶化,制成 5%～10%的明胶溶液,加入酒中迅速搅拌均匀,然后封闭静置数小时至 3 d,酒中出现凝聚沉淀,待酒液澄清后,即可分离。

此外还有硅藻土、蛋白、鱼胶、高岭土等下胶法。

(2)葡萄酒的冷处理　葡萄酒经过冷处理可使过量的酒石酸盐等析出沉淀,从而使酒酸味降低,口味变得柔和;还能使残留酒中的蛋白质、死酵母、果胶等有机物质加速沉淀;另外,在低温下可加速新酒的陈酿,有利于酒的成熟。

冷处理温度一般冷至葡萄酒冰点以上 0.5～1.0℃。各类葡萄酒因酒精含量和浸出物含量不同,冰点也不同。冷处理时间应根据冷冻方法和所采用的不同设备而定。一般在－7～－4℃下处理 5～6 d。

(3)葡萄酒的过滤　过滤是葡萄酒生产中常见的澄清方法。为了达到理想的过滤效果,得到清澈透明的葡萄酒,一般需多次过滤。

第 1 次过滤:在下胶澄清或调配后,采用硅藻土过滤机进行粗滤。

第 2 次过滤:葡萄酒经冷却处理后,在低温下用棉饼(或硅藻土)过滤机过滤,以分离悬浮的微结晶体和胶体。

第 3 次过滤:在装瓶前采用膜除菌过滤,以进一步提高透明度,防止发生微生物混浊。

7. 成品调配

为了得到高质量的葡萄酒，使其符合市场的要求，葡萄酒在灌装前应对酒度、糖度和酸度等进行调配。使同一品种葡萄酒色、香、味等方面的质量一致。调配方法是在同一品种原酒中，选不同酒龄、不同色泽和不同工艺生产出来的原酒进行勾兑。即原酒选择好后，先进行感官评定，然后再取样化验，分析酒精、残糖、总酸、挥发酸和单宁等用量，然后勾兑。

8. 葡萄酒的包装、杀菌和瓶贮

(1)葡萄酒的包装　葡萄酒常用瓶包装(玻璃瓶、塑料瓶、水晶瓶)，国外还有采用复合膜袋装干、半干葡萄酒的。瓶塞有软木塞、蘑菇塞和塑料塞。

根据灌装时的酒液温度可分为常温装瓶、热装瓶和冷装瓶。常温灌装就是酒调配好后，常温下贮存一段时间，不再进行冷、热处理即进行灌装，或经冷、热处理后恢复常温再灌装。

热灌装可分为 1 步法热灌装和 3 步法热灌装。1 步法热灌装即是将酒经热交换器升温至 42～45℃后进行装瓶，装瓶前空瓶充入 CO_2 和 N_2，装瓶时液面几乎充满瓶口，待冷却至自然温度时，液面下降到正常水平。3 步法热灌装是将酒液经热交换器升温到 65～80℃，保温 5～10 min，再冷却至 50～55℃装瓶。这种方法多用于杂菌较多的葡萄酒的灌装。

(2)葡萄酒的杀菌　一般酒精含量低于 16％的葡萄酒，如果不是采用无菌灌装时，在其装瓶后都应立即进行巴氏杀菌，使瓶中心温度达到 65～68℃，保持 30 min 即可。

(3)葡萄酒的贮存　贮存是葡萄酒装瓶后至出厂的一段过程，它能使葡萄酒在瓶内进行陈酿，达到最佳的风味。葡萄酒在瓶中陈酿，是在无氧状态下进行的，因此瓶塞必须塞紧，不漏气。瓶贮存期因葡萄酒的品种、酒质要求不同而异，至少4～6 个月。有些高档酒的瓶贮期要求达 1～2 年。

(三)质量控制点及预防措施

1. 变色

葡萄酒在加工中会出现颜色变化，如白葡萄酒变褐色、变粉红色。

(1)变色原因　白葡萄酒变褐色主要是由于白葡萄酒中的酚类化合物和所含有的少量着色物质氧化作用所致。白葡萄酒变粉红色是由于酒中的黄酮接触空气变为粉红色的黄盐，这是由于酒中原花色甙引起的。

(2)预防措施　在前发酵阶段，主要控制品温；在后发酵期间，控制低温，并尽量避免酒液接触空气，如补加 SO_2 总量 100 mg/L、注意水封、每周用同品种同质量的酒液添罐一次等；用含皂土0.02%～0.03%澄清酒液（葡萄汁），以减少氧化物质和降低氧化酶的活性；在发酵前后，罐内充入 N_2 或 CO_2 等惰性气体；凡与酒液（果汁）接触的铁、铜等金属工具及设备，需涂以食用级防腐涂料。同时，在其他工序上应注意如下几点：选择葡萄的最佳成熟期进行采摘，以免产生过熟霉变现象；葡萄先经10℃以下的低温处理后，再进行快速压榨取汁，果汁在5～10℃的低温下加入 SO_2，并进行低温澄清或离心澄清；成品酒在装瓶前，添加 SO_2、维生素C等抗氧化剂。

2.微生物活动引起的病害

(1)酒花病　酒花病俗称生花、生膜，酒面上先生成灰白色的小点，随后扩大成光滑的薄膜，进而增厚、变硬、起褶，震动后破碎下沉，使酒液混浊，酒味变质。

(2)酸败病　由好气性醋酸菌侵染的结果，在酒面上生成一层浅灰色的透明薄膜，逐渐变暗，起褶，部分薄膜下沉形成一种黏膜的糊状体称为“醋母”，使酒精氧化成醋酸，使酒味变涩，有刺喉感。

(3)苦味菌病害　甘油被分解生成丙烯醛，或酒中形成了没食子酸乙酯。

(4)乳酸菌引起的病害　当乳酸由糖经乳酸发酵作用而产生时，酒中挥发酸增多，酒中出现丝状混浊，即为乳酸病害。

针对以上微生物病害的预防措施：经常添酒，容器不留空隙，加盖密封；用 SO_2 杀菌和防止发酵时温度升高太快。在酒面上加一层液体石蜡隔绝空气，或往发酵液中加入足够的 SO_2；在酒面上经常保持一层高浓度酒精。若已发生酒花病，严重者须经过滤除去酒花后，用65～70℃杀菌10 min；酸度低的果酒中加入酒石酸或柠檬酸，提高酸度，当酒中pH值在4.0以下时，乳酸菌就被抑制生长；预防酒感染苦味菌应加热灭菌，然后加下胶等除去沉淀物。

3.果酒发黏

(1)病害原因　主要是由于芽孢杆菌侵入和繁殖引起的。

(2)预防措施　在50～55℃下杀菌15 min，或加入适当亚硫酸，并加入下胶沉淀，再经过滤。

4.铁、铜破败病

当葡萄酒中含铁、铜量过高时，容易发生铁、铜破败病。铁破败病又有白色破败病和蓝色破败病之分。白葡萄酒中常发生白色破败病，造成酒液呈白色混浊；蓝色破败病常在红葡萄酒中发生，使酒液呈蓝色混浊。铜破败病常发生于白葡萄酒中，使酒液有红色沉淀产生。

可通过降低果酒中铁、铜的含量，杀灭酶的活性，减少与空气的接触来预防。

5. 变味

(1)霉味

①病害原因　对生过霉的容器没有进行严格清洗消毒，以及没有剔除霉烂原料，都会引起霉味。

②预防措施　对容器要彻底清洗消毒，剔除霉烂原料，如有霉味用活性炭处理后过滤，可以减轻霉味。

(2)硫化氢(臭鸡蛋味)或乙硫醇(大蒜味)

①病害原因　当酒中有游离硫存在时，可在发酵期被酵母还原或因蛋白质腐败分解而生成硫化氢或乙硫醇。

②预防措施　熏硫时，严防硫磺落入果汁，用过氧化氢可以除去乙硫醇。

(3)苦味

①病害原因　由于种子或果梗中的糖苷带入苦味。

②预防措施　可加糖苷酶分解或提高酸分使其结晶过滤。红葡萄酒中苦味，可下胶处理，或用新鲜的酒脚按病酒量 3%～5%加入，搅拌均匀，沉淀分离，也可除去苦味。

6. 酒石酸盐的结晶沉淀

葡萄酒装瓶后遇到天冷或贮藏在冷库内，将瓶倒转后常出现一些发亮的结晶体，这种现象经常在贮存时间不长的新酒中发现。这种晶体多半是酒石，其次是酒石酸钙、草酸钙。

(1)病害原因　由于在澄清过程中使用较次的过滤棉或者贮存在未经过处理的水泥池中，使酒增加了钙离子与酒石酸的结合而生成酒石酸钙。草酸钙来源葡萄，可能来自于野生酵母或霉菌副产物。

(2)预防措施　新酒必须经过冷冻处理方可与老酒混合调配做成品酒装瓶；葡萄要经过分选，红葡萄发酵时尽量把果梗除去；装瓶前的瓶子洗刷时最好用较软的水；采用冷冻处理防止酒石沉淀。

第五节　果蔬干制

果蔬干制又称果蔬脱水，是利用自然或人工的方法，脱出果蔬中一定量的水分，将可溶性物质的浓度提高到微生物难以利用的程度的一种果蔬加工方法。我国劳动人民在果蔬干制方面积累了丰富的经验，有许多传统的果蔬干制品如红枣、柿饼、荔枝干、桂圆、金针菜、蘑菇、木耳、辣椒干等。

一、工艺流程

果蔬干制工艺流程如图 8-9 所示。

原料选择、分级→清洗→整理→护色→干制→筛选、分级→
回软→(防虫)→压块→包装→成品贮藏

图 8-9 果蔬干制工艺流程图

二、工艺要点

(一)原料选择

果蔬干制原料的选择首先应考虑的是其经济价值。其次应选择适合于干制的原料,如对果品原料要求是:干物质含量高,风味色泽好,肉质致密,果心小、果皮薄,肉质厚,粗纤维少,成熟度适宜。对蔬菜原料的要求是:干物质含量高,风味好,菜心及粗叶等废弃部分少,皮薄肉厚,组织致密,粗纤维少。

对于蔬菜来说,大部分都可干制,但黄瓜、莴笋干制后失去其柔嫩松脆的质地,也失去了食用价值,石刁柏干制后,质地粗糙,组织坚硬,不堪食用。

原料分级:按大小、成熟度进行分级,同时剔除腐烂果(植株)、病虫果(植株),以保证品质一致。

(二)清洗

原料干制前要进行洗涤,以除去表面污物、微生物和泥沙。采用的方法有人工清洗和机械清洗。洗涤原料最好使用软水。水温一般用常温,有时为增加洗涤效果,洗前可用水浸泡,污物易洗去,同时更有利于残留在果蔬表面的农药浸出。如果原料上残留的农药较多,有时还可以用化学药剂洗涤。

(三)整理

按产品要求去除根、老叶、蜡质、皮、壳、核等不可食部分和伤、斑等不合格部分。有的原料须切成片、条、丝或颗粒状,以加快水分的蒸发。原料去蜡质可用碱液来处理,如葡萄可用 1.5%～4%的氢氧化钠处理 1～5 s,薄皮品种也可用 5%的碳酸钠或碳酸钠与氢氧化钠混合液处理 3～6 s,然后立即用清水冲洗干净。去皮和去蜡质同样可加快干燥过程。

(四)护色

果蔬干制前的护色主要采用热烫和硫处理。蔬菜以热烫为主,水果以硫处理为主。

1. 热烫

如第七章第二节所述。对于果蔬干制还能使细胞透性增强，有利于水分蒸发，缩短干制时间。此外热烫排除组织中的空气，使干制品呈透明状，外观品质得到提高。

热烫可采用热水或蒸汽。热烫的温度和时间应根据原料种类、品种、成熟度及切分大小不同而异，一般情况下热烫水温为 80～100℃，时间为 2～8 min。

2. 硫处理

硫处理是许多果蔬干制的一种常见的预处理方法。如金针菜、竹笋、甘蓝、马铃薯、苹果、梨、杏等，经过切片热烫后，一般都要进行硫处理。但有些蔬菜，如青豌豆，干制时则不需要硫处理，否则会破坏它所含的维生素。硫处理可采用熏硫法，也可采用浸硫法。

熏硫处理时，可将装果蔬的果盘送入熏硫室中，燃烧硫磺粉进行熏蒸。二氧化硫的浓度一般为 1.5%～2.0%，有的可达 3%。1 t 切分的原料，需硫磺粉 2～4 kg，残留量不超过 2%。

浸硫法常用亚硫酸进行处理，原因是亚硫酸对果蔬干制品品质提高具有如下作用：它可防止酶促褐变，能消耗组织中的氧，能防止果蔬中维生素 C 的氧化破坏，能抑制好气性微生物和酶的活动，还具有促进水分蒸发的作用并具有漂白作用。

此外，还有用1%～5%柠檬酸、0.5%～1%抗坏血酸、0.1%～0.3% *L*-半胱氨酸等酶褐变抑制剂浸泡的方法抑制褐变。

（五）干制

1. 干燥方法分自然干燥和人工干燥

自然干燥是指在自然条件下，利用太阳能、热风等使果蔬干燥的方法。自然干燥方法简便，设备简单，但自然干制受气候条件影响大，如在干制季节，阴雨连绵，会延长干制时间，降低制品品质，甚至会霉烂变质。自然干制方法有两种：一是日光干制即让原料直接接受阳光照射；另一种是阴干即让原料在通风良好的室内或棚下以自然通风吹干。

人工干制是人为控制干燥条件和干燥过程而进行干燥的方法，可大大缩短干燥时间，并获得高质量的干制产品。但人工干制设备费用高，操作复杂，因而成本较高。

2. 干燥设备

自然干燥的主要设备是晒场、晒盘或席箔、运输工具以及必要的风干室（棚）、贮存室、包装室等。晒场宜设在向阳、通风、交通便利、周围环境清洁卫生的地方，晒具可用木制或竹制，底部留适当的缝隙，以利于空气穿透，加快干燥。

人工干燥设备需具有良好的加热装置和保温设施，较高而均匀的温度，良好的通风排湿设备以及较好的卫生条件和操作条件。目前普遍采用的是常压热风干燥设备，如烘房、隧道式干燥机、带式干燥机、滚筒式干燥器、喷雾式干燥器等。此外，真空干燥箱、远红外干燥器、微波干燥器、冷冻升华干燥器等。

3.果蔬干制过程

果蔬干制时，水分的蒸发是依赖水分的外扩散和水分的内扩散作用完成的。

水分由果蔬表面向大气中扩散的作用称外扩散作用。由于果蔬表面的水分不断蒸发而逐渐降低，造成果蔬表面和内部之间的水分含量的差异，即内部水分高于表面水分，从而使果蔬内部的水蒸气压大于表层，促使内部水分向表面移动。这种水分移动称为水分的内扩散作用。

在干制过程中，水分的外扩散和内扩散是同时进行的，只是扩散速度存在着差异。若外扩散速度过快，原料内部水分补不上来，就会使表面干结而形成硬壳，称为结壳。结壳后因外层过分干燥而形成不透水的隔离层，若继续烘热干燥，表面没有足够的水分提供蒸发，会使结壳部位升温焦化，致使制品表面胀裂，影响外观，降低质量。因此，干制时应使水分内外扩散速度配合适当，这是干制技术的重要环节。

4.影响干制速度的因素

(1)温度　干制时温度越高，水分的蒸发也越快。但温度过高时，会造成有机物和维生素C的大量损失，降低产品品质，而且高温能使果蔬形成硬壳，阻碍内部水分蒸发。果蔬一般干制温度为40～90℃。富含维生素C、挥发油及糖分的原料宜用低温，以60～70℃较为适宜。如果干制时温度过低，就需拖延干制时间，甚至会使原料变色、生酸、发霉等，也会降低产品的营养成分及风味。

(2)空气湿度　以热空气为干燥介质时，在一定的温度下空气中的含湿量越低，果蔬干制则越快。

低于物料表面蒸汽压的空气与物料接触时，有利于干制。

(3)空气流速　增加空气流速，可以加快干制速度，缩短干制时间。但是空气流速过大，会降低热的利用，同时增加动力消耗。

(4)原料的性质和状态　一般含可溶性固形物较少，含水量较高的果蔬干制速度快。此外，原料切分的大小，以及去皮、脱蜡等预处理，对干制速度也有很大影响。原料切分越小，表面积越大，蒸发速度越快，因此，去皮、脱蜡后的原料，干制速度快。

(5)原料的装载量　单位烤盘或晒盘面积上原料装载量越多，厚度越大，越不利于空气流动，干制速度就越慢；装载太少，干制速度虽然加快，但不够经济。装载厚度以不阻碍空气流动为原则。

5. 干燥过程对温、湿度的控制

在干制过程中，可根据果蔬的特点控制好干燥条件（温度、湿度），对干燥速度、产品质量以及能源的利用等，均起到重要作用。

(1)温度的控制 通常采用以下 3 种方法：

①低温-较高温-低温的控制方法 即在整个干燥期间，烘房的初始温度较低（55～60℃），中期温度较高（68～70℃，不超过 75℃），后期采用较低温度（50～55℃）直至干燥结束。这种控温方法操作较易掌握，耗煤量较低，制品品质好，成品率较高。主要适用于可溶性物质含量高或不切分的整个果蔬的干制，如红枣、柿饼等的干燥。

②高温-较高温-低温的控制方法 即先将烘房温度急剧升高到 90～95℃，原料进入烘房后由于吸收大量热量而使烘房降温（一般降低 25～30℃），继续增大火力使温度维持在 70℃左右，然后逐渐降温至干燥结束。采用这种控温方法，干燥时间较短。成品质量优良，但耗煤量较高，技术较难掌握。主要适用于可溶性物质含量较低，或切成薄片、细丝的果蔬，如金针菜、辣椒、苹果、杏等。

③恒定较低温度的控制方法 即在整个过程中，温度始终维持在 55～60℃的恒定水平，直至干燥结束。这种控温方法适用于大多数果蔬的干制。其操作技术易于掌握，成品质量好，但耗煤量较高。那些封闭不太严密，升温设备差，升温较困难的烘房可采用此法。

(2)湿度的控制 果蔬干制时会大量蒸发水分，使烘房内湿度急剧升高，甚至可以达到饱和的程度，因此必须注意进行通风排湿，用以加速物料的干燥。一般当烘房内的相对湿度达到 70%以上时，应打开进气窗和排气筒，通风排湿 10～15 min，然后继续干燥。整个干制过程根据不同的果蔬原料，通风排气的次数在 3～6 次。

(3)倒换烘盘 即使是设计良好、建筑合理的烘房，上部与下部、前部与后部的温差也会超过 2～4℃。一般靠近主火道和炉膛部位处，温度较高，干燥较快，有时还易烘焦。由于热空气上升，烘房上部温度也较高，而烘房中部的温度则较低。因此，要特别注意烘架最下部的第 1、2 层烘盘与中部的第 4 至 6 层烘盘的位置调换。在调换烘盘的同时还应翻动物料，使物料受热均匀，干燥程度一致。第 1 次调换烘盘的时间应在烘房温度最高、物料的水分蒸发时进行，以后间隔一定时间进行调换，直至干燥结束。

6. 掌握干制时间

何时结束干制工作,取决于不同果蔬所要求的干制程度。一般要烘至产品达到它所要求的标准含水量,才能结束干制工作,进入产品的回软、分级、包装及贮藏工作。几种菜干的水分含量见表8-2。

表8-2 几种菜干的水分含量 %

名称	含水量	名称	含水量
辣椒干	14～15	大蒜片	6～7
金针菜	15	木耳	10～11
玉兰片	18	胡萝卜片	7～8
蘑菇	11.5	藕粉	15
芥菜干	14.5		

7. 果蔬干制过程中的变化

果蔬在干制过程中,会发生一系列的物理化学变化:

(1)重量和体积的变化 果蔬干制后,体积缩小,重量减轻,一般体积为原来的20%～30%,重量为原来的6%～20%。

(2)颜色的变化 果蔬在干制或贮藏过程中,容易因酶褐变或羰氨反应而变色。此外,颜色与透明度也有变化,新鲜细胞间隙存在着空气,在干制时受热排除,使制品呈半透明状,空气的减少,使酶褐变减轻。干制前原料的热烫、熏硫都有利于减轻褐变。

(3)营养成分的变化 干制过程中营养成分的变化则因干制方式和各种处理不同而异。

糖分的损失随干制时间延长而相应增加。维生素则因其种类不同,其稳定性也不一样,其中以维生素B_1、维生素B_2、维生素PP和胡萝卜素比较稳定,维生素C既不耐高温又容易氧化,遇光和碱都容易破坏,若高温和氧化同时作用,损失更大,但在加热而无氧的条件下,维生素C少量被保存,在酸性溶液或高浓度糖液中比较稳定。因此,干制前进行热烫、硫处理,都是减少维生素C损失的有效措施。矿物质和蛋白质在干制过程中比较稳定。

(4)风味的损失 新鲜果蔬加工成干制品后,无论如何在其复水后都与新鲜的原料在口感上、组织结构上、滋味上有不同程度的降低。在热风干燥过程中,水分蒸发的同时,一些低沸点的物质要随之挥发而损失。如洋葱、大蒜、香葱、莴苣等风味浓郁的原料干制后或多或少在风味品质上有所降低。在正常情况下,果蔬原料切分处理得越细，挥发表面积越大、风味损失就越多。

（六）筛选、分级

为了使产品符合规定标准，便于包装，贯彻优质优价原则，对干制后的产品要求进行筛选、分级。干制品常用振动筛等分级设备进行筛选分级，剔除块、片和颗粒大小不合标准的产品，以提高商品质量。筛下物另做他用。碎屑物多被列为损耗。大小合格的产品还需进一步进行人工挑选，剔除杂质、变色、残缺或不良成品，并经磁铁吸除金属杂质。

（七）回软

回软又称均湿、发汗或水分平衡，目的是通过干制品内部与外部水分转移，使各部分的含水量均衡，呈适宜的柔软状态，以便产品处理和包装运输。回软方法是待干燥后的产品稍微冷却，即可装入大塑料袋或铁桶中密封，一般菜干 1～3 d，干果一般 2～5 d，待质地略软后便于后续操作。回软操作一般适宜叶菜类、丝、片状干制品，防止制品在除杂、分级包装过程中因过于干脆而碎裂，降低产品合格率。有的产品回软后还要复烘，达到干制程度。

（八）防虫

果蔬干制品常有虫卵混杂其间，特别是自然干制的产品最易受害。害虫在果蔬干制期间或干制品贮存期间侵入产卵，以后再发育为成虫为害，有时会造成大量损失。所以，防止干制品遭受虫害是不容忽视的重要问题。常见的害虫有：蛾类为印度谷蛾和无花果螟蛾；甲类露尾虫、锯谷盗、米扁虫、菌甲等；壁虱类如糖壁虱等。

防治方法：

1. 低温杀虫

采用低温杀虫最有效的温度必须在－15℃以下。

2. 热力杀虫

即在不损害成品品质的适宜高温下杀死干制品中隐藏的害虫。耐热性弱的叶菜类干制品可采用 65℃热空气处理 1 h，根菜类和果菜类干制可用 75～80℃热空气处理 10～15 min。

3. 熏蒸剂杀虫

烟熏是控制干制品中昆虫和虫卵常用的方法，晒干的制品最好在离开晒场前进行烟熏。干制水果贮藏过程中还要定期烟熏以防止害虫发生。甲基溴是近年来使用最多的一种有效熏蒸剂。用量 16～24 g/m^2，密闭室处理时间在 24 h 以上。此外，SO_2、CS_2、氯化苦也可用于熏蒸。

（九）压块

蔬菜干制后，体积蓬松，容积很大，不利于包装和运输，因此在包装前，需要经过压缩，一般称为压块。用约 70 kg/cm^3 的压力，脱水蔬菜的体积缩小 3～7 倍，其比例见表 8-3，脱水蔬菜的压块必须同时使用水、热与压力，方能获得好的结果。

表 8-3　6 种脱水蔬菜的压缩比例

蔬菜名称	每千克的体积(L)		压缩比例
	压缩以前	压缩以后	
小青菜	11.6	2.2	5.3
甘蓝	8.6	1.7	5.1
青辣椒	10.0	1.7	5.8
塌棵菜	14.2	2.1	2.7
菠菜	8.9	1.5	5.8

一般脱水蔬菜在脱水的最后阶段，温度为 60～65℃，如在脱水后，不等它冷却，立即压块时，可不再重新加温。否则，为了减少破碎起见，压块之前，需喷以热蒸汽，但喷过后，必须立即压块，若放置稍久，又将变脆而易碎。若压块后的脱水蔬菜水分含量在 6%左右时，可与等质量的生石灰贮存在一起，经过 2～7 d，水分可降低至 5%以下。

(十)包装

常用的包装材料有木箱、纸箱、纸盒、无毒 PE 塑料袋、铝箔复合薄膜袋、马口铁罐等。包装的方法有如下几种：

1. 普通包装

多采用纸盒、纸箱或普通 PE 袋包装，先在容器内衬防潮纸或涂防潮涂料，然后将制品按要求装入，上盖防潮纸，扎封。多用于自然干制和热风干制品的包装。

2. 不透气包装

采用不透气的铝箔复合薄膜袋包装。其内也可放入脱氧剂，将脱氧剂包装成小包与干制品同时密封于不透气的袋内，提高耐藏性。适用于真空干制、真空油炸、真空冻结干燥、喷雾干燥制品的包装。

3. 充气包装

采用 PE 袋或铝箔复合薄膜袋包装，将干制品按要求装入容器后，充入二氧化碳、氮气等气体，抑制微生物和酶的活性。适用于真空干燥、真空油炸、真空冻结干燥制品的包装。

4. 真空包装

将制品装入容器后，用真空泵抽出容器内的空气，使袋内形成真空环境，提高制品的保存性。多用于含水量较高的干制品的包装。

(十一)贮藏

果蔬干制品贮藏效果首先取决于制品质量优劣,优质制品贮藏性好,另一重要条件是制品含水量,含水量越低,贮藏性越好。

1. 干制品贮藏环境的要求

低温有利于抑制害虫和微生物的活动,干制品适宜贮藏温度为 0～2℃,最好不超过 10～12℃;贮藏环境的相对湿度以不超过 65%为宜,湿度较大,制品易吸湿返潮,尤其是含糖量较高的制品;光照和氧气能促进色素分解,引起变色,破坏维生素,降低二氧化硫的保藏效果,因此,干制品宜于避光和密闭保藏。

2. 贮藏期的管理

要做好贮藏库的清洁卫生和通风换气工作,做好防鼠、防潮工作,定期检查质量,发现问题,及时解决。

三、质量控制点及预防措施

(一)制品干缩

1. 干缩的原因

果蔬在干制时,因水分被除去而导致体积缩小,细胞组织的弹性部分或全部丧失的现象称为干缩。干缩的程度与果蔬的种类、干制方法及条件等因素有关。一般情况下,含水量多,组织脆嫩者干缩程度大,含水量少,纤维多的果蔬干制程度轻。果蔬干缩严重会出现干裂或破碎等现象。干缩有两种情形,即均匀干缩和非均匀干缩。有充分弹性的细胞组织在均匀而缓慢地失水时,就产生了均匀干缩,否则,会发生非均匀干缩。非均匀干缩还会使制品造成奇形怪状的翘曲,进而影响产品的外观。

2. 干缩预防措施

适当降低干制温度,缓慢干制;采用冷冻升华干燥可减轻制品干缩现象。

(二)表面硬化(结壳)

1. 硬化原因

表面硬化是指干制品外表干燥而内部仍然软湿现象。有两种原因造成表面硬化。其一是果蔬干制时,内部的溶质随水分不断向表面迁移和积累而在表面形成结晶造成的;其二是由于果蔬干燥过于强烈,内部水分向表面迁移的速度滞后于表面水分汽化速度,从而使表面形成一层干硬膜造成的。

2. 表面硬化预防措施

采用真空干燥、真空油炸、冷冻升华干燥等方法来降低干燥温度、提高相对湿度或减少风速,用以减轻表面硬化现象。

(三)制品褐变

1. 褐变原因

果蔬在干制过程中或干制后的贮藏中,类胡萝卜素、花青素、叶绿素等均受影响或流失,造成品质下降。酶促褐变和非酶褐变反应是促使干制品褐变的原因。

2. 预防措施

干制前,进行热烫处理、硫处理、酸处理等,对抑制酶褐变有一定的作用。避免高温干燥可防止糖的焦化变色,用一定浓度的碳酸氢钠浸泡原料有一定的护绿作用。

(四)营养损失

果蔬中的营养成分有糖类、维生素、矿物质、蛋白质等,在干制过程中会发生不同程度的损失,主要是糖类、维生素的损失。预防措施是缩短干制时间,降低干制温度和空气压力有利于减少养分的损失。

(五)风味变化

失去挥发性风味成分是干制时常见的一种化学变化。迄今为止要完全阻止风味物质损失,几乎不可能。为防止风味损失常采用干燥设备中回收或冷凝外逸的蒸汽再加回到干制品中,以便尽可能保存它原有的风味。

(六)干制品保质期短

1. 保质期短原因

主要是微生物侵染和害虫。

2. 预防措施

干制品水分含量要低,密闭保藏防止吸潮;低温杀虫,热力杀虫,熏蒸剂杀虫;避光、隔氧防止不良变化。

(七)干燥率低

1. 干燥率低原因

原料固形物含量低,干制过程中呼吸消耗,原料成熟度不够。

2. 预防措施

选择固形物含量高的原料,干制前进行烫漂处理,选择成熟度适宜的原料。

第六节 果蔬速冻制品

果蔬速冻属冷冻食品。冷冻食品是英国人珀金 1834 年的压缩机后出现的,20 世纪 20～30 年代,美国、新西兰等国开始研究速冻蔬菜,30 年代开始有商业销售。我国从 20 世纪 60 年代开始蔬菜冷冻试验生产,福州市于 1972 年首先试验速冻菜出口。20 世纪 80 年代开始在我国市场出现速冻蔬菜,而后遍布全国各地。果蔬速冻制品一般以蔬菜为多。

果蔬速冻是将经过处理的果蔬原料,以很低的温度(−35℃左右)在极短的时间 30 min 内进行均匀冻结。然后在−20～−18℃的低温中保藏的方法。速冻果蔬制品在此温度下冻结、保藏,极大地抑制了微生物的活动和酶的作用,防止了腐败和生化反应对速冻制品的影响。

一、工艺流程

果蔬种类不同,速冻前处理方法也不同。有的需要烫漂,有的需要以添加剂(硬化剂、糖液、盐水)浸泡,所以果蔬速冻加工工艺可分为烫漂速冻工艺和浸泡速冻工艺两种。

(一)烫漂速冻工艺流程

烫漂速冻工艺流程如图 8-10 所示。

原料验收→挑选→清洗→预处理→烫漂→冷却、沥干→
快速冻结→加冰衣→包装→冻藏

图 8-10　烫漂速冻工艺流程图

(二)浸泡速冻工艺流程

浸泡速冻工艺流程如图 8-11 所示。

原料验收→挑选→清洗→预处理→浸泡、漂洗→(沥干)、预冷→
快速冻结→(加冰衣)→包装→冻藏

图 8-11　浸泡速冻工艺流程图

二、工艺要点

(一)果蔬烫漂速冻

1. 原料验收

(1)所选用原料应符合工艺要求所需要的优良品种、成熟度、新鲜度,色泽、形状良好,大小均匀。

(2)原料要求无污染,所含农药残留、微生物等指标符合 HACCP 要求。

(3)原料包装、运输、贮存过程中要求无污染、无损坏、无腐烂变质。

(4)原料采后最好能做到当日采收,及时加工,以确保产品质量。

2.预处理

进厂后的原料,应及时进行处理,处理室温度以控制在15℃以下为宜。处理的措施有挑选、分级、去除不可食部分、清洗,有的需要去皮、切分、去核整理等。

(1)挑选　对原料逐个挑选除去带伤、有病虫害、畸形及不熟或过熟的原料,并按大小、长短分级。除去皮、核、心、蒂、筋、老叶及黄叶等不可食部分。

(2)清洗　将上道工序的合格原料置容器中以流水冲洗,洗净尘土,除去杂质,每次清洗的数量不宜过多,以彻底洗净泥沙。对一些易遭虫害的蔬菜,如花椰菜、菜豆等应用2%～3%的盐水浸泡20～30 min进行驱虫处理。对一些速冻后脆性明显减弱的果蔬,可以将原料在0.5%～1%的碳酸钙或氯化钙溶液中浸泡10～20 min,以增加其硬度和脆度。

(3)整理　严格按照不同品种的工艺要求切分、整修、挑选、分级,使块形、长度、粗细等形态要求符合标准,同时注意剔除不合格品。严格按照操作规程,加工人员苦练刀工,熟能生巧,加强检验。工器具班前、班后清洗消毒,保持清洁。使用机械时班前做好检查、调试工作,以保证产品质量。

3.烫漂

烫漂目的是抑制酶的活性,软化组织,去掉辛辣、涩等味,便于烹调加工。烫漂有热水烫漂和蒸汽烫漂。烫漂工艺要根据不同品种、不同客户要求,调节烫漂水温和烫漂时间,以保持产品原有色泽,不破坏营养成分,达到破坏引起产品褐变的氧化酶和杀灭致病菌及降低细菌总数的目的。烫漂温度一般为90～100℃,品温要达到70℃以上,烫漂时间一般为1～5 min。

4.冷却、沥干

(1)冷却　经烫漂后的原料,其中心温度在70℃以上,应立即放在自来水中降温,然后放在冰水中快速冷却,使产品温度迅速降至0℃以下,或用冰水喷淋,风冷降温,以减少营养成分损失,防止变色。冷却的同时进一步清洗,去净杂质。冷却应迅速。

(2)沥干　以除去菜体表面附着的大量水分,避免冻结时结成坨块,既便于快速冻结,又便于冻结后包装。沥干的方法很多,如用自动振动筛沥干、自然控干,室温要低。采用吹风法预冷,就可以与沥干同时进行。

5.摆盘

沥干后的原料,可用布料机对原料均匀布料,以实现均匀冻结,提高产品质量。也可用盘冻产品,用不锈钢盘,以每盘重1 kg为例,要添加合理的让水重,保证解冻后足量,一般让重2%～10%。摆盘后盘内控出的菜水应倒掉。

6. 速冻

(1)速冻方法 果蔬速冻方法有鼓风冷冻法、间接接触冷冻、直接接触冷冻法、流化冷冻法。

①鼓风冷冻法 即空气冷冻法，是利用高速流动的空气，促使果蔬快速散热，以达到冷冻的目的。生产中多采用隧道式鼓风冷冻机，在一个长方形的，墙壁有隔热装置的通道中进行冷冻。产品放在传送带或筛盘上以一定速度通过隧道。冷空气由鼓风机吹过冷凝管道再送入隧道穿流于产品之间，与产品进入的方向相反，这种方法一般采用空气温度是－34～－18℃，风速在 30～100 m/min。目前有的工厂采用大型冷冻室。内装置回旋式输送带，盘旋传送过程中进行冻结。还有一种冷冻室为方形的直立井筒体，装食品的浅盘自下向上移动，在传送过程中完成冻结。

②间接接触冻结法 用制冷剂或低温介质(盐水)冷却的金属板和食品密切接触，使果蔬冻结的方法称间接接触冻结法。可用于冻结未包装的和用塑料袋、玻璃纸或纸盒包装的食品。金属板有静止的，也有上下移动的，常用的有平板、浅盘、输送带等。生产上多采用在绝热的箱橱内装置可移动的空心金属板，冷却剂通过平板的空心内部，使温度降低。由于冻结品是上下两面同时进行降温冻结，故冻结速冻比较快。

③直接接触冷冻法 直接接触冷冻法是指散态或包装食品与低温介质或超低温制冷剂直接接触下进行冻结的方法。一般将产品直接浸渍在冷冻液中进行冻结，也有用冷冻剂喷淋产品的方法，又统称浸渍冻结法。液体是热的良好传导介质，在浸渍或喷淋中，冷冻介质与产品直接接触，接触面积大，热交换效率高，冷冻速度快。常用的冷冻剂有液态氮、液态二氧化碳、一氧化碳、丙二醇、丙三醇、液态空气、糖液和盐液等。

④流化冷冻法 小形颗粒产品或各种切分成小块的果蔬均可采用。其产品铺放在一个孔眼的网带上，或有孔眼的盘子上，铺放产品厚度为 2.5～12.5 cm。冷冻时，将足够冷却的空气，以足够的速度由网带下方向上方强制吹送，这样使冷空气能与产品颗粒全面直接接触。吹风速度至少 375 m/min，空气温度为－34℃。要求产品大小要均匀，铺放厚度一致。此法冷冻迅速和均恒，一般几分钟至十几分钟可冻结。

(2)冷冻设备

①鼓风冻结设备 隧道式连续速冻器、螺旋式连续速冻器、流化床式速冻器。

②间接接触冻结设备 间接式接触冷冻箱、半自动接触冷冻箱、全自动平板冷

冻箱。

③直接接触冻结设备　如液氮快速冻结装置是由隔热隧道、喷淋装置、贯穿于隧道的网格传送带、减速器、搅拌机、离心排风机、电磁阀和电器控制箱等部件组成。速冻设备由专人操作，定期检查保养，及时处理机械故障，保证生产顺利进行。进入速冻机的半成品摆放要厚度均匀适宜，均匀一致，确保冷冻效果。根据速冻品种不同，准确调节传递速度，确保冷冻效果。速冻机生产时机内温度－35℃以下，速冻库温－30℃以下，速冻后产品温度达－18℃以下。

④流化速冻装置　如带式流化速冻装置。

(3)冻结过程　蔬菜速冻加工，要求在30 min使果蔬制品中心部位通过最大冰晶生成温度带（即80%的水分生成冰晶的温度－1～－5℃），所以冻结温度越低，通过最大冰晶生成带的时间越短，越有利于保证产品质量。一般要求在－30℃以下进行冻结，这里的关键是能够使制品中心温度迅速达到－5℃以下。

(4)速冻对果蔬的影响

①组织结构变化　这主要取决于冻结速度。

果蔬在缓慢冻结过程中可以导致细胞膜透性增强，膨压降低，随着冻结的进行，冰晶体的增大对细胞产生积压使细胞组织的空间结构受到破坏；同时细胞内水分外流，原生质体中无机盐浓度增加，足以达到使蛋白质发生不可逆变性凝固，造成细胞死亡，组织解体，质地软化，品质下降。

当果蔬进行快速冻结（速冻）时，细胞内外的水分几乎同时在原地形成冰晶。因此，所形成的冰晶体体积小（呈针状），数量多，分布均匀，对组织结构不会造成机械损伤，可最大限度地保持冻结果蔬的可逆性和质量。解冻后能基本保持原有的品质。

②生化变化　速冻产品经过降温、冻结、冻藏和解冻后都会发生色泽、风味、质地等变化，从而影响产品的品质。

生化变化主要是指蛋白质的变性；原果胶水解成果胶，造成组织结构分离，质地软化；果蔬色泽发生不同程度变化，叶绿素转化成脱镁叶绿素，颜色由绿色变成灰绿色。

③酶的变化　有些如脱氢酶在冻结时其活性受到强烈抑制。但大多数酶如转化酶、脂肪酶、脂肪氧化酶、催化酶，过氧化物酶、果胶酶等，在冻结的果蔬中仍有活性。在－30～－20℃才能完全受到抑制。多数酚类物质发生酶促褐变，使产品颜色变暗。

(5)速冻对微生物的影响　冷冻对微生物的影响，主要决定于冻结温度及冻结速度。冻结的温度越低，微生物的损伤越大；冻结的速度越慢，对微生物的伤害越大。

7. 加冰衣

(1)对块茎、豆类等的产品浸入 0℃的冰水中 2～3 s，迅速提出，震荡除去多余的水分，使产品表面光亮、均匀、圆滑。

(2)成品包装前，质检部门应对产品质量进行感官指标和微生物检验，如不符合规定要求，一概不得进行包装工序。

8. 包装

封口前严格称重，标准质量误差在 0 至±1%之间，质量不合格均按不合格产品处理；包装必须在专用的清洁卫生的车间内进行；包装用品使用前均需严格检查，凡有水湿、霉变、虫蛀、破碎或污染等现象不得使用，箱外要印刷上包装名称、规格、批次、代码、级别标准标记，要求清楚、正确。

9. 冻藏

(1)包装完毕的产品，应及时入库，分垛存放，以免温度回升而影响产品质量，待微生物检验合格后，方可归大垛存放。速冻蔬菜冷库要专存，保持库温在－20℃以下，成品中心温度－18℃以下。

(2)冷藏库应分期进行冲霜，保持库内清洁，无异味，产品的码放要有条理，按生产日期、批次分别存放，码垛整齐，标记清楚，垛底有垫板，要求垫高 30 cm、垛与垛之间留有一定的空隙、以便通风，保持温度平衡。

(3)货垛离墙 20 cm，离顶棚 50 cm、距冷气排管 40～50 cm，垛间距 15 cm，库内通道大于 20 cm。在出口产品仓库内，不得存放其他有异味商品，要专库专用。

(二)果蔬浸泡速冻

果蔬浸泡速冻工艺与烫漂速冻工艺区别就在于代替烫漂工序的是浸泡工序，其他工序完全相同。因此，这里只介绍浸泡工序。

1. 浸泡目的

将蔬菜浸于保脆剂(多用氯化钙)的溶液中，可保持菜体的良好脆性。水果需要保持鲜食品质，通常不进行烫漂处理，为了破坏水果的酶活性，防止氧化变质，水果在整理切分后需要保持在糖液或维生素 C 溶液中。水果浸糖处理还可以减轻结晶对水果内部组织的破坏作用，防止芳香成分挥发，保持水果原有品质及风味。糖的浓度一般控制在 30%～50%，因水果种类而异，一般用量配比为 2 份水果加 1 份糖液，加入超量糖会造成果肉收缩。某些品种的蔬菜，可加入 2%食盐水包装速冻，以钝化氧化酶活性，使蔬菜外观色泽美观。为了增强护色效果，还常在糖液中加入 0.1%～0.5%的维生素 C、0.1%～0.5%柠檬酸或维生素 C 和柠檬酸混合使用效果更好(如 0.5%左右的柠檬酸和 0.2%～0.5%维生素 C 合用),此外,还可以在果蔬去皮后投入 50 mg/kg 的二氧化硫溶液或 2%～3%亚硫酸氢钠溶液浸泡 2～5 min 也可有效抑制褐变。

2. 浸泡方法

浸泡可在清洗后进行,也可在切分后进行。整体浸泡时间较长,浸泡时间因果蔬大小和成熟度而异,一般需 15～20 min。切分后浸泡,汁液流失较多,不利于保持果蔬营养成分,但可缩短浸泡时间。无论是整体浸泡,还是切分后浸泡,浸泡后都需用水冲洗一次,以去掉附着在果蔬表面的氯化钙。水果添加糖液(维生素 C、柠檬酸),蔬菜添加食盐水,应添加适量后包装速冻。

三、质量控制点及预防措施

(一)龟裂

由于含水量多的果蔬冻结时体积会膨胀。由于冻结时表面水分首先结成冰,然后冰层逐渐向内部延伸,当内部的水分因冻结而膨胀时,会受到外部冻结层的阻碍,于是产生内压,内压过大使外层难以承受时,则会造成产品龟裂。

可选择水分含量较低的原料,沥水要干净,冻结速度要均匀。

(二)干耗

果蔬在速冻过程中,随着热量被带走的同时,部分水分也会被带走。通常鼓风式冻结比接触式冻结干耗大;在冻藏过程中也会发生干耗,这主要是速冻品表面的冰晶直接升华所致。贮藏时间越长,干耗越重。

可采取加冰衣、包装来降低或避免干耗。

(三)变色

因为酶的活性在低温下不能完全被抑制,所以,在常温下发生的变色,在长期冻藏中同样发生,只是速度减慢而已。

在冻结前,应对原料进行护色处理,如热烫、硫处理、降低 pH 值,添加抗氧化剂(维生素 C 等)。

(四)解冻时流汁

缓慢冻结易造成植物组织机械损伤,解冻后,融化的水不能重新被细胞吸收,从而造成大量汁液的流失,组织软烂,口感、风味、品质严重下降。

提高冻结速度可以减少流汁现象。

第七节　蔬菜腌制

凡将新鲜果蔬经预处理后，再用盐、香料等腌制，使其进行一系列的生物化学变化，制成鲜香嫩脆、咸淡或甜酸适口且耐保存的加工品，统称腌制品。其中以蔬菜制品居多，水果只有少数品种适宜腌制，且大多是为了保存原料或延长加工期。腌制品是我国最为普遍、产量最大的一种加工方法。蔬菜腌制在我国历史悠久、分布广泛，如四川榨菜、泡菜，北京冬菜、酱菜，扬州、镇江酱菜，浙江萧山萝卜干、小黄瓜，云南大头菜，广东酥姜、咸酸菜、惠州梅菜、潮汕贡菜等，均畅销国内外，深受消费者欢迎。

蔬菜腌制品主要包括泡酸菜、咸菜、酱菜、糖醋菜、盐渍菜5大类。腌制品含盐量一般为：泡酸菜0～4%，咸菜类10%～14%，酱渍菜8%～14%，糖醋菜1%～3%，盐渍菜25%。目前腌制菜正在向营养化、疗效化、低盐化、多样化、天然化发展。

蔬菜腌制原理主要是利用食盐的高渗透压作用、微生物的发酵作用、蛋白质的分解作用，以及其他一系列的生物化学作用，抑制有害微生物的活动和增加产品的色、香、味。蔬菜腌制时，常常加入一些香辛料和调味品，它们不但起着调味的作用，而且还具有不同程度的抗菌、抗氧化或防腐作用。下面就分别介绍各类蔬菜腌制品的加工技术。

一、泡酸菜类

泡菜和酸菜主要是利用乳酸发酵产生乳酸，辅以低盐来保存蔬菜并增进其风味的，是我国民间大众化的蔬菜加工品。泡酸菜鲜美可口，且能增进食欲、助消化。现代医学证明，泡酸菜中的乳酸和乳酸菌对人体的健康十分有益，如抑制肠道中腐败菌的生长和减弱腐败菌在肠道的产毒作用，并有防止便秘，降低胆固醇，抗肿瘤以及调节人体生理机能等保健和医疗作用。

（一）工艺流程

1. 酸菜工艺流程

酸菜工艺流程如图8-12所示。

原料选择→修整→清洗→晾晒→入缸加盐→加水→发酵→酸菜

图8-12　酸菜工艺流程图

2. 泡菜工艺流程

泡菜工艺流程如图 8-13 所示。

泡菜坛准备
↓
原料选择→原料预处理→装坛泡制与管理→成品
↑
盐水配制

图 8-13 泡菜工艺流程图

(二)工艺要点

1. 酸菜

(1)原料选择与处理　腌制酸菜的主要原料是叶菜类，如白菜、甘蓝、芥菜、黄瓜等。蔬菜收获后，除去烂叶老叶，削去菜根，晾晒 2～3 d，晾晒至原重的 65%～70%为宜。

(2)腌制　腌制容器一般用大缸或木桶。用盐量按 100 kg 晒过的菜用盐 3～5 kg，如要保藏较长时间可适当增加。腌渍用水以硬水为宜。腌制时，一层菜一层盐并进行揉压，要缓慢而柔和，以全部菜压紧压实见卤水为止。一直腌渍距缸沿 10 cm 左右，加上竹栅，压以重物。待菜下沉，菜卤上溢后，还可加腌一层，仍然压上重物，使菜卤漫过菜面 7～8 cm，置凉爽处任其自然发酵产生乳酸，30～40 d 即可腌成。如急于食用可放在适宜乳酸菌繁殖的温度处，发酵后，再置于阴凉处。

(3)质量标准　蔬菜原料不同，产品色泽为黄绿色或乳白色，具有乳酸发酵所产生的特有香气、无不良气味。酸咸适口，质脆。

2. 泡菜

(1)原料选择　凡是组织紧密、质地脆嫩、肉质肥厚且在腌制过程中不易软化的新鲜蔬菜均可作为泡菜的原料。例如大头菜、球茎甘蓝、萝卜、甘蓝、嫩黄瓜等。也可以选用几种蔬菜混合泡制。

(2)原料处理　新鲜原料充分洗涤后，将不宜食用的部分剔除，根据原料的体积大小决定是否切分，块形大且质地致密的蔬菜应适当切分，特别是大块的球茎类蔬菜应适当切分。清洗、切分的原料沥干表面水分后即可入坛泡制。

(3)盐水的配制　盐水对泡菜的质量影响很大，泡菜用水要求符合饮用水标准，如井水、泉水或硬度较大的自来水均可用于配制泡菜用的盐水，因为硬水有利于保持泡菜成品的脆性。经处理的软水用于配制泡菜用的盐水时，需加入原料重 0.05%的钙盐。

盐水的含盐量为6%～8%，为了增进泡菜的品质，还可在盐水中加入2%的红糖，3%的红辣椒以及其他香辛料，香辛料应用纱布包盛装后置于盐水中。将水和各种配料一起放入锅内煮沸，冷却后备用。冷盐水中也可以加2.5%的白酒与2.5%的黄酒。

(4)泡菜坛及其准备　泡菜坛用陶土烧制而成，抗酸碱、耐盐。其口小肚大，距坛口6～15 cm处有一水槽，槽缘略低于坛口，坛口上放一小碟作为假盖，坛盖扣在水槽上，其结构见图8-14。泡菜坛的大小规格不一，小的泡菜坛可容纳1～2 kg菜，大的可容纳10～50 kg菜。这种结构的泡菜容器能有效地将容器内外隔离，又能自动排气，而且在发酵过程中可形成厌氧环境，这样不仅有利于乳酸发酵，而且可以防止外界杂菌的侵染。

泡菜坛在使用前必须清洗干净，如果泡菜坛内壁粘有油污，应用去污剂清洗干净，然后再用清水冲洗2～3次，倒置沥干坛内壁的水后备用。

(5)入坛泡制与管理　将准备就绪的蔬菜装入泡菜坛内，装至半坛时，将香辛料包放入，再装原料至坛口6 cm处即可。用竹片将菜压住，以防腌渍的原料浮于盐水面上。随后注入配置好的冷盐水，要求盐水将原料淹没。首次腌制时，为了使发酵迅速，并缩短成熟时间，将新配置的冷盐水在注入泡菜坛前进行人工接入乳酸菌，或加入品质优良的陈泡菜汤。将假盖盖在坛口，坛盖扣在水槽上，并在水槽内注入清水或食盐溶液。最后将泡菜坛置于室内的阴凉处自然发酵。

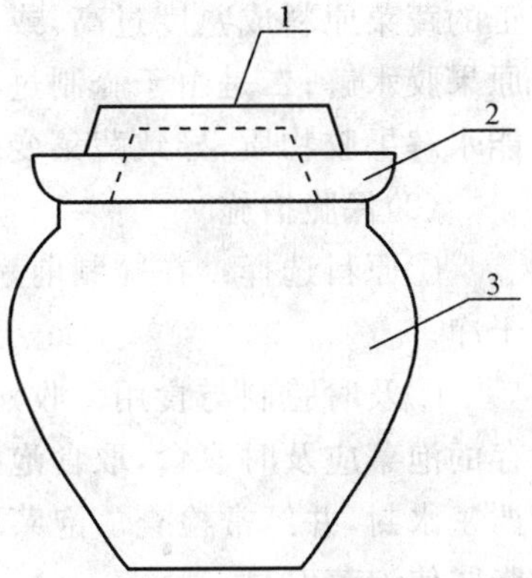

图8-14　泡菜坛的结构示意图

1.坛盖　2.水槽　3.坛体

(引自赵晨霞.果蔬贮藏加工技术.2006)

根据微生物的活动和乳酸积累多少，发酵过程一般可分为3个阶段：

①初期　异型乳酸发酵为主，伴有微弱的酒精发酵和醋酸发酵，产生乳酸、乙醇、醋酸及二氧化碳，逐渐形成嫌气状态。乳酸积累约为0.3%～0.4%，pH 4.5～4.0，是泡菜的初熟阶段，时间2～5 d。

②中期　正型乳酸发酵，嫌气状态形成，乳杆菌活跃。乳酸积累达0.6%～0.8%，pH 3.5～3.8，大肠杆菌、腐败菌等死亡，酵母、霉菌等受抑制，是泡菜完熟阶段，时间5～9 d，

③后期　正型乳酸发酵继续进行，乳酸积累可达1.0%以上，当乳酸含量达1.2%以上时，乳酸菌本身也受到抑制，此时的产品酸味浓，也叫酸菜。

泡菜的成熟期随原料种类、气温及食盐浓度等而异。泡菜在发酵中期食用风味最佳,如果在发酵初期取食,成品咸而不酸,在发酵末期取食风味过酸。

成熟的泡菜取食后,应及时添加新原料,同时也应按原料的5%～6%补充食盐,其他调味料也应适当地添加。

(6)成品泡菜　成品泡菜应清洁卫生,保持蔬菜原有色泽,香气浓郁,组织细嫩,质地清脆,咸酸适度,略有甜味与鲜味,尚有蔬菜原有的特殊风味。

(三)质量控制点及预防措施

1.失脆及预防措施

(1)失脆原因　产品质地脆嫩是大部分腌制菜质量标准中一项重要指标。蔬菜腌制过程中,促使原果胶水解而引起脆性减弱的原因有两方面:一是用来腌制加工的蔬菜原料成熟度过高,或者受了机械伤,原果胶酶的活性增强,使细胞壁中的原果胶水解;二是由于腌制过程中一些有害微生物的生长繁殖,所分泌的果胶酶类能水解果胶物质,导致蔬菜变软而失去脆性。

(2)保脆措施

①原料选择　在腌制前剔除过熟及受过机械伤的蔬菜,将原料与泡菜坛清洗干净。

②及时腌制与食用　收购的蔬菜要及时进行腌制,防止蔬菜品质下降;不宜久存的泡菜应及时取食,取食泡菜后应及时补充新的原料,充分排出坛内空气,同时严密水封,并经常检查。泡菜取食时,切忌将油脂带入坛内,以防腐败微生物分解脂肪使泡菜腐臭。

③抑制有害微生物　腌制过程中一定要减少有害微生物的污染。

④使用保脆剂　为使腌制菜保持脆口,一般在腌制时加入保脆剂。即把蔬菜原料浸泡在铝盐和钙盐的水溶液中进行短期浸泡,然后取出再进行初腌,或者直接往初腌的盐卤中加入一定量的钙盐或铝盐,加入量一般为蔬菜原料的0.05%～0.1%。但如果加入量过多,反而会使蔬菜组织过硬,口感发艮。用碱性的井水浸泡也可起到保脆的效果,因为井水中含有氯化钙、碳酸氢钙、硫酸钙等多种钙盐。

⑤调整渍制液的pH值和浓度　果胶在pH值为4.3～4.9时水解度最小,如果$pH<4.3$或$pH>4.9$时水解就增大,菜质就容易变软。另外,果胶在浓度大的渍制液中溶解度小,菜质就不易软化。

2.微生物败坏与预防措施

蔬菜腌制过程中微生物的发酵作用主要是乳酸发酵,其次是酒精发酵,醋酸发酵极轻微。制作泡菜和酸菜时,需要利用乳酸发酵。

(1)微生物败坏　蔬菜腌制过程中,除了上述有益微生物的发酵作用,同时会发生有害微生物的发酵作用。如大肠杆菌、丁酸菌、霉菌、有害酵母菌。这些有害的微生物大量繁殖后，不仅消耗了糖分与乳酸，还降低制品的质量，会使产品劣变。有时还会生成亚硝酸盐、亚硝胺、硫化氢等一些有害物质，并产生异味。

(2)预防措施　应保证蔬菜原料鲜嫩完整，无损伤及病虫害侵染，清洗附着的泥土和污物。加工用水、食盐必须符合国家卫生标准；要求腌制中便于封闭隔离空气；容器在使用前，要进行检查和消毒；蔬菜腌制受食盐浓度、酸度、温度、空气等环境因素影响，腌制时要注意采取综合的措施抑制有害微生物的活动。

添加防腐剂虽然能够抑制某些微生物和酶的活动，但其作用是有限的，常用的防腐剂有苯甲酸钠、山梨酸钾和脱氢醋酸钠等。生产上泡菜盐水表面已有酒花酵母菌膜产生，在泡菜坛内加入大蒜、洋葱、红萝卜或高度白酒，然后密封一段时间，则可有效地抑制酒花酵母菌的生长。

3. 腌制中亚硝酸盐的生成与防治

(1)亚硝酸盐的生成　蔬菜生长过程中所摄取的氮肥是以硝酸盐或亚硝酸盐的形式进入体内。在采收时仍有部分亚硝酸盐或亚硝酸尚未转化而残留，此外，土壤中也有硝酸盐的存在，植物体上所附着的硝酸盐还原菌(如大肠杆菌)所分泌出的酶也会使硝酸盐转化为亚硝酸盐。在加工时所用的水质不良或受细菌侵染，均可促成这种变化。

亚硝胺是由亚硝酸和胺化合而成，胺来源于蛋白质、氨基酸等含氮物的分解，新鲜蔬菜原料含量极少，但在腌制过程中会逐渐地分解，并溶解到腌液中。在腌液的表面往往出现霉点、菌膜，这都是蛋白质含量很高的微生物，如白地霉生成的菌膜，一旦受到腐败菌的侵染，会降解为氨基酸，并进一步分解成胺类，在酸性环境中具备了合成亚硝胺的条件，尤其在腌制条件不当导致腌菜劣变时，还原与合成作用更明显。

(2)亚硝酸盐的控制　选用新鲜蔬菜原料，加工前冲洗干净，减少硝酸盐还原菌的侵染。据试验，采后蔬菜经晾晒有助于降低菜体内亚硝酸盐含量，晾晒 1～3 d 后可基本消失；腌制时用盐要适当，撒盐要均匀并将原料压紧，使乳酸菌迅速生长、发酵，形成酸性环境抑制分解硝酸盐的细菌活动；如发现腌制品表面产生菌膜，不要打捞或搅动，以免菌膜下沉使菜卤腐败而产生胺类，可加入相同浓度的盐水将菌膜浮出，或立即处理销售；腌制成熟后食用，不吃霉烂变质的腌菜，待腌制菜亚硝酸盐生成的高峰期过后再食用。要严格控制腌制品表面不要“生花”，表面的霉点或菌膜一旦被搅破下沉则不宜继续食用。

二、咸菜类

咸菜类制品，必须采用各种脱水方法，使原料成半干态(水分含量一般控制在60%～70%)，并需盐腌、拌料、后熟(发酵)，用盐量10%以上，色、香、味的来源靠蛋白质的分解转化，具有鲜、香、嫩、脆，回味返甜的特点。榨菜、冬菜、梅菜、萝卜干等都属于这类制品，又称为半干菜。

(一)工艺流程

咸菜加工工艺因原料及产品不同其工艺不完全相同，一般选择萝卜、大头菜、茎芥菜等作原料，也有选择大白菜(如北京冬菜)、洞菜(如梅菜)作原料。以四川涪陵榨菜为例，其加工工艺如图 8-15 所示。

原料分选→串菜→晾菜→下架及整理→腌制→修剪挑筋→整形分级→淘洗→拌料装坛

↑（晾菜）搭架

↓（拌料装坛）

方便榨菜←加工处理←存放后熟→成品销售

图 8-15　涪陵榨菜生产工艺流程图

(二)工艺要点

1.原料分选

应选择组织细嫩、紧实、皮薄、粗纤维少、凹沟浅而少、菜体呈圆形或椭圆形、体积不宜太大的青菜头加工榨菜。青菜头含水量应小于93%，可溶性固形物含量大于5%。适宜的青菜头品种有草腰子、三转子、鹅公苍等。新鲜榨菜的个体形状和单个重量不同，水分高低都有较大差别，所以混合加工会给脱水和盐分渗透带来困难，因此必须分类处理。分类原则为：个体重150～350 g的，可整个加工；个体重350～500 g的，应对剖后加工；个体重500 g以上的，应剖成3～4块。做到大小基本一致，老嫩兼顾，青白均匀，防止食用时口感不一。

2.串菜

将分类好的菜块，用篾丝穿成串，以便晾晒。每个青菜头必须先剥去基部的老皮，抽去老筋，且不伤及上部的青皮。用2 m长的篾丝将切分的菜头按大小穿成串。每串两端的菜块应回穿牢实，但不能回大圈。每串菜块重4～5 kg。过去用篾丝直接穿菜身，菜身会留下黑洞，且易夹染污物。现在可在菜块上留约3 cm根茎，作穿篾之用，以避免损伤菜身。要求大小菜块分开穿串，并使有间隙通风，力求脱水均匀。

3.搭架、晾菜

穿串的青菜头必须置于菜架上晾晒，脱去部分水分才能腌制，所以应先搭好菜架。搭架场地应选择风向适宜且平坦宽敞处，顺风向搭成“X”。穿好的菜串搭在菜架上，要求菜块切面向外，菜串密度均匀，并适当留出间隙，使菜块受风均匀，加速脱水。在晾架期间，久雨不晴会导致菜块变质腐烂；长时间的时晴时雨会导致菜块抽薹与空心；长时间太阳曝晒会使菜块表面结壳，形成外干内湿，没有达到脱水目的。

4. 下架及整理

要求先晾先下，菜头软而无硬心，控制好适时下架。在 2～3 级风的情况下，一般须晾晒 7 d。控制水分下降率早期菜为 42%，中期菜为 40%，晚期菜为 38%。除去根部，剥尽茎部老皮。

5. 腌制

脱水下架后的菜块应及时腌制，防止堆积发烧。菜块的腌制是在菜池中进行。腌菜池在地面以下，其大小规格各地不同。一般腌菜池的长、宽均为 3.3～4 m，深为 2.3～3.3 m，池底及四壁最好用水泥涂抹。一般每个菜池可容纳菜块 25 000 kg。涪陵榨菜的腌制采用 3 次干腌法。

第 1 次腌制：将菜块与盐层层相间入池，每层放菜块 750～1 000 kg，每 100 kg 菜块用盐 3 kg，将盐分别均匀地撒在每层的菜块上，共 40～50 层。池底 1～5 层菜块可适当少加盐，预留 10%的底盐作为盖面盐。装满池后，在表层菜块上撒盖面盐，并保持菜块紧密，腌制 72 h，则可起池除去苦水。起池时利用池底菜盐水淘洗菜块，要求边淘洗、边起池、边上囤。菜块上囤的过程中，同时有 2～3 人上囤踩压，以便挤压出菜块附着的水分。起池完毕，将池内菜盐水转入盐水贮存池。上囤的菜块经 24 h 后，即为半熟菜块。

第 2 次腌制：方法同第 1 次腌制，但每层称取半熟菜块 600～800 kg，用盐量为半熟菜块重的 7%，池底 1～5 层扣留 10%的盐作为盖面盐，装满踩紧后，加盖面盐，早晚各踩压 1 次。经过 7 昼夜的腌制，按上法起池上囤，上囤的菜块经 24 h 后，即为毛熟菜块。

第 3 次腌制：将毛熟的菜块修剪、挑筋、整形、分级、淘洗后，拌料装坛，后熟发酵，即为第 3 次腌制。

6. 修剪挑筋

用剪刀剔净切分块菜的虚边，再用小刀削去老皮，抽去老筋，削净黑斑烂点，但不损伤青皮、菜心。

7. 整形分级

修剪的同时，根据菜块的大小将大块菜、小块菜以及碎菜块分别堆放。

8.淘洗

将上述修剪的菜块分别用澄清的菜盐水淘洗，淘洗可采用人工法，也可采用机械法。淘洗的目的是除去菜块表面的泥沙与污物。经淘洗后的菜块可用上述的方法上囤，上囤的菜块经 24 h 后，沥干水分，拌料装坛。

9.拌料装坛(第 3 次腌制)

将前面上囤的菜块、食盐与各种不同调味料按一定比例混合均匀。每 100 kg 菜块加食盐 14～16 kg、辣椒粉 1.1 kg、整花椒 0.03 kg、粉状混合调味料 0.12 kg。其中混合调味料的组成为：八角 45%、白芷 3%、山萘 15%、朴桂 8%、干姜 15%、甘草 5%、砂仁 4%、白胡椒 5%。将菜块与各种调味料拌匀，立即装坛。

菜坛用陶土烧制而成，其内外两面均上釉，外形呈椭圆状，每个坛子可装 70～80 kg 菜。装坛前，应事先对菜坛进行检查和清洗，要求菜坛无沙眼和裂痕。将检查无沙眼与裂痕的菜坛清洗干净，倒置，沥干水后备用。

将拌匀的菜块分 5 次装入坛内，每次装菜量基本一致，分层压紧，使坛内不留空隙，以便排除空气。装满后在坛口撒一层 0.06 kg 的红盐(红盐：100 kg 食盐与 2.5 kg 辣椒粉的混合物)，在红盐上面撒一层谷壳，最后用含纤维多的长梗菜的茎和叶填塞坛口，即封口。封口后入库贮存，待其发酵后熟。

10.后熟

装坛后宜放在阴凉干燥处存放后熟，至少需 2 个月，良好的榨菜需一年多。每隔 1～2 月进行一次敞口清理检查，称为“清口”。清口检查就是要把封坛口的菜茎和菜叶去掉，取出发霉的菜块，再用毛熟、修剪、上囤的菜块塞紧坛茎，最后用长梗菜的茎、叶将坛口扎紧，清口检查 2～3 d 后，用水泥封口，并在中间留一小孔，便于后熟过程中产生的气体排出。

11.成品运销

待水泥封口干后将菜坛套上竹篓，套装菜坛的竹篓应与菜坛十分吻合。最后在水泥层表面注明编号，即可运销。

12.榨菜加工

以存放后熟的榨菜为原料，经切分、拌料、装袋、真空封口、杀菌、冷却等工艺过程，即为成品方便榨菜。杀菌处理可采用常压杀菌与高压杀菌两种方法。拌料时添加适量的防腐剂，则可采用常压杀菌；否则就应采用高压杀菌，反压快速冷却。方便榨菜因其体积小，分量轻，携带方便，开袋即可食用，深受消费者欢迎。

13.质量标准

(1)感官指标　产品要求干湿适度，淘洗干净，咸淡适口，修剪光滑，色泽鲜明，风味鲜香，质地嫩脆，块头均匀。

(2)理化指标　含水量为72%～74%，含盐量为12%～14%，含酸量为0.6%～0.7%。

(3)微生物指标　应符合商业无菌要求。

(三)质量控制点及预防措施

1.腌制的作用与控制

咸菜类含盐量为10%～14%，主要是利用食盐具有高渗透压和降水分活性，在腌制中起防腐、脱水、变脆等作用。这些作用的大小与食盐的浓度成正比，加盐越多，则原料失水越多，变脆和防腐的效果也越大。10%的食盐对乳酸菌、大肠杆菌、丁酸菌产生抑制作用，酵母菌和霉菌抗盐力强，甚至能忍受饱和食盐溶液。食盐对酶活性也有影响，当食盐浓度大于12%和14%时，分别对蛋白酶和果胶酶有抑制作用。

2.色泽的变化与预防

腌制菜的色泽是感官质量的重要指标之一。因此，保持其天然色泽或改变色泽是在生产过程中需要特别注意的一个问题。

(1)咸菜的变色　蛋白质水解生成的氨基酸能与还原糖作用发生非酶褐变形成黑色物质，酪氨酸在酪氨酸酶或微生物作用下，可氧化生成黑色素，这是腌制品在腌制和后熟过程中色泽变化的主要原因，腌制和后熟时间越长、温度越高，制品的颜色越深。另外，腌制过程中叶绿素也会发生变化而逐渐失去鲜绿色泽，特别是在酸性介质中叶绿素发生脱镁呈黄褐色，也使腌制品色泽改变。

(2)护色措施

①原料选择　应选含单宁物质、还原糖较少的品种，成熟的蔬菜不如幼嫩的蔬菜利于保色，因为成熟的蔬菜含单宁物质、氧化酶、含氮物质均多于鲜嫩的蔬菜。

②控制或破坏氧化酶的活性　添加抑制剂或热烫处理，抑制或破坏多酚氧化酶、过氧化物酶等的活性，可有效地防止腌制品的酶褐变。

③控制pH值　糖在碱性介质中分解非常快，其参与羰氨褐变反应就较容易，所以腌制液应控制在pH 3.5～4.5之间，以抑制褐变速度。此外，褐变反应速度与温度的高低有关，温度高，褐变快。

④其他　绝氧气，控制水分活性，低温贮藏，避免日光照射等措施都可以抑制褐变。

3.常出现问题及预防

榨菜生产中常见的问题是霉口现象、菜坛爆破和酸败现象。

(1)霉口现象

①霉口原因　指翻水后,长时间不进行清口检查,坛口表面的榨菜生长霉菌。翻水后,坛中内容物减少,坛内榨菜自然下沉,使坛内菜叶变得松弛,并与坛缘分离而露出表面榨菜,坛内进入空气,导致霉菌的生长繁殖。

②预防措施　及时进行清口检查,发现榨菜下沉,及时添加新榨菜,并将坛口扎紧。

(2)菜坛爆破现象

①菜坛爆破原因　指坛内压力大于坛的承受力时产生的菜坛爆裂。其原因是坛内榨菜装的太紧太满,气温升高时,微生物发酵产气又快又多,但不能及时从坛口排出,使坛内压力增加而导致菜坛爆裂。尤其是过早地用水泥封口且不留排气孔时,更易发生菜坛爆裂现象。

②预防措施　装坛时,菜不宜压得太紧,以排出坛内空气,并不留太大间隙为度,特别是水泥封口时,必须留有排气孔。

(3)酸败现象

①酸败原因　指装坛后熟的榨菜失去鲜味且变酸的现象,其原因是菜块含水量较多,食盐用量不足,导致大量产酸菌生长繁殖;也有可能是菜坯在第1道与第2道菜池内停留时间太长,产酸菌的大量繁殖使菜坯中总酸含量增多而变酸。

②预防措施　菜块晾架充分并达到脱水效果,遇阴雨天,应适当延长晾架时间,若因气候原因,脱水效果差,采用人工加热脱水和盐腌脱水;装坛时,盐的用量要适宜。此外,菜坯在第1道与第2道菜池中不能停留时间太长。

三、酱制菜类

酱菜是将盐腌的蔬菜或用已腌好的半成品,经脱盐、脱水处理,然后用发酵好的酱或酱油浸渍,使酱料中的色、香、味等物质渗透到坯料内部而形成的,具有所用酱料的色、香、味及蔬菜原有的形态和质地脆嫩特点。我国酱菜加工历史悠久,各地有不少名优产品,各具特色。我国北方酱菜多用甜酱酱渍,成品略带甜味,南方多用豆酱,咸味较重。

(一)工艺流程

酱菜生产工艺流程如图8-16所示。

原料选择→原料处理→腌制→脱盐→酱渍→成品

图8-16　酱菜生产工艺流程

(二)工艺要点

1.原料选择

除叶片极薄的菠菜、芥菜外，凡肉质肥厚、质地嫩脆的叶菜类、根菜类、瓜菜类以及香辛菜类均可用作酱菜的原料。

2.原料处理

将原料冲洗干净，剔去老皮、粗筋、根须、黑斑烂点，对切为两半或切为条形、片状、颗粒状，也可不切分，如小黄瓜，大蒜等。

3.腌制

腌制方法有干腌法和湿腌法。干腌法是将原料与盐在大缸或池内层层相间放置，用盐量为原料重的14%～16%，这种方法适用于含水量多的原料。湿腌法是将原料在25%的盐水中腌制。两种方法的腌制时间随蔬菜的种类不同而有差异，一般为10～20 d。

4.脱盐

将腌制的咸菜坯在清水或流动的水中浸泡脱盐，夏天2～4 h，冬天6～7 h，脱盐至口尝能感到少许咸即可。

5.酱渍

用发酵好的酱或酱油浸渍，使酱料中的色、香、味等物质渗透到坯料内部，形成滋味鲜美的酱菜。酱菜的质量决定于酱料好坏，优良的酱菜应具有所用酱料的色、香、味。

6.成品酱菜

成品酱菜应具有与酱同样鲜美的风味、色泽与芳香，保持原有蔬菜的形态和质地嫩脆的特点，呈半透明状。

7.酱菜质量标准(NY/T 437—2000)

(1)感官标准　色泽：黄色或棕黄色；滋味和气味：具有酱香味，咸甜适口，有鲜味，口脆，无异味，无霉变；杂质：无肉眼可见外来杂质。

(2)微生物指标　大肠杆菌，MPN/100 g≤30，致病菌不得检出。

(三)质量控制点及预防措施

1.酱渍及影响

酱渍是酱菜的重要工艺，酱菜的质量决定于酱料好坏，酱料的色、香、味通过扩散与渗透作用进入菜坯，使酱菜具有酱料的特有的色、香、味。酱渍的方法有3种：一是直接将处理好的菜坯浸没在豆酱或甜面酱的酱缸内；二是在缸内先放一层菜坯，再放一层酱，层层相间地进行酱渍；三是将原料如草食蚕，嫩姜等先装入布袋内然后用酱覆盖。酱的用量一般与菜坯的重量相等,最少也不得低于 3∶7,为了缩短酱渍时间,可配合真空酱渍。

为了获得品质优良的酱菜,最好连续 3 次酱渍。即第 1 次在第 1 个酱缸内进行酱渍 1 周后取出转入第 2 个酱缸内,再用新鲜的酱再酱渍 1 周,随后又转入第 3 个酱缸内继续酱渍 1 周即成熟。已成熟的酱菜在第 3 个酱缸内继续存放可以较长期保存。

为充分利用酱料,第 1 个酱缸内的酱重复使用两三次后即不适宜再用,第 2 个酱缸内的酱使用两三次后可改作为下一批的第 1 次酱渍用,第 3 个酱缸内的酱使用两三次后改作为下一批的第 2 次酱渍用,下一批的第 3 个酱缸则另配新酱。如此循环更新即可保证酱菜的品质始终维持在同一水平上。

为增加酱料的风味与花色,可以在酱料中加入各种调味料酱制成花色品种,如加入花椒、香料、料酒等制成五香酱菜,加入辣椒酱制成辣酱菜,将多种菜坯按比例混合酱渍,或酱渍好的多种酱菜按比例搭配包装制成八宝酱菜、什锦酱菜。

2. 酱菜的杀菌

为便于贮存、运输和销售,目前已普遍采用罐藏工艺(瓶装和袋装)生产酱菜,可缩短酱渍时间,在贮存过程进行酱渍,1 个月左右即可渗透平衡。

酱菜水分活性较低,引起腐败的微生物主要是好气性霉菌和酵母,生产上可采用提高真空度抑制其生长。瓶装酱菜的技术关键是保持酱菜的脆度,由于加热排气和杀菌对此都有一定的影响,因此在同一工艺流程中完成排气和杀菌工序,结合抽真空包装降低排气和杀菌温度,在达到杀菌目的条件下,尽可能降低热负荷对酱菜脆度的影响。

软包装酱菜一般采用酱渍好的成熟酱菜、预热装袋或抽真空封口(0.09～0.095 MPa)排气,再杀菌冷却。

四、糖醋菜类

糖醋菜是蔬菜经预处理后,浸渍在糖醋液内而制成的,制品甜酸可口、爽脆,作餐前小菜或闲时零食,助消化增食欲。醋除用作调料外,还有助于身体健康,醋在人体被吸收后,有预防动脉硬化、脑出血、心肌梗塞症的效果。

(一)工艺流程

糖醋菜加工工艺流程如图 8-17 所示。

糖醋卤配制
↓
原料选择→原料处理→盐腌→捞出晾晒→糖醋卤浸渍→成品

图 8-17　糖醋菜加工工艺流程图

(二)工艺要点

1. 原料选择

适用糖醋加工的原料有黄瓜、萝卜、子姜、鲜嫩蒜、未成熟的番木瓜、芒果等。

2. 原料处理

原料要清洗干净，按需要去皮、去根或去核等，再按食用习惯切分。

3. 盐腌

整理好的原料用8%左右食盐腌制至原料呈半透明为止，可以排除原料中不良风味(如苦涩味)，增强原料组织细胞膜的渗透性，使其呈半透明状，以利糖醋液渗透。如果以半成品保存原料时，则需补加食盐至15%～20%或以上。

4. 糖醋卤配制

一般选用白砂糖，糖醋液含糖30%～40%，含醋酸2%左右，砂糖加热溶解过滤后煮沸，待温度降低至80℃时，加入醋酸。也可适量加入其他香辛料。

5. 糖醋卤浸渍

用腌好的原料做糖醋菜，原料要在清水中脱盐至稍有咸味捞起，并沥去水分，随即转入已配制好的糖醋液内，糖醋液用量一般与原料等量，1周左右即可成熟。

6. 杀菌包装

如要较长期保存，需进行罐藏。包装容器可用玻璃瓶、塑料瓶或复合薄膜袋，进行热装罐包装或抽真空包装，如密封温度≥75℃，不经再行杀菌也可长期保存。也可包装后，进行杀菌处理，在70～80℃热水中杀菌10 min。热装罐密封后或杀菌后都要迅速冷却，否则制品容易软化。

7. 质量标准

糖醋菜的质量要求符合(NY/T 437—2000)标准要求。一般为色泽正常，具有本品种固有的香气、无异味，甜、脆；含盐量≤4%；无农药残留及致病菌检出。

(三)质量控制点及预防措施

糖醋菜的质量控制点：一是原料菜坯的腌制，二是糖醋液浸渍，三是杀菌的影响。

1. 菜坯的质量控制

糖醋菜的加工原料一般要经过盐渍，影响原料菜坯的质量因素见咸菜部分。

2.糖醋液浸渍

糖醋液与制品品质密切相关。一般含糖30%～40%,选用白砂糖,可用甜味剂如甘草、蛋白糖等代替部分白砂糖;含酸2%左右,用醋酸或与柠檬酸混合使用。为增进风味,可适当加入0.5%酒,1%的辣椒,0.05%～0.1%的香精或香料(如丁香、桂皮等)作调味品。香料或甘草要先用水熬煮过滤后备用,砂糖加热溶解过滤后煮沸了依次加入其他配料,待温度降低至80℃时,加入醋酸、白酒和香精,可加入0.1%的氯化钙保脆。

3.杀菌

糖醋菜含较高酸分,对保存起一定作用,但保存期不长,要延长其保质期,必须按罐头食品保存。

第八节 果蔬脆片加工

果蔬脆片是利用真空低温油炸技术加工而成的一种脱水食品,在加工过程中,先把果蔬切成一定厚度的薄片,然后在真空低温的条件下将其油炸脱水而成,产生一种酥脆性的片状食品,故而命名为果蔬脆片。

果蔬脆片是当今风行于世的高品位食品,以其自然的色泽,松脆的口感,天然的成分,宜人的口味,融合纯天然、高营养、低热量、低脂肪的优点,以健康食品或绿色食品的形象,引起人们消费的热情,尤其在欧美日等健康食品概念和市场成熟的国家,果蔬脆片十分受宠。

一、工艺流程

果蔬脆片加工工艺流程如图8-18所示。

原料→选择→预处理→热烫→浸渍→沥干→冷冻→低温真空油炸→

脱油→调味→包装→成品

图8-18 果蔬脆片加工工艺流程图

二、工艺要点

(一)原料选择

果蔬脆片要求原料须有较完整的细胞结构,组织较致密,新鲜,无虫蛀、病害、无霉烂及机械伤。适合加工果蔬脆片的原料十分广泛:水果主要有苹果、柿、枣、哈密瓜、山楂、香蕉、菠萝、芒果、番木瓜、杨桃等;蔬菜主要有胡萝卜、马铃薯、甘薯、山药、芋头、洋葱、南瓜、莲藕、马蹄、黄豆、蚕豆、豌豆等。

(二)预处理

1. 挑选

先将原料进行初选，剔除有病、虫、机械伤及霉烂变质的果蔬，按成熟度及等级分开，便于加工和保证产品的质量。

2. 洗涤

洗去果蔬表面上的尘土、泥沙及部分微生物、残留农药等。对严重污染农药的原材料应先用0.5%～1.0%的盐酸泡5 min后，再用冷水冲洗干净。

3. 整理、切片

有的果蔬应先去皮、去核后再行切片，而有的可以直接切片，一般片厚为2～4 mm 。

(三)热烫

主要作用是防止酶褐变。一般温度为100℃、时间15 min。

(四)浸渍

沥干浸渍在果蔬脆片生产中又称前调味，通常用30%～40%的葡萄糖溶液浸渍已热烫的物料。浸渍后沥干时，一般采用振荡沥干或抽真空预冷来除去一些富余的水分。

(五)预冻结

油炸前进行冷冻处理有利于油炸，相同的原料在相同的加工条件下，冷冻处理的脆片较易膨大酥松、变形小及脆片表面无起泡现象等，可增加产品的酥脆性。而原料经冷冻后，对油炸的温度、时间有较高的要求，要注意与油炸条件配合好。一般原料冻结速率越高，油炸脱水效果越好，脆片的感官质量也越理想。

(六)真空低温油炸

在放入原料前，油锅(油脂)须先行预热，至100～120℃之间迅速装入已冻结好的物料，关闭仓门，随即启动真空系统，动作要快，以防物料在油炸前融化，当真空度达到要求时，启动油炸开始开关，在液压推杆作用下，物料被慢速浸入油脂中油炸。

到达底点时，被相同的速度缓慢提起，升至最高点又缓慢下降，如此反复，直至油炸完毕，整个过程已冻结的物料耗时约15 min，未冻结的物料耗时约20 min。不同的原料采用的真空度、油温和时间是不一样的。

(七)脱油

油炸后的物料表面仍沾有不少油脂，需要进行脱油。

(八)后处理

后处理包括后调味、冷却、半成品分检、包装等工序。对果蔬脆片后处理的场地环境要求与冻干食品后处理要求相同。

1.后调味

在油炸果蔬脆片脱油后,及时趁热喷以不同风味的调味料,可简化处理工艺,也可避免在油炸前所调的料在油炸时被冲淡,使产品具有更宜人的不同风味,以适合众多消费者的口味。

2.冷却

通常采用冷风机,迅速使产品冷却下来,以便进行半成品分检,按客户要求的规格分检,重点是剔除夹杂物、焦黑或外观不合格的产品。

3.包装

分销售小包装及运输大包装,小包装一般直接与消费者见面,大都选用彩印铝箔复合袋,每袋约20～50 g,采用抽真空充氮包装(注意防止假封),并添加小包防潮剂及吸氧剂;运输大包装通常用双层PE袋作内包装,瓦楞牛皮纸板箱作外包装。

三、质量控制点及预防措施

果蔬脆片生产技术结合了真空干燥技术、真空冷冻干燥技术而成为一门综合技术,生产的时间很短,在生产中的应用也十分复杂,目前也处于进一步完善并发展的阶段。果蔬脆片生产的关键还是主机的选择,真空油炸主机是否有真空脱油的功能,这对产品含油量、口感和保质期有决定性的影响,国内外机械企业均在加大技术开发力度。

根据果蔬脆片生产的工艺流程,从物理的、化学的、生物的方面对其中所有可能产生危害的步骤进行分析,控制这些危害的预防措施有:

(一)原料选择

对原料进行严格的质量控制必须符合食品国家标准及相关的行业标准。应加强对原料产地、农药使用情况及周围生态环境的了解和督察,加强对原料的检查、验收、保管工作避免使用霉变、农药残留及有毒重金属超标的原料。

(二)护色硬化

护色硬化主要是防止原料产生褐变进而影响产品的色泽,由专业技术人员根据工艺要求配制护色硬化液,将切片后的原料迅速投入护色液中浸泡。操作人员随时监控并做好记录。

(三)烫漂

烫漂是为了钝化组织中酶的活性同时杀死部分微生物，排除组织中部分气体和水分。在烫漂时应根据不同的原料采取不同的烫漂工艺，一般为温度100℃、时间15 min。将烫漂后的物料立即进行分段冷却，避免物料长时间受热而引起某些物质变化，影响产品质量。

(四)浸糖

浸糖处理是为了提高产品的固形物含量，让葡萄糖渗入物料内部，达到改善产品的外观和滋味的目的，同时可以控制最终产品的颜色(金黄色)。也可真空浸渍，可缩短浸渍时间，提高工效，减少葡萄糖的浪费。但糖液浓度太高或者浸糖时间太长都会影响产品口感。根据不同物料和加工季节，糖液浓度配比也不相同，一般糖液浓度应保持在30%～42%，浸糖时间0.5～10 h。操作过程中注意观察和检测糖液，要定时更换糖液以保证产品质量。

(五)冷冻

冷冻可以改善产品的品质，提高产品的酥脆度。物料冷冻方式的选择，对产品松脆度有很大影响。冷冻必须以物料中心形成冰晶体为度。

(六)真空油炸、脱油

真空油炸是整个工艺流程的关键，尤其是起始油炸真空度、油炸温度、油炸时间、脱油时间直接影响产品的感官品质和营养品质。起始油炸真空度越高，产品的酥脆度越好；油炸温度太高会使产品色泽发暗、不鲜艳；油炸温度太低会使油炸时间延长。较理想的工艺为起始油炸真空度0.09～0.094 MPa，油炸温度85～88℃，油炸时间随果蔬性能的不同而不同，有的几十秒，有的则需几十分钟。同时，要定期对油进行清洗、检测，对于不符合标准的应及时更换。

脱油：一般选用离心甩油方法脱油，离心脱油又有常压脱油和真空脱油两种方法。常压脱油是油炸破除真空后，将物料取出，在常压下将物料置于三足式离心机内脱油，由于破除真空时，空气将进入物料内部，会将部分油脂带进物料内部，增加脱油的难度，脱油时间4～5 min，脱油后产品含油率将高达15%～20%。真空脱油是在油炸腔中未破除真空前，直接在真空状态下离心脱油，在120～130 r/min大约1 min条件下可完成理想脱油过程，产品的含油率能降至12%以下，不过此时对设备要求更高。

不管何种脱油方法，因脱油时物料太脆，稍有不慎、将造成太多的碎片，应增加防止脱油时产生碎片的装置。

(七)包装

包装车间要定期消毒。工作人员严格执行岗位卫生制度，操作人员的工作服、口罩、帽子必须清洁消毒。进入车间前必须消毒双手。包装最好采用抽空充 N_2 包装，并确保封口严密。

第九节 鲜切果蔬加工

鲜切果蔬，又称最少加工果蔬、切割果蔬、最少加工冷藏果蔬等。即新鲜果蔬原料经过清洗、去皮、修整、包装而成的即食或即用果蔬制品，通常所用的保鲜方法包括微量的热处理、控制 pH 值、应用抗氧化剂、氯化水浸渍或上述各种方法相结合。

一、工艺流程

鲜切果蔬加工工艺流程如图 8-19 所示。

采收→初选→预处理→清洗→冷却→脱水→包装预冷→成品→冷藏、运销

图 8-19 鲜切果蔬加工工艺流程图

二、工艺要点

鲜切果蔬加工工艺主要有挑选、去皮、切割、清洗、冷却、脱水等工序。加工过程中仍然以手工为主，辅以机械、设备，同时必须尽可能减少对果蔬组织的伤害。

(一)采收

用于鲜切果蔬的原料一般采用手工采收，采后立即送至加工点进行加工。

(二)初选

包括大小、成熟度分级、去除缺陷、预冷等。豌豆和其他豆类在田间去荚，萝卜、胡萝卜切叶等。采用喷淋非碱性表面湿润剂再喷水的办法，可以杀死果实中的昆虫，还可以去除农药。

(三)预处理

鲜切果蔬可以分成即食型，主要用于色拉及汉堡包；即用型，用在加工冷冻水饺及其他食品的配料；即煮型，用在烹饪中。它们的处理方式有一定的差异，大致有挑选、分级、盐水浸渍、脱水、沥水、去核等。

1. 挑选

通过手工作业，剔除腐烂次级果蔬，摘除外叶、黄叶，然后用清水洗涤，送往输送机。

2. 去皮

方法有手工去皮、机械去皮，也有加热或化学处理去皮。

3. 切分

由于鲜切果蔬为标准的洁净产品，切分是重要的工作，据产品的不同可切成丁、块、片、条、丝、半片等各种形式。切分要求刀具特别的锋利。按客户要求，如切片、切粒、切条等，一般用机械切分，有时也用手工切分。

4. 去杂、清洗和消毒

去杂指在加工中去除外来物质，如枝条、果柄、灰尘、沙粒、泥土、昆虫、残留杀虫剂和化肥等。清洗效果可通过浸渍或充气来加强。清洗机械应单独设计，有浸泡式、搅动式、喷洗式、摩擦式、浮流式及各种方式的组合式等。

清洗水中可添加各种杀菌剂，主要有：

(1)有效氯　氯气、次氯酸钠或次氯酸钙 200 g/L 以上的有效氯可以防止侵染。水中用量为 5～10 L/kg 产品，水温为 4℃以冷却产品，残留氯浓度为 100 mg/L。

(2)稳定性二氧化氯　具有有机物不影响杀菌效果的特点。

(3)电解酸性水　pH 值可达 2.7，具有很好的杀菌效果。

(4)臭氧　有极强的氧化杀菌特性，不产生三卤甲烷类残留。

清洗之后，一般用低速离心机脱水。脱水后用抗氧化剂来加强保护，欧共体国家允许使用 300 mg/L 以下抗坏血酸及盐、柠檬酸及盐，亚硫酸盐被允许用在马铃薯中，残留允许量为 50 mg/L。

5. 混合和配菜包装

对于即食型的色拉类果蔬需有此工艺。色拉类需将果蔬与蛋黄酱及其他配料混合均匀，这需借用一定的设备。最好在无菌条件下包装，典型的设备如图 8-20 所示。

6. 流通和使用

鲜切果蔬的流通过程是一个品质和数量下降的过程，因此建立完美的配送体系是成败的关键，应注意以下几点：

①尽量减少中转次数。

②贮藏和运输中提供连续的温度、湿度控制，MA 或 CA 条件。

③立即将产品从卡车送入冷库中。

④掌握优质进来优质出去的原则，存货应在 1 周以内。

⑤单箱堆积高度不超过 5 箱。

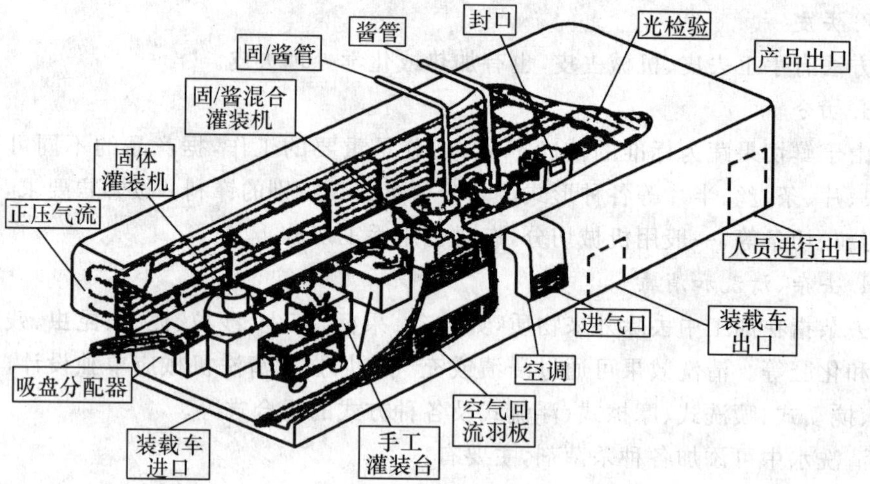

图 8-20　即食型鲜切果蔬的无菌包装间示意图

三、质量控制点及预防措施

传统的果蔬加工制品经过一定的处理，比新鲜原料更为稳定，货架期更长；而鲜切果蔬与原料相比，货架期不仅没有延长，反而有一定的缩短。一是鲜切果蔬的组织细胞仍是活的，会发生许多生物化学反应，导致品质降低，寿命缩短；二是微生物的活动导致其败坏，尤其是致病微生物的生长将导致食品安全问题。为保证其品质，除少量酸性的热带产品或亚热带产品外，它们必须在冷藏条件下流通。因此，对加工现场卫生管理，品质管理相当严格。最好实施 GMP(良好制造规范)或 HACCP(危害分析关键控制点)管理。

(一)质量控制点

在切分果蔬的加工和贮藏过程中存在两个问题：一是在去皮和切分加工过程中会发生的酶促褐变而产生令人不愉快的褐色；二是果蔬组织的损伤导致果蔬呼吸加强，加速了果蔬的成熟和衰老，腐烂加快。影响鲜切果蔬褐变及呼吸强度的因素有切分大小和刀刃的状况、洗净和控水、包装形式以及保存温度和时间等。

1. 切分大小和刀刃状况

切分大小是影响切分果蔬品质的重要因素之一，切分越小，切分面积越大，保存性越差。如需要贮藏时，一定以完整的果蔬贮藏，到销售时再加工处理，加工后要及时配送，尽可能缩短切分后的贮藏时间。

刀刃状况：锋利刀切割的保存时间长，钝刀切割的切面受伤多，容易引起变色、腐败。

2. 洗净和控水

病原菌数多的比少的保存时间明显缩短。洗净能延长切分果蔬保存时间。洗净不仅可以减少病原菌数，还可洗去附着在切分果蔬表面细胞液的效果，减轻变色。

切分果蔬洗净后，如在湿润状态放置，比不洗的更容易变坏或老化。通常使用离心机进行脱水，但过分脱水容易干燥枯萎，反而使品质下降，故离心脱水时间要适宜。

3. 包装

切分果蔬暴露于空气中，会发生萎蔫、切断面褐变，通过适合的包装可防止或减轻这些不利变化。然而，包装材料的厚薄或透气率大小和真空度选择依切分果蔬种类而不同。透气率大或真空度低时易发生褐变，透气率小或真空度高时易发生无氧呼吸产生异味。因此，要选择厚薄适宜的包装材料来控制合适的透气率或合适的真空度，以保持其最低限度的有氧呼吸和造成低 O_2 高 CO_2 的环境(MA)，延长切分果蔬货架期。

(二)预防措施

果蔬酶促褐变最主要的因素是多酚氧化酶的活性和酚类物质的浓度，同时组织环境的 pH 值、温度和氧气也对酶促褐变有决定作用。多酚氧化酶的最适 pH 值在4～7 之间，用酸调整环境的 pH≤4，便可控制酶促褐变，但有时酸度太低会影响口味。多酚氧化酶对热相对比较稳定，在 80℃时其活性完全被破坏，如果用加热的方法来钝化多酚氧化酶的活性，通常要在 50℃以上，但可能会使果蔬组织软化及发生变色或风味改变。

1. 热处理

即食型鲜切果蔬和部分调料，应采用热处理的方法杀菌。这一类产品与冷冻调理食品类似，主要的对象菌为李斯特菌、大肠杆菌、沙门氏杆菌和肉毒杆菌等。

2. 化学保藏剂

安全的化学保藏剂有丙酸和丙酸盐、山梨酸及盐、苯甲酸及盐、对羟基苯甲酸、SO_2 及亚硫酸盐、环氧乙烷和环氧丙烷、二乙酸钠、脱氢醋酸、硝酸钠、甲酸乙酯等。C_{12}～C_{18}的中等长链脂肪酸脂，如 BHA，BHT，TBHQ 等除了抗氧化外也有抗菌功能。乳酸菌素、游霉素、四环素、枯草菌素具有良好的抗菌能力。柠檬酸、醋酸和其他的有机酸、抗坏血酸及盐和异抗坏血酸钠、EDTA 等也可用来加强保藏效果。

有些化学物质可以防止表面的褐变，亚硫酸盐是传统的防褐变剂，柠檬酸、抗坏血酸、异构抗坏血酸钠等可以有效地抑制梨、苹果的褐变。

钙对于鲜切果蔬的防褐变和保持质地具有特殊的意义，它可以与果胶酸类物质形成果胶酸钙，增加组织的硬度，阻止液泡中的基质外渗与细胞质中酶类接触，降低呼吸，延迟分解代谢，保持细胞壁和细胞膜的完整性。

3. 气调贮藏

气调贮藏是鲜切果蔬的最基本保存方法。

4. 冷藏

除了热带和部分亚热带果蔬，绝大部分应在2～4℃条件下保存和流通。冷藏与气调贮藏结合，可以更有效地延长产品的货架寿命。

5. 辐照保鲜

根据其波长，可有如下几种应用于鲜切果蔬中。

(1)近红外线加热　高于800 nm的近红外线，其穿透力很低，但可以快速加热鲜切果蔬的表面，达到消毒的目的，生产中应用的难度在于较难精密控制。

(2)紫外线　用于表面消毒和包装间的消毒，最有效的波长在260 nm。

(3)电离辐射　水果蔬菜本身对辐射的敏感性有很大的差异，最敏感的有油梨、黄瓜、葡萄、青刀豆、柠檬、油橄榄、辣椒、人参果、有刺番荔枝、夏天成熟的南瓜、叶菜类、抱子甘蓝、花椰菜；中等敏感的有杏、香蕉、南美番荔枝、无花果、葡萄柚、金柑、枇杷、荔枝、橙、柿子、梨、菠萝、李、柚、红橘；最耐辐射的是苹果、樱桃、番石榴、芒果、甜瓜、油桃、西番莲、桃、树莓、草莓、番茄。

6. 抗氧化

氧气的多少直接影响微生物和酶的活性，因此真空处理和加入抗氧化剂可以降低因氧化而引起的品质败坏。

第十节　果蔬加工新技术

一、超临界流体萃取

超临界流体萃取是利用在临界温度和临界压力以上所具有的特殊性能的溶剂作为超临界流体萃取(提取)混合物中可溶性组分的一门新的分离技术。

(一)超临界流体萃取技术的基本原理

1. 超临界流体的基本性质

在分子物理学上，物质存在着气体和液体不能共存的固有状态，此态称为临界态。在临界态，气体能被液化的最高温度称为临界温度(T_c)，在临界温度下被液化的最低压力称为临界压力(P_c)，临界温度和临界压力统称为临界点。在临界点附近，压力和温度的微小变化都会引起气体密度的很大变化。随着向超临界气体加压，气体密度增大到液态性质，这种状态的流体称为超临界流体(SCF)，其性质介于气体和液体之间。超临界流体的密度为气体的数百倍，并且接近液体，而其流动性和黏度仍接近于气体，扩散系数大约为气体的1%，而较液体大数百倍。因此，物质移动或分配时，均比其在液体溶剂中进行要快。将温度或压力适当变化时，可使其溶解度在100～1000倍的范围内变化。一般SCF中物质的溶解度在恒温下随压力P($P>P_c$时)升高而增大，而在恒压下，其溶解度随温度T($T>T_c$时)增高而下降。这一特性有利于从物质中萃取某些易溶解的成分，而SCF的高流动性和扩散能力，则有助于所溶解的各成分之间的分离，并能加速溶解平衡，提高萃取效率。

适用于超临界萃取的溶剂有二氧化碳、乙烷、丙烷、氢、甲苯等，目前广泛应用的是二氧化碳。

2. 二氧化碳的超临界特性

超临界萃取应用二氧化碳作溶剂，具有以下优点：

(1)临界温度接近常温，对于热敏性天然物品和食品的香味无变质分解之忧，且易于操作。

(2)临界压力低，易于达到。

(3)化学稳定性好、无燃烧、爆炸的危险。

(4)无毒、无色、无味、不会污染制品。

(5)具有防止氧化，抑制细菌活性作用。

(6)易得的价廉而高纯度的气体。

图8-21为二氧化碳气体相平衡图。临界点位于临界温度$T_c=31.06$℃和临界压力$P_c=7.38$ MPa处。在超临界状态，二氧化碳的溶解能力完全依赖于温度和压力，并有接近液体的密度，接近气体的黏度和扩散速度等特性，此时二氧化碳具有很大的溶解能力，很高的传质速率和快速达到萃取平衡的能力。

(二)超临界流体萃取技术的特点

同普通的液体提取和溶剂提取法相比，在提取速度和分离范围方面，超临界流体萃取更为理想。超临界流体萃取技术主要具有以下特点：

操作控制参数主要是压力和温度，且容易控制，萃取后的溶质和溶剂分离彻底；选用适宜的溶剂如二氧化碳，可以在较低温度和无氧环境下操作，可用于一些热敏性物质的萃取、精制，摒弃以往有毒溶剂的使用；超临界流体具有良好的渗透性能和溶解性能，能从固体或黏稠的原料中快速萃取有效成分；选定适宜的萃取溶剂及工作条件，可选择性地分离出高纯度的溶质，从而提高产品品质；由于溶剂能

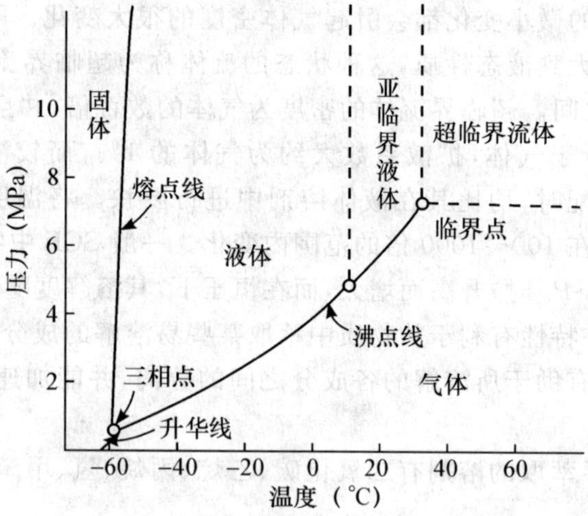

图 8-21 CO_2 气体的相平衡图

(引自胡小松,等.现代果蔬汁加工工艺学.1995)

从产品中清除,无溶剂污染问题,产率高,而且溶剂经加压后可重复循环使用;能耗低。

但超临界萃取过程要求在高压下进行,对设备要求高,故设备投资费用高。

(三)超临界流体萃取技术的应用

目前,日本和欧美一些发达国家已将超临界流体萃取技术应用于啤酒花的风味成分回收和咖啡中脱咖啡因等工业化生产中。在香精、色素等天然食品添加剂生产上的应用正从试验研究阶段开始向工业化生产过渡,有的国家已开始实现商业性生产。在果蔬加工中的应用有柑橘汁脱苦和钝化果胶酶活性以保持果汁混浊度,以及精油的提取和有效成分的分离。

二、超微粉碎技术

一般的粉碎技术只能使物料粒径达到 45 μm 左右,超微粉碎可将物料粉碎到 10 μm 以下,微粉体具有巨大的比表面、空隙率和表面能,从而使物料具有高溶解性、高吸附性、高流动性等多方面的活性和物理化学方面的新特性,给人类的生活带来深远影响。

(一)超微粉碎原理及分类

物料粉碎是用物理的方法克服物料内部的结合力使其达到一定粒度的过程。根据原料和成品颗粒的大小或粒度,粉碎可分为粗粉碎、细粉碎、微粉碎(超细粉碎)和超微粉碎 4 种类型见表 8-4。

表 8-4　粉碎的类型

粉碎类型	原料粒度(mm)	成品粒度
粗粉碎	10～100	5～10 mm
细粉碎	5～50	0.1～5 mm
微粉碎	5～10	<100 μm
超微粉碎	0.5～5	<10～25 μm

目前超微粉碎技术有化学合成法和机械粉碎法两种:化学合成法产量低,加工成本高,应用范围窄;机械粉碎法成本低、产量大,是制备超微粉体的主要手段,现已大规模应用于工业生产。机械法超微粉碎可分为干法粉碎和湿法粉碎,根据粉碎过程中产生粉碎力的原理不同,干法粉碎有气流式、高频振动式、旋转球(棒)磨式、锤击式和自磨式等几种形式;湿法粉碎主要有胶体磨和均质机等形式(表 8-5)。

表 8-5　超微粉碎分类

类型		原　理
干法	气流式	利用气体通过压力喷嘴的喷射产生剧烈的冲击、碰撞和摩擦等作用力实现对物料的粉碎
	高频振动式	采用惯性激振器产生高频振动,研磨筒产生共振使物料做高速回转运动并在运动中受到较高的冲击、剪切、挤压、研磨作用,现实对物料的粉碎
	旋转球(棒)磨式	利用球形或棒形磨在水平回转时产生冲击和摩擦等作用力实现对物料的粉碎
湿法	胶体磨	通过转子的极速旋转,产生急剧的速度梯度,物料受到强烈的剪切、摩擦和湍动来粉碎物料
	均质机	由于急剧的速度梯度产生强烈的剪力,使液滴或颗粒发生变性和破裂以达到微粒化的目的

(二)食品工业中应用超微粉碎技术的优点

(1)改善原料的加工性能　经过超微粉碎后的原料,具有极大的比表面,在生物、化学等反应过程中,接触的面积大大增加了,因而可以提高发酵、酶解过程的化学反应速度,在生产中节约时间,提高效率。

(2)营养成分易保留、易吸收　经过超微粉碎后的食品,更容易被人体所吸收。此外,超微粉碎中冷浆粉碎方法的应用,避免高温过热引起营养的损失。

(3)赋予产品细腻的口感　由于采用超低速气流粉碎,增加了微粉的比表面、吸附性、溶解性等。同时,直接影响产品的口感,如巧克力配料的平均粒径在

25 μm 左右，且其中大部分质粒的粒径在 15～20 μm 之间，产品就有细腻润滑的口感特性，当平均粒径超过 40 μm 时，产品就明显感到粗糙感，感官质量也明显变差。

(三)超微粉碎在食品领域中的应用

目前应用于食品的超微粉主要有 7 大类，见表 8-6。

表 8-6　7 大类食品超微粉

种　类	超微粉碎产品
水果蔬菜类	橘子粉、苹果粉、梨粉、胡萝卜粉、南瓜粉、芹菜粉、菠菜粉等
肉类	牛肉粉、鸡肉粉、猪肉粉、虾粉等
香辛调味料类	姜粉、蒜粉、胡椒粉、辣椒粉、香菇粉等
粮食淀粉类	糯米粉、玉米淀粉、黄豆粉、绿豆粉、红豆粉、麦麸粉、花生粉等
营养强化类	骨粉、海带粉、胡萝卜粉、花粉等
叶类	茶叶粉、桑叶粉、银杏叶粉、绞股蓝粉等
药食兼用类	甘草粉、菊花粉、陈皮粉、麦冬粉、杏仁粉、首乌粉、当归粉等

果蔬制成粉末状态可以大大提高果蔬内营养成分的利用程度，增加利用率，可以用在糕点、罐头、饮料及各种食品的添加剂，也可直接作为饮料等产品饮用。在保健食品行业中，超细粉碎技术使用特别广泛。如灵芝、鹿茸、三七、珍珠粉、螺旋藻、蔬菜、水果、蚕蛹、人参、蛇、贝壳、蚂蚁、甲鱼、鱼类、鲜骨及脏器的细化，为人类提供了大量新型纯天然高吸收率的保健食品。灵芝、花粉等材料需破壁之后才可有效地利用，是理想的制作超微粉的原料。素有饮料之王美誉的茶叶，传统的开水冲泡方法不能将茶叶的营养成分全部溶出。将茶叶超微化，制成茶粉后，冷、温水冲饮及作为添加剂添加到食品、菜肴中，更是方便、营养，吸收更充分。动物鲜骨经超微粉碎后，是一种天然的补钙产品，且吸收率明显提高。

三、酶工程技术

(一)酶与酶制剂

酶是活细胞产生一类具有生物催化活性的蛋白质，是一类生物催化剂。酶具有高效性、专一性、多样性和温和性的特点。酶普遍存在于生物界，人们可以采取适当的理化方法将酶从生物组织或细胞以及发酵液中提取出来，加工成具有一定纯度和酶的特性的生化制品，这就是酶制剂。专用于食品加工的酶制剂被称为食品酶制剂。

目前，已被发现的酶有近 4 000 种，有 200 多种酶已制成结晶载入酶学史册，但真正获得工业应用的仅 50 多种，已形成工业规模生产的只有 10 多种。近年来，世界酶制剂的销售量每年在以 20%的速度递增，我国酶制剂已有 20 多种投产，广泛应用于食品工业中，由于起步较晚，与国际水平尚有较大差距，许多酶制剂仍需进口。

(二)果蔬加工用酶

目前，我国批准使用于食品工业的酶制剂有淀粉酶、糖化酶、固定化葡萄糖异构酶、木瓜蛋白酶、果胶酶、β-葡聚糖酶、葡萄氧化酶、乙酰乳酸脱羧酶等，主要被应用于果蔬加工、酿造、焙烤、肉禽加工等方面。应用于果蔬加工中的酶类主要有：

1. 果胶酶

果蔬加工中应用的最主要的酶是果胶酶。商品果胶酶制剂都是复合酶，它除了含有数量不同的各种果胶分解酶外，还有少量的纤维素酶、半纤维素酶、淀粉酶、蛋白酶和阿拉伯聚糖酶等。

果胶酶制剂分固体和液体两种，主要用各种曲霉属霉菌制成。霉菌用固体或液体培养基培养。酶制剂的种类和性能主要取决于霉菌的种类、培养方法和培养基成分。果胶酶可分为两类，一类能催化果胶解聚，另一类能催化果胶分子中的酯水解。

2. 非果胶酶

随果胶酶外，还有其他非果胶酶酶制剂已经或正在成功地引入果蔬食品加工中。主要应用于果蔬加工中的非果胶酶酶制剂见表 8-7。

表 8-7　非果胶酶制剂在果蔬汁加工中的应用

酶制剂	应　用
淀粉酶	除去或防止苹果、梨等澄清汁或浓缩汁中的淀粉混浊
阿拉伯聚糖酶	防止苹果、梨等浓缩汁长期贮存后阿拉伯聚糖引起的后混浊
蛋白酶	防止啤酒及葡萄汁的冷藏混浊
葡萄糖氧化酶	防止葡萄酒、啤酒、果汁及软饮料中过多的氧气
柚皮苷酶	葡萄柚及苦脱制品的脱苦
多酚氧化酶	与超滤结合，改善超滤操作，加工澄清稳定的果汁，不需要使用澄清剂
芳香物酶	例如，鼠李糖苷酶、阿拉伯呋喃糖苷酶、芹菜糖苷酶，用于改善果汁的香气结构，增进潜在的活性香味

3. 粥化酶

粥化酶又称软化酶，是一种由黑曲霉经过发酵而获得的复合酶，主要有果胶酶、半纤维素酶（包括木聚糖酶、阿拉伯聚糖酶、甘露聚糖酶）、纤维素酶及蛋白酶、淀粉酶等。它主要用于果蔬加工，作用于溃碎果实可以破碎植物细胞，使果蔬原料产生粥样软化，从而促进过滤，提高出汁率、澄清度以及降低果汁黏度，提高果蔬饮料的产量。

目前研究应用于果蔬加工的粥化酶的酶系有两种，即粥化酶Ⅰ和粥化酶Ⅱ，其功能不同、作用各有侧重。

（三）酶技术在果蔬加工中的应用

1.果汁处理

（1）果汁澄清　如果在新鲜果蔬汁（或经杀菌后的果蔬汁）中加入果胶酶、纤维素酶、淀粉酶、木瓜蛋白酶、粥化酶（可视混浊成分选择一种或几种），可将上述聚合物和固体颗粒大部分降解为半乳糖醛酸、葡萄糖、氨基酸和其他产物，使果蔬汁澄清，同时可明显提高澄清汁的营养成分和稳定性。

（2）增香、除异味　通过添加β-葡萄糖苷酶可释放果蔬汁中的萜烯醇，增加香气。有实验证明，L-吡喃李糖苷酶或L-呋喃阿拉伯糖苷酶可释放水果中的沉香醇和香叶醇，使果汁增香。酶制剂在柑橘果汁中可除去由柚皮苷和柠檬苦素类似物而引起的苦味。加入柠檬苷素脱氢酶可把柠檬酸苦素氧化成柠檬苦素环内酯，从而达到脱苦降苦的目的。

2.提高果浆出汁率

果胶酶、粥化酶能提高果蔬出汁率，其次是纤维素酶。果浆榨汁前添加一定量果胶酶、纤维素酶可以有效地分解果肉组织中的果胶物质，使纤维素降解，使果汁黏度降低，易榨汁、过滤，从而提高出汁率，并提高可溶性固形物含量，减少加工过程中的营养成分损失，增加产品的稳定性，使过滤或超滤的速度大大加快，提高生产效益。

实验实训 8-1　糖水水果罐头制作

一、实训目的

（1）通过实训，掌握糖水水果罐头加工工艺和操作要点。

（2）初步掌握产品成本的估算方法。

二、材料和用具

（1）材料　橘子、梨、柑橘、桃、杏、菠萝、菱角等；高锰酸钾或漂白粉、盐酸、氢氧化钠、食盐、柠檬酸、焦亚硫酸、六偏磷酸钠、氯化钙、耐酸甲基纤维素钠、活性炭、乙二胺四乙酸钠等。

(2)用具　刀、缸、天平、杀菌锅、封罐机(真空封罐机)、pH 计、锅、加热装置、素铁罐、回转式杀菌器、包装机。

三、工艺案例

(一)糖水橘子罐头

(1)工艺流程　糖水橘子罐头工艺流程如图 8-22 所示。

原料选择→分选→烫橘剥皮→分瓣去络→去囊衣→漂洗→整理→分选→漂洗检查→装罐→排气密封→杀菌冷却→检验→擦罐贴标、入库

图 8-22　糖水橘子罐头工艺流程图

(2)工艺要点

①原料选择　皮薄,易剥皮,去络和分瓣容易,果肉紧密,瓤衣薄,少核或无核,糖酸比适宜,橘皮苷含量低,香味浓郁;耐热、成熟适宜。

②选果分级　将未熟、皮青的、腐烂发霉的、病虫害的及枯萎的果实剔出。符合要求的原料每隔 5～10 mm 分为一级,分级后的果实置于清水槽中洗净表面尘垢,再投入 0.1%的高锰酸钾溶液中或 0.6 g/kg 漂白粉溶液中浸泡 3～5 min。

③烫橘、剥皮、分瓣、去橘络　先用热水或蒸汽烫橘子,使果皮软化,易于剥离。一般用 95～100℃热水烫 30～90 s,热烫后趁热剥皮,一般用手工剥皮,剥皮后的橘子随即边冷却边将整果分瓣,同时撕去囊瓣上的橘络丝,注意一定要撕净,否则将引起橘子罐头汁液发生白色沉淀。

④去囊衣　去囊衣的方法目前有酶制剂处理法和化学药品处理法两种。

A. 酶制剂处理法　在酶作用的最适 pH 值和温度条件下,将橘瓣浸入其中,从而使外表皮软化。再以清水冲洗,冲脱外表皮而达到去囊衣的目的。

B. 化学药品处理法　最好用酸碱混合处理:将橘瓣先用酸溶液浸一定时间,再用碱液浸泡一定时间,然后再以流动水冲洗去除外表皮。一般盐酸浓度在 0.02%～0.08%,温度为 20～45℃,时间在 20～50 min 范围内;碱液($NaOH$)浓度在 0.02%～0.2%,温度为 30～50℃,时间在 3～15 min 范围内调节。

⑤整理、分选、人工修除　通常半去囊衣的橘瓣用月牙形剪刀将瓤囊的心、衣剪去,同时将核去除;全去囊衣的橘瓣要用钳子将心、衣、核等去除,橘瓣片形完整,果心口整齐,无核无橘络。

⑥装罐与注液　经漂洗复检分级后的橘瓣按罐型要求称量装罐,再加入一定

浓度的糖液。糖液的温度不易低于90℃。为改进成品风味,对某些品种的橘瓣还须进行糖酸比的调节。常采用在糖水中添加柠檬酸,添加的酸量以使成品的pH值达到3.7以下为度。

⑦排气与密封 若为全去囊衣,罐中心温度为65～70℃;压力控制在40～53.3 kPa。若为半去囊衣,罐中心温度为70～80℃;压力控制在50～53.3 kPa。

⑧杀菌与冷却 热杀菌的参考条件如表8-8所示。

表8-8 各种罐型的杀菌参数

罐型	净重量(g)	全去囊衣	半去囊衣
781	312	5′-(10′～13′)/100℃	5′-(10′～13′)/100℃
8113	567	5′-(14′～16′)/100℃	5′-(15′～18′)/100℃
9121	850	5′-(23′～30′)/100℃	

杀菌完毕必须立即冷却至38～40℃。

(3)质量标准

①感官标准 本产品果肉呈橙红色,同一罐中色泽基本一致,糖水较透明。具有糖水橘子罐头应有的滋味和气味,香味清醇,甜酸适口,无异味。果实去皮、籽。橘瓣片形完整,果心口整齐,无核无橘络。

②理化指标 糖水浓度:开罐时,按折光计,优级品和一级品为14%～18%,合格品为12%～18%。

③卫生指标 微生物指标:应符合罐头食品商业无菌要求。

(二)糖水梨罐头

(1)工艺流程

糖水梨罐头工艺流程如图8-23所示。

原料选择→分选→摘把去皮→切分去心→修整→洗涤→抽空→热烫→冷却→分选装罐(糖水的配制)→排气密封→杀菌冷却→检验→擦罐贴标、入库

图8-23 糖水梨罐头工艺流程图

(2)工艺要点

①原料选择 选择果形正、石细胞少、香味浓郁、单宁含量低的品种。罐藏品种主要有巴梨、莱阳梨、雪花梨、秋白梨等。

原料的成熟度要适当。采收的成熟度标准主要是皮色(如莱阳梨的皮色应绿中透黄)和籽巢(如巴梨的籽巢应呈乳白色),同时可品尝其风味及糖酸口感。

②去皮　梨的去皮以机械去皮为多。去皮后的梨切半，挖去籽巢和蒂把，使巢窝光滑并去尽籽巢。去皮后应浸入护色液(1%～2%盐水)中。巴梨不经抽空和热烫，直接装罐。

③抽空　梨一般采用湿抽法。莱阳梨等单宁含量低，加工过程中不易变色的梨可以用盐水抽空；加工中溶液变色的梨，如长把梨则以药液作抽空液为好，药液的配比为：盐 2%，柠檬酸 0.2%，焦亚硫酸钠 0.02%～0.06%。药液的温度以20～30℃为宜，若温度过高会加速酶的作用，使水果变色，也会使药液分解产生二氧化硫而腐蚀抽空设备。

④热烫　凡用盐水或药液抽空的果肉，抽空后必须经清水热烫。热烫时应沸水下锅，迅速升温。含酸量低的如莱阳梨可在热烫水中添加适量的柠檬酸(0.15%)。热烫后急速冷却。

⑤调酸　糖水梨罐头的酸度一般要求在 0.1%以上，如果低于这个标准会引起罐头的败坏和风味的不足。因此，生产梨罐头时要根据原料的酸含量及成品的酸度要求添加酸量。

一般当原料梨酸度在 0.3%～0.4%范围内时，不必再外加酸，但要调节糖酸比，以增进成品风味。

⑥装罐与注液　糖水梨罐头若选用金属罐，则应采用素铁罐，可以利用锡离子的还原作用使成品具有鲜明的色泽；若采用涂料罐，成品梨色暗、发红、味也差。

装罐时，按成品标准要求再次剔除变色、过于软烂、有斑点和病虫害等不合格的果块，并按大小、成熟度分开装罐。一般要求果块重量不低于净重的 55%。每罐加入糖水量一般控制在比规定净重稍高，防止果块露出液面而色泽变差。采用素铁罐时，为防止氧化圈的形成应尽量加满。

⑦排气密封　加热排气时，排气温度控制在 95℃以上，罐中心温度 75～80℃。真空密封排气时，真空度控制在 53～67.1 kPa。

⑧杀菌冷却　热杀菌冷却参考条件如表 8-9 所示。

表 8-9　各种罐型的杀菌冷却参数

罐型	净重量(g)	杀菌条件	冷却(38～40℃)
781	300	5′-15′/100℃	立即冷却
7110	425	5′-20′/100℃	立即冷却
8113	567	5′-22′/100℃	立即冷却
9116	822	5′-25′/100℃	立即冷却
玻璃瓶	510	升温至 25′/100℃	分段冷却

(3)质量标准

①感官标准　本产品果肉呈浅黄色,同一罐中色泽基本一致,糖水较透明。具有糖水梨罐头应有的滋味和气味,香味清醇,甜酸适口,无异味。果实去皮、籽,软硬适度,块形完整,切削良好,果块大小基本一致,无刺伤斑点。

②理化指标　开罐时,优级品和一级品糖度为14%～18%,合格品为12%～18%。

③卫生指标　糖水梨罐头的重金属含量不超标;微生物指标:应符合罐头食品商业无菌要求。

四、实训作业

1. 根据质量标准,对产品进行质量评价。
2. 对本产品成本进行估算。

实验实训 8-2　蔬菜罐头制作

一、实训目的

(1)通过实训,掌握蔬菜罐头加工工艺和操作要点。

(2)初步掌握产品成本的估算方法。

二、材料和用具

(一)实验材料

青豆、竹笋、芦笋、蘑菇、甜玉米、荸荠等;食盐、淀粉糖、焦亚硫酸钠、石灰、氯化锌、味素、白砂糖、柠檬酸等。

(二)设备(仪器)、用具

脱粒机、滚筒式分级机、浮选池、锅、杀菌锅、封罐机、水池、不锈钢刀、真空封罐机、冷却池等。

三、工艺案例

(一)青豆罐头

(1)工艺流程　青豆罐头工艺流程如图 8-24 所示。

原料→去荚→大小分级→盐水浮选→预煮→冷却、漂洗→选豆→
装罐→排气密封→杀菌冷却→揩罐入库

图 8-24　青豆罐头工艺流程图

(2)工艺要点

①原料选择　加工用的青豆要求是白花种豆，能抗机械加工而不易破碎，糖分和维生素 C 含量高，风味好，组织柔嫩，色绿而表面具有光泽。罐藏品种主要有大青荚、小青荚、羊角尖和宁科百号等。

②去荚　青豆去荚一般在脱粒机上进行。青豆的出豆率一般达 40%～50%。实验室中可手工进行去豆荚。

③大小分级　根据豆粒直径进行大小分级。一般采用滚筒式分级机，将豆粒分为 5 级，分级情况见表 8-10。

表 8-10　豆粒直径的大小分级

级别	一级	二级	三级	四级	五级
直径(mm)	5～7	7～8	8～9	9～10	10 以上

分级后的豆粒不得带有碎壳及杂质，并及时将豆送入下道工序加工，否则豆粒容易老化。

④盐水浮选分级　根据青豆的成熟度进行盐水浮选分级。操作时先配制 4%、10%、13%和 16% 4 种不同浓度的盐水，分别置于 4 个浮选池中，盐水占水池容积的 2/3。加入的豆量为盐水的 1/2。然后将青豆首先倒入 4%的盐水池中，上浮的豆为太嫩不合格的次品，将下沉的豆移入 10%的盐水池中再进行浮选，上浮的豆为一级豆，下沉的移入 13%的盐水池中，用同样的方法进行其他浓度的浮选。豆粒在盐水中的时间不宜过长，一般不超过 3 min。捞出的豆立即放入清水中漂洗，以及时除去盐分。

⑤预煮　在夹层锅中用沸水预煮或用连续式预煮器中预煮，温度为 100℃，预煮时间在 6～9 min。豆粒大、成熟度较高的豆，预煮时间应长一些，防止预煮不足。杀菌时豆皮破裂而引起汤汁混浊。预煮后的豆应立即投入流动水中进行漂洗。

⑥选豆　漂洗后的豆粒用人工再进行一次复检，剔除黄色豆、红花豆，剔除斑点、虫蛀、破裂等不合格豆及杂豆，然后各级豆再用清水淘洗一次，沥水后装罐。

⑦装罐　不同大小、不同成熟度、不同色泽的豆粒分开装罐，然后灌入 80℃的

1.5%～2.3%热盐水。装罐量见表 8-11。

表 8-11 青豆罐头的装罐量 g

罐型	净重量	青豆重量	汤汁重量
6101	284	145～160	124～139
7103	397	235～210	162～187
7114	425	235～255	170～190
9116 或 9121	822	450～470	352～372

⑧排气密封、杀菌冷却 装罐后的罐头立即进行排气密封，排气杀菌条件见表 8-12。

表 8-12 青豆罐头的排气杀菌条件

罐型	净重量(g)	热排气	抽空排气	热杀菌条件
6101	284	罐中心温度在 60℃以上	真空度 46 kPa	10′-30′-10′/118℃
7103	397			10′-35′-10′/118℃
7114	425			10′-35′-10′/118℃
9116 或 9121	822			10′-45′/118℃，反压冷却

杀菌以后的罐头急速冷却至 40℃左右。

(3)质量标准

①感官指标 豆粒呈青绿色，表面有光泽，色泽一致；外观完整，颗粒完整，细嫩绵滑，汤汁较清晰，允许少量沉淀物，不允许有外来杂质；具有青豆特殊风味，咸淡适口，无异味。

②理化指标 固形物：不低于净重的 55%；氯化钠含量：4.5%～6.0%；重金属含量：锡≤200 mg/kg，铜≤10 mg/kg，铅≤2 mg/kg。

③微生物指标 符合 GB 11671—89 的规定。

四、实训作业

1.根据质量标准，对产品进行质量评价。

2.对本产品成本进行估算。

实验实训 8-3　果脯蜜饯制作

一、实训目的

(1)通过实训，掌握果脯蜜饯的加工工艺和操作要点。

(2)初步掌握产品成本的估算方法。

二、材料和用具

(1)材料　菠萝、苹果、胡萝卜、桃、李、杏等；砂糖、淀粉糖、焦亚硫酸钠、石灰、氯化钙、亚硫酸氢钠等。

(2)用具　刀筒、捅心筒、不锈钢刀、缸、干燥机、包装机、锅、孔径为 8～10 mm 打浆机或绞碎机、封罐机、杀菌机、冷却池等。

三、工艺案例

(一)菠萝脯

(1)工艺流程　菠萝脯工艺流程如图 8-25 所示。

选料→去皮、去心→修整→切分→护色、硬化处理→漂洗→热烫→糖制→干燥→包装

图 8-25　菠萝脯工艺流程图

(2)工艺要点

①选料　要求七至八成熟，除去病、虫、烂的菠萝。

②洗涤、分级　清水洗去附着在果皮上的泥沙和微生物等，按大、中、小分 3 级。

③去皮、去心　用机械或人工去皮捅心，刀筒和捅心筒口径要与菠萝大小相适应。

④修整　用不锈钢刀去净残皮及果上斑点。

⑤切分　将去皮捅心后的菠萝果身直径在 5 cm 以内的横切成 1.5 cm 厚的圆片；直径在 5 cm 以上的先横切成 1.5 cm 厚的圆片，然后再分切成扇形片。果心组织致密，可斜切成 0.5 cm 椭圆形片，另外糖制。

⑥护色硬化　切分后的果片用 0.1％焦亚硫酸钠和 0.5％石灰溶液浸泡 8～12 h，然后漂洗。

⑦热烫　将果块冲洗后，在沸水中烫漂 5 min 左右，捞出沥水。

⑧糖制　趁果块尚热用 30％的白糖，一层果一层糖入缸腌渍，用糖盖帽。经 24 h 后，将糖液回锅，再加 15％的糖化开煮沸后倒入果块中渍 24 h。如此多次渗糖，使果块吸糖可溶性固形物达 60％～65％。可用淀粉糖取代 45％蔗糖。

⑨干燥　将果块捞起沥去糖液，均匀摊放在烘筛上，送入干燥机在 60～65℃条件下干燥，烘至不粘手为止。

⑩包装　用 PE 袋定量密封包装。

(3)质量标准

呈黄色，有光泽，半透明，色泽一致；外观完整，组织饱满，表面干燥不粘手；具有菠萝风味。含水量 18％～20％；含糖量 50％～60％。

(二)苹果脯

(1)工艺流程　苹果脯工艺流程如图 8-26 所示。

原料选择→去皮、切分、去心→硫处理和硬化→糖煮→糖渍→烘干→包装

图 8-26　苹果脯工艺流程图

(2)工艺要点

①原料选择　选用果形圆整、果心小、肉质疏松和成熟度适宜的原料，如红玉、国光、富士等。

②去皮、切分、去心　用手工或机械去皮后，挖去损伤部分，将苹果对半纵切，再用挖核器挖掉果心。

③护色和硬化　将果块放入 0.1％氯化钙和 0.2％～0.3％亚硫酸氢钠混合液中浸泡 4～8 h，进行硬化和硫处理。肉质较硬的品种只需硫处理。浸泡后捞出，用清水漂洗 2～3 次备用。

④糖煮　在夹层锅内配成 40％的糖液 25 kg，加热煮沸，倒入果块 50～60 kg。以旺火煮沸后，再添加上次浸渍后剩余的糖液 5 kg，重新煮沸。如此反复进行 3 次，需要 30～40 min。此时果肉软而不烂，并随糖液的沸腾而膨胀，表面出现小裂纹。此后每隔 5 min 加砂糖 1 次。第 1、第 2 次分别加糖 5 kg，第 3、第 4 次分别加糖 5.5 kg，第 5 次加糖 6 kg，第 6 次加糖 7 kg，煮制 20 min，全部糖煮时间需 1～1.5 h，待果块呈现透明时，即可出锅。

⑤糖渍　趁热起锅，将果块连同糖液倒入缸中渍 24～48 h。

⑥烘干　将果块捞出，沥干糖液，摆放在烘盘上，送入烘房，在 60～65℃下干燥至不粘手为度，需要烘烤 2 h 左右。

⑦整形包装　烘干后用手捏成扁圆形，除黑点、斑等，装入食品袋或纸盒再行装箱。

(3)质量标准　产品呈浅黄色至金黄色，具有透明感；呈碗状或块状，有弹性，不返砂，不沥糖；甜酸适度，具有原果风味。总糖含量65%～70%，含水量18%～20%。

四、实训作业

1. 根据质量标准，对产品进行质量评价。
2. 对本产品成本进行估算。

实验实训 8-4　果酱制作

一、实训目的

(1)通过实训，掌握果酱的加工工艺和操作要点。

(2)初步掌握产品成本的估算方法。

二、材料和用具

(1)材料　苹果、草莓、柠檬酸、砂糖、山梨酸钾。

(2)用具　锅、孔径为 8～10 mm 打浆机或绞碎机、封罐机、杀菌机、冷却池、筐、水槽、锅、真空浓缩锅。

三、工艺案例

(一)苹果酱

(1)工艺流程　苹果酱工艺流程如图 8-27 所示。

原料→分选→清洗→去皮、去心、切块→预煮→打浆→浓缩→装罐→封罐→杀菌→冷却→成品

图 8-27　苹果酱工艺流程图

(2)工艺要点

①原料处理　将苹果清洗后去皮、去籽，切成小块，入锅，加果重 10%～20% 的水，煮沸 20～30 min，使之软化兼防变色。

打浆:用孔径为 8～10 mm 打浆机或绞碎机破碎打浆。

②浓缩 按果肉 100 kg 加糖 70～80 kg(其中砂糖的 20%宜用淀粉糖浆代替)和柠檬酸适量的配比入锅加热浓缩。操作时,先将果浆打入锅中,分 2～3 次加入砂糖,加热浓缩至 105～106℃,可溶性固形物达 65%以上时出锅。

③装罐封口 出锅后立即装罐,封罐时酱体温度不低于 85℃。

④杀菌冷却 杀菌方式:5～15 s/100℃,冷却。

(3)质量标准 产品酱红色或琥珀色;黏胶状,不流散,不流汁,无糖结晶,无果皮、籽及梗;具有苹果酱应有的良好风味,无焦煳和其他异味,可溶性固形物不低于 65%(外销)或 55%(内销)。

(二)草莓酱

(1)工艺流程 草莓酱工艺流程如图 8-28 所示。

原料→漂洗→去蒂把萼片→配料→浓缩→装罐→封罐→杀菌→冷却→成品

图 8-28 草莓酱工艺流程图

(2)工艺要点

①原料选择 应选用新鲜良好、八至九成熟、风味正常、果面呈红色或浅红色的鸡心或鸭嘴草莓。

②原料处理 将草莓倒入流动水浸泡 3～5 min,分装于有孔筐中,在流动水或通入压缩空气的水槽中淘洗,去净泥沙污物,然后捞出去梗、萼片和青烂果。

③配料 草莓 300 kg,75%糖水 400 kg,柠檬酸 700 g,山梨酸钾 250 g,或草莓 100 kg,白砂糖 115 kg,柠檬酸 300 g,山梨酸钾 75 g。

④浓缩 采用减压或常压浓缩。

A. 减压浓缩 将草莓与糖水吸入真空浓缩锅内,调控真空度为 0.04～0.05 MPa,加热软化 5～10 min,然后提高真空度到 0.08 MPa 以上,浓缩至可溶性固形物达 60%～65%时,加入已溶化的山梨酸钾、柠檬酸溶液,继续浓缩达可溶性固形物为 65%～68%,关闭真空泵,破除真空,把蒸汽压提高到 0.2 MPa,继续加热。待酱体温度达 98～102℃时出锅。

B. 常压浓缩 把草莓倒入双层锅,加入 1/2 糖浆,加热软化,搅拌下加入余留糖浆、山梨酸、柠檬酸,继续浓缩至终点出锅。

⑤装罐封口 出锅后立即装罐,封罐时酱体温度不低于 85℃。

⑥杀菌冷却 杀菌方式:5～20 min/100℃,冷却。

(3)质量标准　紫红色或红褐色、有光泽、均匀一致，酱体呈胶黏状，块状酱可保留部分果块，泥状酱的酱体细腻；甜酸适度，无焦煳味及其他异味；可溶性固形物65%(外销)或55%(内销)。

四、实训作业

1. 根据质量标准，对产品进行质量评价。

2. 对本产品成本进行估算。

实验实训 8-5　果蔬干制品的制作

一、实训目的

(1)通过实训，掌握干制品的加工工艺和操作要点。

(2)初步掌握产品成本的估算方法。

二、材料和用具

(1)材料　杏、葡萄、龙眼、苹果、山楂、柿子、芒果、荔枝、桃、红枣、萝卜、胡萝卜、豇豆、辣椒、大蒜、马铃薯、甘蓝、金针菜、蘑菇、山野菜等；亚硫酸氢钠、硫磺、食盐、氢氧化钠等。

(2)用具　烘箱、烘盘、晒盘、熏硫室、台秤、果刀、切片机、果盆、筛子等。

三、工艺案例

(一)葡萄干

(1)工艺流程　葡萄干工艺流程如图 8-29 所示。

原料选择→清洗→晾晒或烘烤→回软→包装→成品

图 8-29　葡萄干工艺流程图

(2)工艺要点

①原料选择　原料应选用皮薄、果实糖分含量在20%以上的无核品种。好的有核品种也可干制为葡萄干，但要充分成熟后采收。对原料还要精选，除去病虫果粒。

②清洗　用1.5%～3%的氢氧化钠碱液浸泡果穗1～5 s后，立即用清水冲洗

干净。碱液浸泡目的:一是除去果实上的农药残留,二是去除果面的蜡层,缩短干制时间。制作白葡萄干时,果穗经碱液处理后,还需熏硫 3~5 h,可使色泽美观。

③干制　将洗净的果穗(过大的可分成几个小串)放在晒盘上平铺 1 层,晾晒 10 d 后,用另一空盘罩住反转,晒另一面,如此反复晾晒,直至用手挤压葡萄粒,无汁液渗出。然后放在阴凉处阴干 1 周。也可放在 60~70℃的烘房或烘箱中烘干。干燥至果实含水量为 15%~17%为好。

④回软　去掉果梗,堆置回软适宜,若晒干回软需 3 周。

⑤包装　每袋 500 g 真空包装即为成品。

(3)质量标准　晾房阴干:色绿味美,鲜明透亮,果粒饱满,糖分多;日晒:葡萄干阳面为红色,阴面为黄色或绿色。

(二)脱水大蒜片

(1)工艺流程　脱水大蒜片工艺流程如图 8-30 所示。

原料选择→切蒂→分瓣→剥内衣→切片→漂洗→甩干→
摊晾→烘干→吹鳞皮→拣选→质检→包装→成品

图 8-30　脱水大蒜片工艺流程图

(2)工艺要点

①原料选择　选用新鲜饱满、品质优良、蒜瓣较大、蒜肉细白、无瘦瘪、无霉烂变质、无老化脱水、无发芽、无病虫害及机械损伤等蒜头。

②剥蒜　先切蒂,再用小刀剥去外衣,取出蒜粒,修去伤斑、虫蛀及霉点并剥去内衣。切勿将光蒜瓣堆放过厚(厚<16 cm)要及时加工,否则影响色泽。

③切片　先将光蒜冲洗干净,再用切片机(刀)将蒜切成 1.5 cm 的厚片,要求均匀、平整。切片过厚色发黄,过薄则易碎影响成品的香味和辛辣味。

④漂洗　用流动水冲洗,洗去蒜片黏液、糖分。若漂洗不净,成品发黄;漂洗过度,则香味及辛辣味损失过大。故漂洗要适度。

⑤甩干　用离心机把蒜片表面上的水分甩干,以减少干燥时间。

⑥摊晾　必须摊匀,不可过厚,否则,色不美且延长烘烤时间。

⑦烘烤　用 65℃温度烘烤,温度过高色泽发红、发焦。风量要保持平衡,或出风量稍大于进风量,以利于干燥。6~7 h 可烘干。

⑧吹鳞衣　先用风扇吹去残留的鳞衣片,最后再用筛子去除碎屑。

⑨拣选　拣选时除去三角片及超标准片和一切杂质。

⑩包装　经检验合格的蒜片即应包装。

(3)质量标准　色泽为淡黄色，无焦黑片及红色片；组织及形态为片形厚薄、大小基本均匀，无碎屑；水分不超过6%；汁质不允许存在。

(三)金针菜

(1)工艺流程　金针菜干制工艺流程如图8-31所示。

原料选择→热烫→晒干或烘干→回软→包装→成品

图8-31　金针菜干制工艺流程图

(2)工艺要点

①原料选择　选择花蕾充分发育，外形饱满，颜色由青绿转为黄色或橙黄色，花蕾有弹性，花瓣结实，含糖量高的品种。

②热烫　采摘后的花蕾要及时进行热烫。蒸制法是把花蕾放入蒸笼中，水烧开后用大火蒸5 min，后用文火再蒸3～4 min。当花蕾变软，向内凹陷，颜色变得淡黄时即可出笼，放于阴凉处散热后再进行干燥。

③干制　先将烘房或干燥箱的温度升高到85～90℃，再将处理过的花蕾摆放在烘盘上(5 kg/m^2)，送入烘房或干燥箱，保持60～65℃的高温，烘烤12～15 h，然后逐渐降温到50℃，直至烘干。在此期间注意通风排湿，保持烘房内相对湿度在65%以下，并要倒换烘盘和翻动金针菜两三次。

④回软　将烘干的金针菜，放于容器内回软2～7 d，使其水分含量趋于一致，稍显微软时再行包装。

⑤包装　剔除变色、破碎和过潮等不合格品，将回软后的金针菜装入塑料薄膜袋内，入箱密封，贮存在冷凉、通风干燥的库房内。

(3)质量标准　色泽淡黄或金黄色，条色均匀，有光泽，无青条菜；有金针菜特有的香味，无霉味和其他异味；干蕾条形均匀，肉质肥厚，一级品每千克干花≤2 300根；含水量≤15%，总酸含量(以柠檬酸计)≤3%，总糖含量≥37.5%，蛋白质含量≥11%。

四、实训作业

1. 根据质量标准，对产品进行质量评价。

2. 对本产品成本进行估算。

实验实训 8-6 果蔬速冻制作

一、实训目的

(1)通过实训,掌握果蔬速冻的加工工艺和操作要点。

(2)初步掌握产品成本的估算方法。

二、材料和用具

(1)材料 大蒜、青刀豆、蒜薹、花椰菜、黄瓜、青豌豆、蘑菇、豆角、菠菜、青椒、甜玉米、桃子、梨、葡萄、荔枝、柑橘、草莓。

(2)用具 低温冰柜、烫漂用具、脱水设备、盆、刀、菜板等。

三、工艺案例

(一)速冻草莓

(1)工艺流程 速冻草莓工艺流程如图 8-32 所示。

原料选择→清洗、去蒂及萼片→冲洗→拌糖→包装→速冻

图 8-32 速冻草莓工艺流程图

(2)工艺要点

①原料选择 选用新鲜、成熟度八九成的草莓作原料。过熟、过生、病虫害,损伤以及白色、青色果均不宜用作原料。

②清洗 用流动清水冲洗,除去泥土、杂物,然后去果蒂、萼片,并按大小分级,用清水冲洗或先用 600 mg/kg 的漂白粉溶液浸果,然后再用清水冲洗。

③拌糖 不加糖的整果速冻草莓,就直接速冻。加糖的整果速冻草莓,要先拌糖,其用糖量为果重的 1/6～1/14。加糖可减缓变色程度。

④包装 将拌糖后的草莓放在木桶、铁罐、薄膜袋内,封口。

⑤速冻 在温度为－35℃的冻结装置内快速冻结。

⑥包装 速冻前的包装为内包装,还须外包装,如装箱。不加糖的速冻草莓先装入薄膜袋内,再装箱,贴封条。

⑦贮藏 在－18℃以下的环境中贮藏。

(3)质量指标 速冻草莓呈粉红色,形状整齐,果心冻实。食用时,未加糖的冻

果以半解冻为好，如果完全解冻，汁液流失，降低草莓风味和营养价值。加糖速冻果可以完全解冻。

(二)速冻甜玉米

(1)工艺流程　速冻甜玉米工艺流程如图 8-33 所示。

原料→洗涤→烫漂→冷却→冻结→包装→冷藏

图 8-33　速冻甜玉米工艺流程图

(2)工艺要点

①原料　甜玉米的成熟度决定产品质量的高低。若采收迟则水分、糖分转化为淀粉，甜味小、口感差。甜玉米采收后要及时加工速冻。要求籽粒排列整齐，色泽以黄种优于白色品种，穗长以 20 cm 为宜。

②烫漂、冷却　在 100℃沸水中烫漂 3～4 min 或用蒸汽烫 6～10 min，并及时冷却到 10℃以下。

③速冻　在－40～－35℃下进行冻结。

④包装　冻后用高密度聚乙烯塑料袋包装。

⑤冷藏　产品贮藏于－18℃以下冷库中。

(3)质量标准

①感官指标　产品具有鲜穗特有浅黄色或金黄色，籽粒饱满、光洁、无残缺，排列紧密、形态一致；口感香糯、甜香，无不良气味。

②理化指标　黄曲霉素含量不大于 5 μg/kg，氯化钠含量不大于 0.5%，铅含量不大于 1 mg/kg，砷含量不大于 0.5 mg/kg。

③微生物指标　菌落总数不超过 3 000 个/g，致病菌不得检出，霉菌计数不大于 150 个/g。

四、实训作业

1. 根据质量标准，对产品进行质量评价。
2. 对本产品成本进行估算。

实验实训 8-7　泡菜制作

一、实训目的

(1)通过实训，掌握泡菜制作工艺流程及其各工艺过程的操作要点。

(2)理解泡菜制作的各工艺过程对泡菜品质的影响以及泡菜制作原理。

(3)初步掌握产品成本的估算方法。

二、材料和用具

(1)材料　甘蓝、黄瓜、甜椒、青豆、萝卜、圆葱、大蒜、苦瓜、鲜姜、雪里蕻、食盐、白糖、干红辣椒等。

(2)用具　洗涤槽或洗涤用的塑料盆、案板、台秤、菜刀、泡菜坛、托盘天平。

三、工艺案例(泡甘蓝)

(1)工艺流程　泡菜工艺流程如图 8-34 所示。

盐水配制
↓
原料处理→入坛泡制→发酵及其管理→成品
↑
泡菜坛→清洗沥干

图 8-34　泡菜工艺流程图

(2)工艺要点

①原料处理　剔除甘蓝菜外层的老叶、病斑和腐烂叶，将甘蓝切分，松散叶片，然后用自来水清洗干净，沥干菜叶表面水分。

②食盐水配制　按原料：盐水＝1：0.6 的比例配制盐水，食盐的浓度为 8%，糖的浓度为 2.0%，干红辣椒 2～4 个，将盐、糖、辣椒放入沸水中，加热至沸，使糖、盐溶解，冷却后备用。

③泡菜坛准备　将泡菜坛清洗干净，倒置沥干水后备用。

④入坛泡制　将洗净沥干的菜放入泡菜坛内，装原料至坛口 8～10 cm 处，用竹片将原料卡住，注入配制好的盐水，要求盐水淹没全部原料，盖上假盖与坛盖，在水槽中注入饱和食盐水至水槽的 2/3 处。

⑤泡制管理　将装有原料及盐水的泡菜坛置于室内阴凉处，自然发酵 5 d，期间每天检查一次水槽中的水，并及时补充水槽中的盐水。

四、实训作业

1. 各组制作的泡菜经 5 d 发酵后，坛内盆水表面是否有酒花酵母菌膜？为什么？

2. 各组制作的泡菜经发酵后，其风味有何差异？为什么？

实验实训 8-8　咸（酱）菜制作

一、实训目的

(1)通过实训，掌握咸（酱）菜制作工艺流程及其各工艺过程的操作要点。

(2)理解咸（酱）菜制作的各工艺过程对咸（酱）菜品质的影响。

(3)初步掌握产品成本的估算方法。

二、材料和用具

(1)材料　蓠头、大头菜、萝卜、胡萝卜、雪里蕻、黄瓜、苤蓝、香椿、芫荽、芥菜、青椒、食盐、其他调味料等。

(2)用具　洗涤槽或洗涤用的塑料盆、案板、台秤、菜刀、水泥池、（缸、坛）、托盘天平、波美浓度计。

三、工艺案例

(一)咸蓠头的制作

(1)工艺流程　咸蓠头工艺流程如图 8-35 所示。

原料修剪→清洗→腌制→修剪→调节盐分→分级→包装

图 8-35　咸蓠头工艺流程图

(2)工艺要点

①原料　供加工咸蓠头的原料要求新鲜、肥大、质地脆嫩。

②整理、清洗　将须根剪去，地上茎保留 1.5～2 cm，然后尽快用清水反复冲洗干净。

③腌制　将洗净的蓠头入池腌制；加入下池鲜蓠头重量 8%的食盐，掌握底轻面重，一层蓠头一层盐，分层撒入池中，并将最后留下的一部分盐化成 12%的盐水

淋入池中，使池中的盐水高度约为藠头高度的1/3左右，然后在藠头上面盖上草帘。再称出鲜藠头重量5%盐与鲜藠头重量0.4%的明矾拌匀后均匀地撒在草帘上，随后每小时2～3次从池子中心孔中吸出池底部的盐水均匀地淋在草帘上的明矾盐层上，使之缓慢溶入下层藠头中，此时要保证藠头及时上卤，如盐水不足可适当加些盐水。在藠头上卤后，可每天1～2次吸出盐水淋面。此时盐度应保持8～13°Be，使藠头发酵，泡沫腾起。从腌制开始5～8 d发酵结束，泡沫回落。发酵结束后即抽去草帘，将鲜藠头量0.5%的冰醋酸用原池中的盐水稀释后均匀撒入池中，然后上盖竹帘，并压上鲜藠头重11%的石头，以使盐卤浸没藠头为准。

④修剪　冰醋酸下池后再腌渍约1个月即可修剪。

⑤调节盐分　修剪后藠头下池，加入新鲜的饱和盐水以及盐水量0.4%的冰醋酸。此时因藠头本身盐度较低会不断吸盐，使池内盐水度数下降，所以需经常加盐，使盐度保持在18～20°Be之间，直至盐水浓度不再下降为止。

⑥分级　腌制后的藠头按大小分为3级，即L级：100～160头/kg；M级：160～260头/kg；S级：260～360头/kg。

⑦质量标准　盐度为18～20°Be；pH 3～3.5；外观有光泽，产品呈乳白色；肉质咀嚼时有清脆感，不得有杂质混入。

(二)酱青椒的制作

(1)工艺流程　酱菜生产工艺流程如图8-36所示。

原料选择→腌制→腌制管理→酱渍→成品

图8-36　酱菜生产工艺流程图

(2)原料配比　青椒5 kg、食盐1 kg、甜面酱1 kg。

(3)工艺要点

①原料选择　选取色泽鲜亮、辣味适中、肉质肥厚、无破伤虫咬的新鲜青椒为原料。

②腌制　先将100 g盐溶于200 g水中，制成盐水。然后在干净的缸底撒一层盐，再按一层青椒一层盐的码法铺于缸中。铺满后，掸上盐水，以使盐粒溶解。

③腌制管理　青椒入缸后，前3 d要每天早晚各翻动1次，以后每天翻动1次。7 d以后腌成坯料。

④酱渍　将腌好的青椒取出，控去盐水再放入另一只干净缸内，倒入甜面酱，搅拌均匀，上压一块干净石块，以防青椒上浮，大约7 d即成。

(4)成品质量　色泽红润透亮，入口鲜辣，咸中有甜。酱青椒能刺激食欲，为家庭常备的酱腌小菜。

四、实训作业

1. 腌制产品特点如何，是否达到产品质量要求，为什么？

2. 蔬菜腌制过程中易出现哪些问题？

实验实训 8-9 糖醋菜制作

一、实训目的

(1)通过实训，掌握糖醋菜制作工艺流程及其各工艺过程的操作要点。

(2)初步掌握产品成本的估算方法。

二、材料和用具

(1)材料 菖头、大蒜、子姜、萝卜、黄瓜、食盐、其他调味料等。

(2)用具 洗涤槽或洗涤用的塑料盆、案板、台秤、菜刀、水泥池(缸、坛)、托盘天平、波美浓度计。

三、工艺案例

(一)糖醋乳黄瓜

(1)工艺流程 糖醋乳黄瓜工艺流程如图 8-37 所示。

原料选择→盐腌处理→脱盐→糖醋渍→包装→杀菌→冷却→成品

图 8-37 糖醋乳黄瓜工艺流程图

(2)工艺要点

①原料选择 选择幼嫩短小肉质坚实的黄瓜，充分洗涤，勿擦伤其外皮。

②盐腌处理 先用 8%的食盐水等量浸泡于腌渍缸内，第 2 天按照坛内黄瓜和盐水的总重量加入 4%的食盐，第 3 天又加入 3%的食盐，第 4 天起每日加入 1%的食盐。逐日加盐直至盐水浓度能保持在 15%为止。任其进行自然发酵 2 周。

③脱盐 发酵完毕后，取出黄瓜，用清水浸漂使黄瓜内部绝大部分食盐脱去，取出沥干待用。

④糖醋香液的配制 以配 10 kg 糖醋香液汁，需要柠檬酸和冰醋酸各 0.1 kg，

蔗糖 2.5 kg,氯化钙 10 g,丁香 5 g,豆范粉 5 g,生姜 20 g,月桂叶 5 g,桂皮 5 g,白胡椒粉 10 g。将各种香料磨细用布包裹加水熬煮 1～2 h 过滤后备用。砂糖加热溶解过滤后煮沸,加入其他配料,最后加入冰醋酸(温度切不可超过 82℃),补加开水至 10 kg 即成糖醋香液。

⑤糖醋渍　将黄瓜置于糖醋香液中浸泡,约半个月后黄瓜饱吸糖醋香液即成。

⑥其他　如果进行罐藏,可将糖醋香液与黄瓜按 40∶60 的比例同置于不锈钢锅内加热至 80℃,趁热装罐,加糖醋香液至满,加盖密封。封口温度在 75℃以上,不再杀菌也可长期保存。密封后迅速冷却。

(3)质量标准　色泽黄绿,有晶莹感,具有黄瓜的清香气,口感脆嫩、清爽,酸甜适口。

(二)糖醋蒜

(1)工艺流程　糖醋蒜工艺流程如图 8-38 所示。

糖醋液配制
↓
原料选择→原料处理→盐腌→捞出晒蒜→糖醋液腌渍→成品

图 8-38　糖醋蒜工艺流程图

(2)工艺要点

①原料选择　选择鳞茎整齐肥大,皮色洁白,肉质鲜嫩的大蒜为原料。

②原料处理　切去大蒜头的根和茎,剥去包在外面 2～3 层粗老蒜皮和鳞片,然后洗净并沥干。

③盐腌　用盐量为蒜重的 10%,按上述比例将洗净晒干的大蒜头和盐层层相间放入缸内,约装至缸的 3/4 处为止。同时准备一个同样大小的缸,并洗净沥干。每天早晚换缸一次,使蒜上下倒换都能接触盐水,5～6 d 后出水较多时,在蒜头的中央刨一坑穴,以便菜卤水流入穴中,每天早晚舀穴中菜卤水浇淋表面的蒜头,如此进行 15 d。

④捞出晒蒜　将腌好的咸蒜头从缸中捞出,沥干后散放于晒盘或苇席上晾晒,每天翻动一次,晾晒至原大蒜头重的 65%～70%为宜。

⑤糖醋液配制　每 100 kg 干咸蒜头用食醋 70 kg,红糖 32 kg,先将食醋加热至 80℃,再将红糖加入醋液中,搅拌至红糖溶解。还可适量加入其他香辛料。

⑥糖醋液腌渍　先将坛子洗净、擦干,然后把干咸蒜头装入坛内,稍用力压紧,装至坛容量的 3/4 时,倒入糖醋液,加满为止,坛颈处横卡几块竹片,其上再扎以无毒塑料薄膜,待几日后无气体放出时,用三合泥封严坛口,后熟 2～3 月,便可开坛

食用。如外运销售，在坛外扎上草绳再套上竹篓即可。

(3)质量标准

①感官指标　色泽：乳白色或米黄色，滋味和气味：具有本品种的香气，无异味，口感甜、脆，大小均匀。杂质：无肉眼可见外来杂质。

②理化指标　符合(NY/T 437—2000)质量标准。

③卫生指标　符合(NY/T 437—2000)质量标准。

四、实训作业

1. 各组糖醋菜经贮藏后，产品品质有何差异，为什么？

2. 糖醋菜腌制过程中应注意哪些问题？

实验实训 8-10　红葡萄酒制作

一、实训目的

(1)通过实训，掌握红葡萄酒酿造的原理及酿造技术要点。

(2)初步掌握产品成本的估算方法。

二、材料和用具

葡萄、蔗糖、硫磺、焦亚硫酸钠、发酵酒罐(或缸、桶、大玻璃广口瓶)、电子秤、手持测糖仪、温度计、酒度计、小型压榨机、软木塞、胶帽和纱布等。

三、工艺流程

实验制作红葡萄酒工艺流程如图 8-39 所示。

原料选择→清洗→破碎、除梗→SO_2 处理→成分调整→入罐(桶)发酵→压榨→后发酵→陈酿→澄清过滤→成品调配→装瓶、密封、杀菌→成品

图 8-39　实验制作红葡萄酒工艺流程图

四、工艺要点

(1)容器消毒　制酒的各种容器，都必须进行消毒，方法是将容器洗净，然后用硫磺熏蒸，1 m^3 用硫磺 8～10 g。小型容器可用含 SO_2 0.2%的亚硫酸溶液浸泡

消毒。

(2)原料选择　选用果皮带色的葡萄如赤霞珠、法国兰、蛇龙珠等，剔除病烂、病虫、生青果。用清水洗去表面污物。

(3)破碎、去梗　可用破碎机破碎，再经除梗机去掉果梗，也可先去果梗，后用破碎机或手工破碎。以使酿成的酒口味柔和。经破碎除去果梗的葡萄浆，因含有果汁、果皮、籽实及细小果梗，应立即送入发酵罐，发酵罐上面应留出 1/4 的空隙，不可加满，以防浮在池面的皮糟因发酵产生二氧化碳而溢出。

(4)SO_2 处理　原料破碎后按 100 kg 葡萄加入亚硫酸钠 10～12 g，抑制有害微生物的生长及酶褐变。

(5)成分调整　将发酵浆含糖量调整至 22%～25%，含酸量调整至 0.8%～1.0%，同时，加入酵母液，用量为葡萄浆的 3%～5%。如果实含野生酵母多，也可不加酵母，让其自然发酵。

(6)入罐(桶)发酵　把葡萄浆送入发酵罐，直到主发酵完毕，即新葡萄酒出池这一过程称为主发酵。

主发酵期的管理：

①环境管理　阴凉、通风，温度控制在 20～25℃。

②压帽(翻搅)　发酵开始的 2～3 d，每天将葡萄皮渣和汁液上下翻动 2～3 次，以供给酵母繁殖所需的氧气，同时，防止微生物的侵染，造成发酵酒败坏。

③测定发酵期的温度和糖度的变化　发酵开始后，品温逐渐升高，到旺盛发酵期达到高峰，发酵液起泡、混浊。当气泡消失，汁液澄清，发酵液温接近室温，含糖量降至 1%左右时，主发酵结束。时间长短视温度而定，一般为 4～8 d。

(7)压榨(酒、渣分离)　主发酵结束后，用纱布将清澈酒液滤出，转入酒桶或缸中，或用胶管虹吸法(用泵抽出)将上清液导入另一个发酵罐中，皮渣中的酒液，用压榨机榨出，用另一酒桶盛装。

(8)后发酵　后发酵的罐或桶上面要留出 5～15 cm 空间，因后发酵也会产生泡沫。后发酵的品温控制在 18～20℃。当含糖量降至 0.1%～0.2%时即完成后发酵。

(9)陈酿　后发酵结束后，将酒用虹吸管转入另一酒桶(或缸)中，密封、送入低温处(10～15℃)进行陈酿。初期 3 个月换 1 次，除去酒脚(沉淀物)，以后半年 1 次，注意密封情况和添满酒桶(缸)，陈酿期半年至 2 年不等。

(10)成品调配　先取酒样进行分析，按所需成品酒要求进行调配，调配后再入桶(缸)贮存一段时间即可。

(11)装瓶、密封、杀菌　取出酒液，过滤装瓶，用压盖机封口(或可用软木塞为好，套胶帽)，加热杀菌，温度70℃，经10～15 min即可。

五、质量标准

色泽：紫红色，透明无杂质；味：清香醇厚，酸甜适口；酒精度：11.5°～12.5°；总酸：0.45%～0.6%；挥发酸：0.5%；密度：1.035～1.055(15℃)；总糖：14.5%～15.5%；单宁：0.45%～0.06%。

实验实训8-11　参观果蔬加工厂

一、实训目的

通过实训，综合考察果蔬加工厂生产条件、卫生状况、设施设备、运行机制、管理机制等，让同学们了解现代果蔬加工工艺，理解理论教学与实验教学跟现代化生产之间的不同与差距，为顶岗实习和走向工作岗位打下基础。

二、实训场所

选择当地比较典型的果蔬加工厂如罐头加工厂、果脯加工厂、果酒加工厂等。

三、实训案例

(一)实训流程

实训流程如图8-40所示。

课前准备→布置任务→听取介绍→实地考察→疑难解答→总结

图8-40　参观流程图

(二)实训要点

(1)课前准备　老师首先对选择的加工企业进行公布，要求学生通过上图书馆、上互联网等方面了解该加工企业领域的现状、贸易概况、发展前景等方面做一个大致的了解。

(2)布置任务　老师要对学生布置参观考察任务，如参观目的、参观要点(如卫生要求、管理模式、设备配置与设计、重点工序等)、参观注意事项等,让学生做到心里有数,明白重点难点。

(3)听取介绍　要求实习工厂安排生产技术负责人对全厂生产概况进行全面讲解,布置参观路线,提醒注意事项,防止安全事故发生。

(4)实地考察　在实习指导老师的带领下,按设计的路线进行参观,学生一边听取实习老师的介绍,一边要理解讲解的内容,同时注意补充考察老师课堂上布置的内容,重点考察以下内容:

①厂房的整体布局与分布。

②食品生产厂家的卫生要求(原料、添加剂、水、个人及环境卫生等)。

③操作规章制度与管理要求。

④重点工序的衔接与操作要求。

⑤设备选型与配置。

(5)疑难解答　参观完成以后,留取一定的时间让学生对在参观过程中存在的疑问进行提问,实习指导老师进行解答。

(6)总结　对学生参观情况进行总结,布置撰写考察报告。

四、实训作业

根据参观考察结果,提交一份考察报告,要求分析果蔬加工厂加工现状、优势及缺点,对其进行评价并提供解决方案。

本章小结

- 果蔬加工技术
  - 罐头
    - 加工工艺（工艺流程）
    - 工艺要点——抽空、排气、密封、杀菌
    - 质量控制点——胀罐、跳盖、变色、固形物软烂、汁液混浊
  - 果蔬汁
    - 分类
    - 工艺流程
    - 工艺要点——过滤、澄清、浓缩、脱气、灌装、杀菌
    - 质量控制点——汁液败坏、变味、变色、混浊与沉淀
  - 糖制品
    - 分类
    - 果脯密饯
      - 工艺流程
      - 工艺要点——糖制——一次糖煮制、多次煮制、快速煮制、真空煮制
      - 关键控制点——返砂、流汤、煮烂、干缩、变色、发酵、长霉
    - 果酱
      - 工艺流程
      - 工艺要点——配料浓缩——常压浓缩、真空浓缩
      - 质量控制点——糖结晶、汁液分泌、变色
  - 果酒
    - 分类
    - 葡萄酒
      - 加工工艺（工艺流程）
      - 工艺要点——品种选择、发酵液制备与调整、菌种制备、发酵与管理陈酿、澄清、过滤
      - 质量控制点——变色、变味、微生物病害、铁铜破败病
  - 干制品
    - 工艺流程
    - 工艺要点——护色、干制、回软、包装
    - 影响干制速度的因素——温度、湿度、空气流速、比表面积、物料形状、装载量
    - 质量控制点——干缩、结壳、褐变
  - 速冻制品
    - 工艺要点——冻结、冻藏
  - 腌制品
    - 泡菜——入坛泡制与管理
    - 榨菜——晾菜、3次腌制、后熟管理
    - 酱菜——盐腌、脱盐、酱渍
    - 糖醋菜——盐腌、晾晒、糖醋液腌渍
  - 果蔬脆片
    - 烫漂、真空油炸
  - 鲜切果蔬
    - 预处理
  - 果蔬加工新技术
    - 超临界萃取技术
    - 超微粉碎技术
    - 酶工程技术

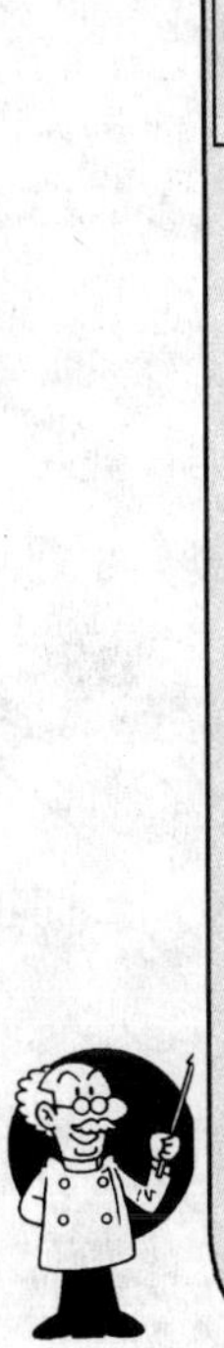

复习思考题

1. 简述果品罐头的一般加工工艺。

2. 简述蔬菜罐头的一般加工工艺。

3. 果蔬罐头加工过程中常常发生变色现象，请分析变色现象产生的原因及预防措施。

4. 果蔬汁制品的特点有哪些？

5. 简述果蔬汁制品的一般工艺流程。

6. 简述干态蜜饯的一般生产工艺。

7. 果脯的生产中有时会发生返砂与流汤，请分析原因并提出解决问题的办法。

8. 请分析果脯生产中的煮烂与干缩现象产生的原因及解决的办法。

9. 简述红葡萄酒生产的工艺。

10. 引起果酒发生病害及败坏的原因有哪些？

11. 二氧化硫在果酒酿造过程中有哪些作用？

12. 说明葡萄酒陈酿和澄清的目的和主要方法。

13. 影响干燥速度的因素有哪些？如何影响？

14. 水分活度与食品含水量有何关系？

15. 简述蔬菜速冻制品的加工工艺。

16. 简述速冻制品常见问题及解决的途径。

17. 蔬菜腌制品有哪几类？酱菜酱渍前进行盐腌的目的是什么？

18. 影响乳酸发酵的因素有哪些？

19. 食盐的保藏作用有哪些？

20. 写出利用真空低温油炸技术生产果蔬脆片工艺流程。

21. 为什么鲜切果蔬比鲜果蔬还不易贮藏？

22. 超临界萃取的特点有哪些？

23. 超微粉碎的优点有哪些？

第九章　果蔬加工副产物综合利用

知识目标

- 理解果蔬加工副产物综合利用的意义、目前现状。

技能目标

- 会从果蔬中提取果胶和香精油。

第一节　果蔬加工副产物概述

果蔬作物无论是蔬菜还是果树，都是种类繁多，产品多样的，从地下的根到地上的茎、叶、花、果实和种子均可以利用。此外，园艺产品罐制、制汁、干制、糖制等工艺，均会产生一些具有利用价值的副产品和下脚料，如果皮、种子、残渣、叶、根（表 9-1）。

据不完全统计，仅制汁加工中产生的下脚料就占加工原料的 20%～60%，如苹果达 20%～25%、柑橘 50%～55%、葡萄 30%～32%、菠萝 50%～60%、沙棘 22%。弃之，不仅不能充分利用，而且还污染环境。其实，只要采取合理的工艺，上述副产品和下脚料就可以得到充分利用，加工成很多果蔬制品，某些还可以成为医药、日用化工的功能性物质成分。

表 9-1 果蔬作物的一些副产品和下脚料及其利用

果蔬作物	副产品、下脚料	加工产品
柑橘类、枇杷	果皮、皮渣	精油、果胶、柠檬酸
柑橘类、枇杷、葡萄、山茶	种子	精油、种子油(山茶油食用)
葡萄	种子、果梗、皮渣果核	酒石酸、单宁、葡萄色素
核果类	果核	活性炭、种子油、精油
柑橘类	橘络	维生素 A
辣椒	残次品	辣红素
番茄	残次品、种子	番茄制品、茄红素、种子油
胡萝卜	皮渣	色素、类胡萝卜素
马铃薯、甘薯	残次品	淀粉及其他制品
葛、魔芋		

引自潘静娴．园艺产品贮藏加工学．北京:中国农业大学出版社,2007.

第二节　果蔬加工副产物实例

一、果胶的提取

果胶在世界上的产量很大。目前许多国家从柑橘、柠檬、苹果等果皮中及甜菜渣粕中提取大量果胶,国内也有许多单位利用当地资源进行开发果胶工作。

(一)工艺流程

果胶提取工艺流程如图 9-1 所示。

果胶的原料选择与处理→浸提→过滤和脱色→浓缩→沉淀和洗涤→干燥和粉碎

图 9-1 果胶提取工艺流程图

(二)操作要点

1. 果胶的原料选择与处理

果实中含果胶的情况:果实中所含果胶是随着果实成熟度的增加而减少。几种常见的果实的果胶含量:草莓 0.35%～0.80%,李 0.90%～1.60%,梨 0.50%～1.40%,甜橙 1.50%～3.00%,杏 0.45%～0.80%,无花果 0.35%～1.15%,苹果 1.50%～3.50%,桃 0.56%～1.25%,山楂 6%左右,鲜苹果皮 0.45%～0.50%,鲜向日葵梗茎 0.77%,橘、橙渣(干)15%～20%,甜菜 4.8%～7.8%。上述各种原料提取果胶后的渣,稍加处理是一种很好的饲料。

提取果胶的原料要求新鲜，否则由于果胶的降解而导致得率降低。不能及时提取的原料，可以通过热烫杀死酶活性后短期贮存。热烫通常是将原料加热至95℃以上，保持5～7 min。如果原料需较长时间保藏，可以将原料热烫后干制保存。

在浸提果胶前，要将原料洗涤，目的是除去其中的糖类及杂质，以提高果胶的质量，通常是将原料破碎成0.3～0.5 cm的小块，然后加入水进行热处理，接着用清水洗几次。为了提高淘洗效率，可以用50～60℃的温水进行，最后压干备用。上述洗涤方法会造成原料中部分可溶性果胶流失，因而也有用酒精来洗涤的。

2. 浸提

按原料的重量，加入4～5倍的0.15%盐酸溶液，以原料全被浸渍为度，并将酸碱值调至pH 2～3，加热至85～95℃，保持1～1.5 h。随时搅拌，后期温度宜降低。在保温浸提的过程中，控制好浸提的条件，即酸度、温度和时间。

幼果及未成熟的果实，其原果胶含量较多，可适当增加盐酸用量，延长浸提时间，但以增加浸提次数为宜，并应分次及时将浸提液加以处理。

3. 过滤和脱色

以上所得的浸提液约含果胶1%左右，先用压滤机过滤。除去其中的杂质碎屑。再加入活性炭1.5%～2%，保温80℃约20 min，然后压滤，目的是脱色，改善果胶的商品外观。

4. 浓缩

将浸提液浓缩至3%～4%或以上，浓缩的温度宜低，时间宜短，以免果胶分解。最好减压真空浓缩，以45～50℃进行，将浓度提高至6%以上，这种果胶浓缩液可以在食品工业上直接应用，但此果胶浓缩液的含水量大，容易变质，不宜长期贮存，如需保存，可用氨或碳酸钠将其酸碱值调整至pH 3.5，然后装瓶、密封、杀菌(70℃，保持30 min)。浓缩或杀菌后的果胶液要注意迅速冷却，以免果胶分解。如用喷雾干燥装置，可将7%～9%或以上浓度的果胶浓缩液喷雾干燥成粉状，果胶粉可以长期保存。

没有喷雾干燥设备的可用沉淀法，沉淀法的优点是除果胶物质外，其他水溶性及醇溶性的杂质可分离出来，所得的果胶制品纯度高，缺点是须用沉淀剂，成本较高。

5. 沉淀和洗涤

沉淀法最简易的做法是以95%的酒精加入抽提液中，使液内的酒精含量达到60%以上，即见果胶浸提液中有成团的絮状沉淀凝结析出，过滤得团块状的湿果胶，然后将其中的溶液压出。再用60%的酒精洗涤1～3次，并用清水洗涤几次，最后经压榨除去过多的水分。

酒精可以重新蒸馏回收，提高浓度后再行应用。沉析的方法耗费酒精很多，应该和上述浓缩措施结合，用较浓的果胶液进行沉淀，则可节省酒精用量，降低成本。或者应用明矾与酒精结合的沉淀法，先用氨水将浸提液的酸碱值调整至 pH 4～5。随即加入适量饱和明矾溶液，然后重新用氨水调整酸碱值，保持 pH 4～5，即见果胶沉淀析出。可以加热至 70℃，以促使其沉淀，此时可取少量上层清液，以少量明矾液检验果胶是否已完全沉淀。沉析完全后即滤出果胶，用清水冲洗数次除去其中的明矾。压干后用少量稀盐酸(0.1%～0.3%的浓度)将果胶溶解，再按上述步骤用酒精重新将果胶沉析出来，并再加以洗涤。这样，酒精的用量可以减少很多。

6. 干燥和粉碎

压榨除去水分的果胶，在 60℃以下的温度中(最好用真空干燥)烘干，要求含水量在 16%以下，然后用球磨机将其粉碎，过筛(40～120 目)即为果胶粗制成品。

(三)果胶在食品工业中的应用

商品高甲氧基果胶按其酯化度与凝胶条件不同而分为：快凝高甲氧基果胶，中凝高甲氧基果胶，慢凝高甲氧基果胶。

果胶虽是一种亲水的胶体物质，但是果胶的酯化度越高，亲水性就越小。低甲氧基果胶的胶凝特性和条件是随着钙离子的含量而变的。所以一般来说，高甲氧基果胶更不容易分散或溶解于水，如果将其直接分散于水，往往会发生结块现象，这是果胶食品制造中的一个障碍。使用低甲氧基果胶时，产品中含 55%以下的固形物可形成胶冻，成为低热量的食品。适于身体肥胖、高血压、冠心病患者食用。

1. 应用于果汁饮料

加适量的果胶溶液，就能延长果肉的悬浮作用，保持较好外观，改善饮料口感。

2. 乳品和酸乳酪饮料

高甲氧基果胶能有效地稳定酸牛奶制品和改善它的风味，特别对人工发酵的酸乳酪和用化学方法酸化的牛奶饮料效果更好。

3. 速溶饮料粉

加入适量果胶能改善饮料的质感和风味。儿童食品用维生素 C 或蛋白质加以强化时，必须利用果胶的稳定作用。防止牛奶变酸或加酸时的凝结。

果胶还可作凝胶剂，制作高级糖果食品，果胶软糖。

二、色素的提取

近年来，从植物中提取天然色素用于食品加工业广泛受到重视，用天然色素逐渐取代人工合成色素，以减少人工合成色素对人体带来的副作用已是大势所趋。

植物体中所含的天然色素种类很多，大体上可分为：叶绿素、黄酮类色素、花色素与花色苷、姜黄色素、甜菜色素等。其中除花色素及与其类似的色素是水溶性色素外，其余都是脂溶性色素。

(一)从葡萄皮渣提取葡萄红色素

葡萄皮是制汁、白葡萄酒酿造工艺等的下脚料，但却含有丰富的红色素（紫色葡萄），这种天然红色素可广泛用于酒类、果汁饮料、果冻、果酱等制品的着色。

1. 工艺流程

葡萄皮渣提取葡萄红色素工艺流程如图 9-2 所示。

葡萄皮渣破碎→萃取→加护色剂→速冷粗滤→调 pH 值→

离心过滤→减压→浓缩成品

图 9-2　葡萄皮渣提取葡萄红色素工艺流程图

2. 操作要点

(1)皮渣处理　用破碎机将皮渣打碎，按皮渣重加 1.1～1.5 倍水，搅拌均匀，入锅萃取色素。

(2)加热萃取　把破碎后的皮渣液入锅加热至 75～80℃，保温萃取 10 min 后，加入 1 200～2 000 mg/L 的 SO_2 作护色剂，继续保温 30 min，使花色素苷类物质充分溶出。

(3)冷却过滤　冷却萃取液，并粗滤，除去残渣。上清液用酸调整 pH 值为 2.5～4.0。加入乙醇，并充分搅拌，静置浸提，使蛋白质、果胶等物质充分沉淀。

(4)过滤　离心除去乙醇浸提的沉淀物。

(5)浓缩　采用真空浓缩法浓缩再过滤的分离上清液，浓缩条件为温度 50～55℃，真空度 0.906～0.959 MPa，浓缩时间以上清液成红色素膏状物为标准，即为葡萄皮浸膏，为成品Ⅰ。

(6)喷雾干燥　采用喷雾法干燥上清液，即得葡萄皮红色素的粉剂，即为成品Ⅱ。

(二)胡萝卜素的提取

胡萝卜素是一种重要的食用色素，它具有食品着色剂和营养增补剂的双重功能。其中 β-胡萝卜素及类胡萝卜素是维生素 A 原，在人体内可以被转化成维生素 A，具有较好的抗氧化性。可消除人体内的氧自由基，因而具有抗衰老、防癌等保健功效。目前，胡萝卜素作为色素和保健功能性食品添加剂越来越受到消费者欢迎。

1. 工艺流程

胡萝卜素提取工艺流程如图 9-3 所示。

萝卜红色素浓缩液
↑
胡萝卜→清洗切丝→浸提→浓缩→去果胶→除生味→浓缩→喷雾→干燥→萝卜红色素粉

图 9-3 胡萝卜素提取工艺流程图

2. 操作要点

(1)原料　应选择深红色、质地紧密、不空心、不发软、无虫蛀、色素含量高的胡萝卜为原料。

(2)浸提　以 50%的乙醇作为浸提剂，使用量为：乙醇∶胡萝卜＝1.2∶1，用 1 mol 的盐酸调节 pH 值至 4，浸提温度 60℃，浸提时间 1 h，连续提取 3 次，然后过滤，合并滤液。

(3)浓缩　分两次进行。第 1 次在回收乙醇后浓缩至原体积的 6.5%～10%；第 2 次在除生味后，浓缩至色素液含花色苷 20%左右。

(4)去果胶　用果胶酶水解果胶，酶用量 0.15%～0.2%，酶解条件为 pH 3～4，温度 30～40℃，时间 3～5 h。随后用等量的乙醇沉淀除胶。

(5)除生味　将去掉果胶的色素液加入 3%白皮白心萝卜汁，调节 pH 值至 3.5，在 35℃下处理 1 h，然后把色素液放入高压锅内，在尽量短的时间内升温至 121℃，然后停止加热，立即放出全部蒸汽。

(6)干燥　将浓缩液用喷雾干燥设备进行干燥。

(三)辣椒红素的提取

辣椒红素是存在于辣椒中的类胡萝卜色素。可用于椒酱肉、辣味鸡等罐头食品的着色，也可用于饮料的着色。

1. 工艺流程

辣椒红素提取工艺流程如图 9-4 所示。

干辣椒→粉碎→乙醇提取→蒸馏→乙酸乙酯萃取→碱水处理→
除杂处理→蒸馏→干燥→包装→成品

图 9-4 辣椒红素提取工艺流程图

2. 操作要点

(1)乙醇提取　将粉碎后的辣椒粉投入提取罐中，用 95%的乙醇连续提取红辣椒至无红色，将得到的提取液蒸馏去除乙醇，可得到辣椒油浸膏。

(2)蒸馏、乙酸乙酯萃取　用水蒸气蒸馏辣椒油浸膏，馏去残余的乙醇，同时可部分蒸去辣味。然后用乙酸乙酯萃取、可得辣椒油树脂。

(3)碱水处理　取一定量的辣椒油树脂，加入20%NaOH溶液，料液比为1∶4.5。搅拌处理4 h。控制温度为70℃。

(4)除杂处理　碱水处理后，缓缓加入氢氧化钙作为沉淀剂，料液比为1∶4，使游离脂肪酸转化成难溶的钙盐，生成沉淀。同时加入10%的盐酸调节体系pH 8～10之间，使含辣椒红色素的脂肪酸类和胺酚类以水溶性盐的形式充分游离出来。将调酸后的沉淀离心去除，并低温干燥。干燥后的固形物再放入提取罐中，用乙酸乙酯连续提取至固形物无色为止，除去固形物。

(5)蒸馏、干燥　提取液经常压蒸馏去除溶剂乙酸乙酯，进一步浓缩、低温干燥或真空喷雾干燥，即得到粉末状辣椒红色素，包装后就是成品。

三、香精油的提取

香精油具有很高的价值，在食品、日用化工及医药等工业上应用十分广泛。迄今为止，世界上已提取出来的精油在3 000种以上，有商业价值的500种左右。我国已有香料植物62科400余种。其中不少品种在世界上占有重要地位，甚至是唯一的生产品种。柑橘、薄荷、葱、蒜等都是重要香精油提取原料。现将提取香精油的主要方法介绍如下。

(一)蒸馏法

一般香精油的各种组分沸点较低，受热时随同水蒸气挥发，在冷凝时与水蒸气同时冷凝，但香精油不溶于水，密度小，因而可进一步分离钝化。该方法在提取香精油时用得最多。

蒸馏方式主要有3种：

1. 水中蒸馏法

水中蒸馏是将原料完全浸入蒸馏锅的水中，加热沸腾使水蒸气和精油溢出，再经过冷凝，使精油和水分离的一种水蒸馏法。该法除不能用于精油在沸水中易溶解、分解、水解的植物，广泛适合于多种植物。但是，水中蒸馏也有缺点，如加热温度较高，可能导致精油的某些成分分解；过热会使植物材料焦化，影响产品质量；温度高，低沸点和水溶性组分容易缺失。

2. 水上蒸馏法

在蒸馏锅的下部设置一块多孔的隔板，切分或不切分的原料置于隔板上，然后加热蒸馏锅，使隔板下的水沸腾，精油被水蒸气从原料中蒸出，再冷凝分离的一种水蒸馏法。该法原料与水不直接接触，精油中的低沸点组分不会溶解，设备简单，适合多种植物精油的提取。

3. 水蒸气蒸馏

是用蒸汽锅炉产生的蒸汽将香精油原料组织中的芳香成分蒸馏出来的方法。该方法可用于大规模生产，除细的粉末易被蒸汽粘着而结块外，其他原料均可适用，种子、根、木质原料利用此法最为适宜。

(二)浸提法

浸提法是应用有机溶剂把香精油提取出来的方法。浸提法又可分为：

1. 油脂冷浸法

在常温下以油脂或石蜡油从原料中萃取其芳香成分(所得的含香油脂称为“香脂”)，然后用乙醇浸提香脂，再经蒸馏分离乙醇，就可获得成品。该方法较适用于采摘之后仍有继续发香生理作用的原料。

2. 油脂温浸法

该方法基本同油脂冷浸法，不同的是在稍加温的条件下浸提。该方法较适合采摘后生理活动立即停止原料的香精油提取。

3. 溶剂浸提法

利用有机溶剂如乙醇、乙醚、环已烷、正已烷、石油醚、丙酮等为提取剂，制取精油的技术。由于溶剂的性质不同，适合的原料也不同，乙醇不能作为花瓣精油的浸提，否则会因乙醇吸收香气，导致制品香气不足；丙酮适合含酚类精油的提取；含氯溶剂氯仿则易于含胺类化合物的精油提取，因此，应针对不同的植物材料和精油成分，选用不同的有机溶剂。如沙田柚皮精油宜用石油醚、乙醚、环已烷为提取剂，氯仿则不适合。

(三)磨榨法

磨榨法应用的面较窄，尤其是冷磨法，主要用于各类柑橘原料香精油的提取。柑橘果实的芳香油主要分布在果皮的油胞中，其基本原理是使这些油胞破裂使香精油流出。此外，姜蒜等香精油的提取也可采用冷榨法。

1. 冷磨法

冷磨法是针对柑橘类水果提取香精油而设计的一种方法。一般是将坚实的柑橘全果，按大小分级，漂洗，并用 0.5%碳酸钠溶液浸泡 1～3 min，以除去果实表面蜡质。碳酸钠溶液每小时补充 0.25%，每 4 h 更换一次。然后将原料送入有齿轮、磨壁有针刺的磨油机中，磨破或刺破果实表皮的油胞，使芳香油流出，再喷水冲洗。获得的油水混合物经过滤，高速离心分离(6 000 r/min 的油水分离机)，最后将香精油在 5～10℃条件下，静置 5～7 d，让杂质沉淀，过滤并包装。提取香精油后的果实可供榨汁、制酱、做橘饼使用，果皮还可进一步提取果胶。

2. 冷榨法

冷榨法是将原料经预处理后，施加一定压力，榨出香精油及水分等杂质，然后经过滤、离心分离、静置，最后过滤包装为成品的一种香精油提取方法。

(四)吸附法

在香料的加工中，吸附法的应用远较蒸馏法、浸提法为少。在水蒸气蒸馏时，分去精油的馏出水常常溶解有一部分精油，这部分精油的回收可以用活性炭吸附法。处于气体状态香气成分的回收也可采用吸附法。常用的吸附剂有硅酸和活性炭。活性吸附剂吸附的精油达饱和以后，再用溶剂浸提脱附，蒸去溶剂，即得吸附的精油。

(五)超临界 CO_2 萃取技术

利用超临界 CO_2 萃取技术(SFE)提取植物精油是基于超临界流体(SCF)特殊的理化性质。与传统的精油提取方法相比，超临界 CO_2 萃取技术在植物精油、香气提取中，显示出很大的优势，制得的产品具有传统工艺所无法比拟的优点，如单萜烃类较少，有较多的头香成分，因为萃取是在低温下进行的，底香较好，香气持久，有效防止热敏性及化学不稳定性组分的破坏，更适于香辛料的萃取。

(六)液氮冷冻研磨技术

这项技术主要是利用液氮从液态转化为气态时可产生－112℃的低温的性质，将液氮喷洒在物料表面，使物料在 8 s 内迅速降到－70℃左右，改变物料的脆性、韧性等，使物料更加容易粉碎。

与常温研磨相比，液氮冷冻研磨具有以下优点：降低了研磨温度，显著降低了精油的挥发性，精油损失少。一般地，精油的损失仅为常温研磨的 1/400～1/300。降低了风味物质的氧化，芳香物质被液氮包围，风味成分的氧化变质受到了抑制。液氮冷冻后，使研磨香料颗粒的物理结构得到了改良，从而使有效成分在制品中得到更好的保护。

四、柠檬酸的提取

1. 工艺流程

柠檬酸提取工艺流程如图 9-5 所示。

柑橘残次落果→压榨取汁→发酵→中和→酸解→晶析→离心→
干燥→分级→包装→成品

图 9-5　柠檬酸提取工艺流程图

2.操作要点

(1)压榨取汁　将原料捣碎后用压榨机取汁,残渣加清水浸湿,进行第2次甚至第3次压榨,以充分榨出所含的柠檬酸。

(2)发酵　榨出的果汁因含有蛋白质、果胶、糖等,故十分混浊,经发酵有利于澄清、过滤、提取柠檬酸。方法是:将混浊果汁加酵母液1%,经4～6 d发酵,使溶液变清,酌情加少量的单宁物质,边加热边搅拌均匀,促使胶体物质沉淀,再过滤得到澄清液。

(3)中和　柠檬酸钙在热水中易溶解,所以要将澄清果汁加热煮沸,中和的材料为氧化钙、氢氧化钙或碳酸钙。中和时,将中和材料边加热边缓慢加入,并不断搅拌,终点以柠檬酸钙完全沉淀后,汁液呈微酸性时为准。鉴定柠檬酸钙是否完全沉淀,可以加少许碳酸钙于汁液中,如果不再起泡沫,说明反应完全。将沉淀的柠檬酸钙分离出来,沉淀分离后,再将溶液煮沸,促进残余的柠檬酸钙沉淀,最后用虹吸法将上部黄褐色清液排出。余下的柠檬酸钙用沸水反复洗涤后过滤备用。

(4)酸解及晶析　将洗涤的柠檬酸钙放在有搅拌器及蒸汽管的木桶中,加入清水,加热煮沸,不断搅拌,再缓缓加入30°Be的硫酸(每50 kg柠檬酸钙干品约用40～43 kg的硫酸进行酸解),继续煮沸,搅拌30 min以加速分解,使生成的硫酸钙沉淀。然后用压滤法将硫酸钙沉淀分离,用清水洗涤沉淀,并将洗液加入到滤液中。滤清的柠檬酸溶液用真空浓缩法浓缩至相对密度为1.26时冷却。如有少量硫酸钙沉淀,则再次过滤,滤液继续浓缩至相对密度为1.38～1.41,将此浓缩液倒入洁净的缸内,经3～5 d结晶即析出。

(5)离心、干燥　上述柠檬酸结晶还含有一定的水分与杂质,必须用离心机进行清洗处理,在离心时每隔5～10 min喷一次热蒸汽,可冲掉一部分残存杂质,甩干水分,得到比较洁净的柠檬酸结晶,随后以75℃以下的温度进行干燥,直到含水量达10%以下时为止。最后将产品过筛、分级、包装后即为成品。

五、菠萝蛋白酶的提取

菠萝蛋白酶是菠萝下脚料综合利用的重要产品之一。由于菠萝蛋白酶具有很强的分解蛋白质的能力,因此其用途极为广泛。工业上用于皮革脱毛、蚕茧脱胶、肉类软化、明胶制造、啤酒澄清等。特别在医疗上,用于治疗水肿及多种炎症效果很好。生产方法主要有吸附法和单宁法两种。

(一)吸附法

1.工艺流程

菠萝蛋白酶吸附法提取工艺流程如图9-6所示。

原料压榨去汁→吸附→洗脱→盐析→离心分离→溶解→过滤→沉淀→离心分离→冷冻干燥→菠萝蛋白酶

图 9-6　菠萝蛋白酶吸附法提取工艺流程图

2. 操作要点

(1)压榨　把加工后的菠萝皮洗净用压榨机压出汁液,然后按汁液体积加入 0.05%的苯甲酸钠(防腐剂),置 4℃冰箱或冷库中保存备用。

(2)吸附　将汁液移入搪瓷缸中,边搅拌边加入 4%的白陶土(又称高岭土)于 10℃左右吸附 30 min,然后静置过夜。翌日吸去上层清液,收集下层白陶土吸附物。

(3)洗脱　在上述白陶土吸附物中加入 7%氢氧化钠溶液,调节 pH 值至 7.0 左右,再加入吸附物重 50%的硫酸铵粉末,搅拌 40 min 后进行洗脱,然后压滤,弃去杂物,收集滤液。

(4)盐析　将压滤液收集到搪瓷桶中,用 1∶3 的盐酸(即 1 份浓盐酸加 3 份水),调节 pH 值至 5.0 左右,边搅拌边加入压滤液重 25%的硫酸铵粉末,待硫酸铵完全溶解后,置于 4℃的环境中过夜,离心弃去上层清液,收集下层盐析物,得粗品。

(5)溶解　将粗品放入另一搪瓷桶中,加入 10 倍量的自来水,用 16%的氢氧化钠溶液调节 pH 值至 7.0～7.5,搅拌使其溶解,然后过滤,除去杂质,收集滤液。

(6)沉淀、干燥　在搅拌下用 1∶3 的盐酸调节上述滤液的 pH 值至 4.0,然后静置使酶析出,于离心机上分出沉淀物,弃去离心液,沉淀冷冻干燥即得菠萝蛋白酶产品。

(二)单宁法

1. 工艺流程

菠萝蛋白酶单宁法提取工艺流程如图 9-7 所示。

菠萝茎→压榨取汁→去杂→沉淀→离心分离→洗脱→过滤→沉淀→减压干燥→菠萝蛋白酶

图 9-7　菠萝蛋白酶单宁法提取工艺流程图

2. 操作要点

(1)压榨　将菠萝茎切成小块,用压榨机压出汁液。

(2)去杂质　将汁液移入搪瓷缸中,搅拌下加入汁液重 10%的固体氯化钠,然后于 10℃的环境中放置 13 h 左右,过滤分出滤液。残渣加入等量水后,再加入

10%固体氯化钠，然后用柠檬酸调节 pH 值至 4.5 左右，搅拌均匀，浸泡 40 min，过滤分离出滤液（合并 2 次滤液）。

(3)沉淀 将滤液移入搪瓷桶中，在搅拌条件下，按滤液体积加入 0.05%的 EDTA-2Na、0.06%的二氧化硫、0.02%的维生素 C（作稳定剂）及 0.6%左右的鞣酸，于 4℃条件下静置 10 h，然后离心分出沉淀物。

(4)洗脱、干燥 将沉淀物放入搪瓷桶中，加入 2～3 倍量的 pH 4.5 的抗坏血酸溶液，搅拌洗脱 40 min，然后过滤，收集滤液，减压干燥，即得菠萝蛋白酶产品。

六、超氧化物歧化酶(SOD)的提取

超氧化物歧化酶（SOD）是广泛存在于生物体内的一种金属酶，是清除人体内超氧阴离子自由基的最佳催化剂之一，因而受到广泛重视，国内外都在开展 SOD 在抗衰老方面的基础研究，并且在治疗风湿性关节炎、放射治疗后炎症、免疫系统疾病方面进行了临床应用研究，取得了较好的疗效。SOD 已成为众多制药厂、日化厂和食品加工厂的重要功能性原料。

1. 工艺流程

超氧化物歧化酶（SOD）提取工艺流程如图 9-8 所示。

蒜瓣→破碎→提取→除杂蛋白→沉淀→离心分离→冷冻干燥→SOD 酶制剂

图 9-8 超氧化物歧化酶(SOD)提取工艺流程图

2. 操作要点

(1)破碎 将蒜瓣放在高速组织捣碎机中。加入 2 倍蒜瓣重的 0.05 mol/L、pH 值为 7.8 的磷酸缓冲溶液（使用前应冷藏，保持其温度为 0～4℃），然后高速破碎。

(2)提取 在破碎后的浆液中加入同体积的 0.05 mol/L、pH 值为 7.8 磷酸缓冲溶液，置于 0～4℃的冰箱中放置 24 h 后，用冷冻离心机在 5 000 r/min、2～4℃下离心 20 min，弃去沉淀，得到 SOD 提取液。

(3)除杂蛋白 在提取液中加入 0.25 倍体积氯仿-乙醇溶液（氯仿：乙醇＝1：1），迅速搅拌 15 min，立即在冷冻离心机中，于 5 000 r/min、2～4℃条件下离心 20 min，弃去沉淀，得到 SOD 粗酶液。

(4)沉淀 在 SOD 粗酶液中加入等体积的冷丙酮，搅拌 15 min，立即在冷冻离心机中，于 5 000 r/min、2～4℃条件下离心 20 min，得到 SOD 沉淀。

(5)干燥 将 SOD 沉淀进行冷冻升华干燥后，即可得到 SOD 酶制剂。

实验实训 9-1　果蔬中香精油的提取

一、实训目的

通过实训，使同学们了解在提取柑橘油时应注意的问题，掌握柑橘油提取的工艺要点。

二、材料和用具

(1)材料　柑橘果皮、pH 值为 12 的石灰水、清水 400～500 kg、小苏打 1 kg、碳酸钠2 kg、滤纸、硬脂蜡等。

(2)用具　压筛板、螺旋式压榨机、水泵、橘油分离机、虹吸管、棕色玻璃瓶、冷库等。

三、方法步骤

(1)挑选　供压榨用的果皮应摊放于清洁、干燥、通风处，尽量避免果皮霉烂，已霉烂者应及时选出，以免造成污染。

(2)果皮硬化与压榨　用压榨法取油的果皮应进行硬化处理，即将果皮浸入 pH 12 的石灰水中。上面加压筛板，使果皮淹没于水中，浸泡 10 h 以上，浸到果皮呈黄色无白心，硬而有弹性，压榨时不滑，残渣为颗粒状，过滤时不易糊筛，黏稠度不太大为准。浸好后捞出橘皮用流动水漂洗干净，最后沥干水分备用。

将硬化了的果皮送入螺旋式压榨机中，加压榨出香精油。在加压的同时要喷射喷淋液，用量约与果皮重量相等。喷淋液的配方是：清水 400～500 kg、小苏打 1 kg、碳酸钠 2 kg，调节 pH 值为 7～8。这种喷淋液既能加大水油间的密度差异，提高油水分离的效果，又可提高油水混合液的 pH 值，减少酸性介质对香精油的不良影响。

(3)离心分离　将已过滤的油水混合液用泵送入橘油分离机进行离心分离。经分离后，水流入下方的循环桶中，油浮在上面，积累到一定量时，油由上方出口流入盛溢器内。

混合液进入离心机的流量应该恰当，流量过大，易出混油，流量过小，则影响出油率，在正常情况下，橘油分离机出来的油应当澄清透明。

(4)静置与抽滤　分离出的油须在 5～10℃ 的冷库中静置 5～7 d，使杂质下沉。然后以虹吸管吸出上面澄清的香精油，并用滤纸过滤。

(5)包装与贮存　柑橘香精油应装于清洁干燥的棕色玻璃瓶中，尽量装满，加盖后再用硬脂蜡密封，贮藏于冷库或阴凉场所。

四、实训作业

1. 果蔬中香精油提取时的关键技术要点是什么？
2. 请分析本实验存在的问题，并提出改进措施。

实验实训 9-2　果蔬中果胶物质的提取

一、实训目的

通过实训，使同学们在了解果胶用途及果胶生产工艺流程的基础上，掌握果蔬中果胶物质的提取方法。

二、材料和用具

(1)材料　鲜果皮、磷酸、50%乙醇、包装材料、活性炭、硅藻土等。

(2)用具　机构搅拌机、连续式压滤机、刀片式粉碎机、管式热交换器等。

三、方法步骤

(1)复水　使果皮组织充分吸水。如用鲜果皮，则不需要此工序。

(2)绞碎　使果皮表面积增大，便于脱苦、脱色和水解。

(3)破坏果胶酯　将绞碎的果皮迅速煮沸 3～5 min，破坏果胶酯，防止果胶损失。

(4)脱苦、脱色、除去大甙和色素　50～60℃下 2～3 h 时，每隔 0.5～1 h 换水 1 次，可用机械搅拌机增强其效果。

(5)压干　除去大部分水分，以计算萃取时的用水量。

(6)萃取、水解提胶　加软水为干料 10～20 倍，加入盐酸，使溶液的 pH 值达到 1.9～3.0，温度保持 85～98℃，时间 1～1.5 h。一般萃取 1 次，其中可加入少量磷酸，以提高果胶获得率。

(7)分离　使萃取液与废皮渣分离，可用连续式压滤机进行。

(8)脱色　萃取液色泽较深，可用活性炭和硅藻土进一步脱色，并不断搅拌，然后进行压滤，以除去吸附剂。

(9)浓缩　一般用真空浓缩或连续真空浓缩，真空度在 86 659.3 Pa 以上。

(10)冷却　用直接喷淋干燥，此工序可省去。如用沉淀法时，可采取管式热交换器进行冷却。

(11)沉淀　使果胶从水溶性溶液中析出，一般用乙醇，醇的浓度为45%～60%。

(12)洗涤　用50%乙醇洗涤1～3次，并每次压干。以进一步除去色素、异味和萃取时带入的酸。

(13)干燥　使果胶含水分在10%以下，可在80℃以下烘干或真空干燥。真空干燥果胶色较浅，并能回收醇。

(14)粉碎　将干燥的果胶用刀片式粉碎机粉碎至40～120目。

(15)标准化　测定果胶粉的胶凝力。

(16)称重、包装、入库　包装材料要卫生，并要求密封，防止果胶粉结块。

四、实训作业

1. 你认为本实验要注意的问题是什么？

2. 请分析本实验存在的问题，并提出改进措施。

本章小结

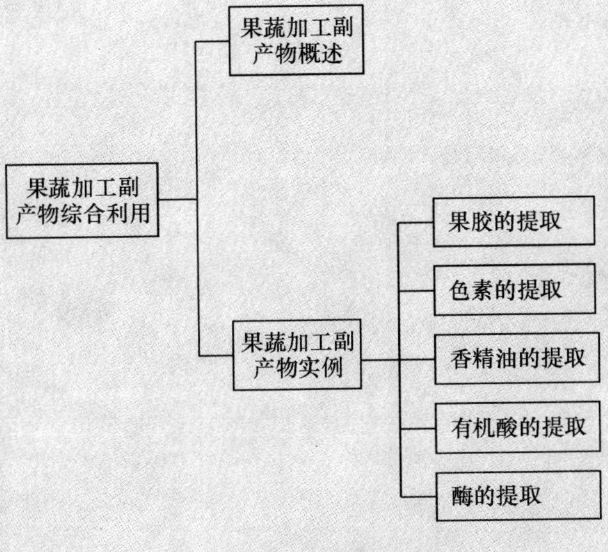

复习思考题

1. 简述果胶、色素、香精油的提取方法。
2. 简述酶的提取方法。
3. 如何进行蔬菜的综合利用?

参 考 文 献

[1] 张子德．果蔬贮运学．北京:中国轻工业出版社,2002.

[2] [美]Lisa Kitinoja,Adel A. Kader. 果蔬花卉采后处理实用技术手册．华南农业大学果蔬采后生理研究室译．北京:中国农业出版社,2000.

[3] 王忠．植物生理学．北京:中国农业出版社,2000.

[4] 潘静娴．园艺产品贮藏加工学．北京:中国农业大学出版社,2007.

[5] 曾庆孝．食品加工与保藏原理．北京:化学工业出版社,2002.

[6] 李浩明,高蓝,柳玉申．葡萄红色素的提取与性质研究．精细化工,1995,12:30-32.

[7] 姚雷,张少艾．芳香植物．上海:上海教育出版社,2002.

[8] 吴光旭. 果蔬脱水加工技术及进展．食品与机械,1994,3:13-14.

[9] 曹文军,吴定新,毛国芳．植物精油的超临界流体萃取的研究与发展．北京林业大学学报,1998,20(1):67-74.

[10] 华中农学院．蔬菜贮藏加工学．北京:农业出版社,1981.

[11] 张有林．蔬菜贮藏保鲜技术．北京:中国轻工业出版社,2000.

[12] 叶兴乾．番茄贮藏保鲜与加工．北京:农业出版社,1992.

[13] 华南农学院．果品贮藏加工学．北京:农业出版社,1981.

[14] 蒙盛华,等. 水果蔬菜贮藏保鲜实用技术手册．北京:科学普及出版社,1991.

[15] 李效静,张瑞宇,陈秀伟. 果品蔬菜贮藏运销学．重庆:重庆出版社,1990.

[16] 马文,任运宏,张敏．蔬菜的贮藏与保鲜:北京:金盾出版社,1998.

[17] 崔成东．蔬菜贮藏与加工．哈尔滨:黑龙江科学技术出版社,1984.

[18] 江苏省畜牧兽医学校．果蔬贮藏保鲜加工大全．北京:中国农业出版社,2000.

[19] 田世平．果蔬产品产后贮藏加工与包装技术指南．北京:中国农业出版社,2000.

[20] 顾亨森,马佑国．蔬菜贮藏加工原理及技术．成都:四川大学出版社,1991.

[21] 崔成东,程建军,孙占海．实用果蔬保鲜与加工技术．哈尔滨:黑龙江科学技术出版社,2004.

[22] 马文,任运宏,程建军．水果贮藏保鲜技术问答．北京:中国农业出版社,2001.

[23] 朱维军,陈月英．果蔬贮藏保鲜与加工．北京:高等教育出版社,1999.
[24] 林亲录,邓放明．园艺产品加工学．北京:中国农业出版社,2003.
[25] 罗云波,蔡同一．园艺产品贮藏加工学(加工篇). 北京:中国农业出版社,2002.
[26] 张宝善,陈锦屏,等．果品蔬菜贮藏加工实用技术. 北京:中国农业出版社,1998.
[27] 梁殿佑．果品蔬菜贮藏保鲜方法．北京:北京宇航出版社,1989.
[28] 姜军平,等．实用生物化工技术. 西安:西安交通大学出版社,2000.
[29] 赵晨霞．园艺产品贮藏与加工．北京:中国农业出版社,2005.
[30] 张有林,苏华东．果品贮藏保鲜技术．北京:中国轻工业出版社,2000.
[31] 绪方邦安．陈祖钺,等译．水果蔬菜贮藏概论．北京:农业出版社,1982.
[32] 李志澄,刘斌. 蔬菜现代贮藏技术. 上海科学技术出版社,1985.
[33] 华中农学院．蔬菜贮藏加工学．北京:农业出版社,1988.
[34] 华南农学院．果品贮藏加工学．北京:农业出版社,1987.
[35] 周山涛. 果蔬贮运学．北京:化学工业出版社,1998.
[36] 赵晨霞. 果蔬贮藏加工技术. 北京:科学出版社,2006.
[37] 张东杰,翟爱华,薛桂新．果蔬贮藏加工学. 哈尔滨:东北林业大学出版社,2002.
[38] 罗云波,蔡同一. 园艺产品贮藏与加工学(贮藏篇). 北京:中国农业大学出版社,2004.
[39] 赵晨霞. 果蔬贮运与加工. 北京:中国农业出版社,2002.
[40] 赵丽芹. 园艺产品贮藏加工学. 北京:中国轻工业出版社,2001.
[41] 郭衍银,王相友．园艺产品保鲜与包装．北京:中国环境出版社,2004.
[42] 刘升,冯双庆．果蔬预冷贮藏保鲜技术．北京:科学技术文献出版社,2001.
[43] 胡安生,王少峰．水果保鲜及商品化处理．北京:中国农业出版社,1998.
[44] 刘兴华,陈维信．果品蔬菜贮藏运销学．北京:中国农业出版社,2002.
[45] 杨宝进,张一鸣. 现代食品加工学(下册). 北京:中国农业大学出版社,2006.
[46] 高愿军. 软饮料工艺学. 北京:中国轻工业出版社,2002.
[47] 罗云波,蔡同一. 园艺产品贮藏与加工学(加工篇). 北京:中国农业大学出版社,2001.
[48] 吴锦铸. 果蔬保鲜与加工. 北京:化学工业出版社,2001.
[49] 朱珠. 软饮料加工技术. 北京:化学工业出版社,2006.
[50] 赵晋府. 食品工艺学. 2 版. 北京:中国轻工业出版社,2005.

[51] 吴锦铸,张昭其.果蔬保鲜与加工.北京:化学工业出版社,2001.
[52] 邵长富,赵晋府.软饮料工艺学.北京:中国轻工业出版社,1987.
[53] 张孔海.食品加工技术概论.北京:中国轻工业出版社,2007.
[54] 孙俊良.发酵工艺.北京:中国农业出版社,2002.
[55] 赵晨霞.果蔬贮藏与加工.北京:高等教育出版社,2005.
[56] 杨天英,逯家富.果酒生产技术.北京:科技出版社,2004.
[57] 金凤燮.酿酒工艺与设备选用手册.北京:化工出版社,2003.
[58] 顾国贤.酿造酒工艺学.北京:中国轻工业出版社,1996.
[59] 张欣.果蔬制品安全生产与品质控制.北京:化工出版社,2005.
[60] 李沛文.果品贮藏加工学.北京:中国农业出版社,1979.
[61] 邓桂森.蔬菜贮藏加工学.北京:农业出版社,1981.
[62] 胡小松,李积宏,崔雨林,等.现代果蔬汁加工工艺学.北京:中国轻工业出版社,1995.
[63] 雷宗中.果蔬贮运学.北京:农业出版社,1989.
[64] 国内外果蔬加工业发展趋势 http://www.luda.com.cn/lt/46.htm.

图书在版编目(CIP)数据

果蔬贮藏与加工/王丽琼主编.—北京:中国农业大学出版社,2008.6
(高职高专教育"十一五"规划教材)
ISBN 978-7-81117-447-2

Ⅰ.果… Ⅱ.王… Ⅲ.①水果-贮藏-高等学校:技术学校-教材 ②蔬菜-贮藏-高等学校:技术学校-教材 ③水果加工-高等学校:技术学校-教材 ④蔬菜加工-高等学校:技术学校-教材 Ⅳ.TS255.3

中国版本图书馆 CIP 数据核字(2008)第 043116 号

书　名　果蔬贮藏与加工
作　者　王丽琼　主编

策划编辑	姚慧敏　陈巧莲　伍　斌	**责任编辑**	孟　梅
封面设计	郑　川	**责任校对**	陈　莹　王晓凤
出版发行	中国农业大学出版社		
社　址	北京市海淀区圆明园西路 2 号	**邮政编码**	100193
电　话	发行部 010-62731190,2620		读者服务部 010-62732336
	编辑部 010-62732617,2618		出　版　部 010-62733440
网　址	http://www.cau.edu.cn/caup	**e-mail**	cbsszs @ cau.edu.cn
经　销	新华书店		
印　刷	北京时代华都印刷有限公司		
版　次	2008 年 6 月第 1 版　2013 年 1 月第 3 次印刷		
规　格	787×980　16 开本　20.5 印张　377 千字		
定　价	29.00 元		